Perspektiven der Mathematikdidaktik

Reihe herausgegeben von

Gabriele Kaiser, Sektion 5, Universität Hamburg, Hamburg, Deutschland

In der Reihe werden Arbeiten zu aktuellen didaktischen Ansätzen zum Lehren und Lernen von Mathematik publiziert, die diese Felder empirisch untersuchen, qualitativ oder quantitativ orientiert. Die Publikationen sollen daher auch Antworten zu drängenden Fragen der Mathematikdidaktik und zu offenen Problemfeldern wie der Wirksamkeit der Lehrerausbildung oder der Implementierung von Innovationen im Mathematikunterricht anbieten. Damit leistet die Reihe einen Beitrag zur empirischen Fundierung der Mathematikdidaktik und zu sich daraus ergebenden Forschungsperspektiven.

Reihe herausgegeben von
Prof. Dr. Gabriele Kaiser
Universität Hamburg

Weitere Bände in der Reihe https://link.springer.com/bookseries/12189

Lisa Wendt

Reflexionsfähigkeit von Lehrkräften über metakognitive Schülerprozesse beim mathematischen Modellieren

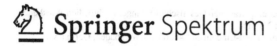 Springer Spektrum

Lisa Wendt
Hamburg, Deutschland

Dissertation zur Erlangung der Würde der Doktorin der Philosophie an der Fakultät für Erziehungswissenschaft, Fachbereich Didaktik der gesellschaftswissenschaftlichen und mathematisch-naturwissenschaftlichen Fächer der Universität Hamburg, vorgelegt von Lisa Wendt. Hamburg 2021.

ISSN 2522-0799   ISSN 2522-0802   (electronic)
Perspektiven der Mathematikdidaktik
ISBN 978-3-658-36039-9   ISBN 978-3-658-36040-5   (eBook)
https://doi.org/10.1007/978-3-658-36040-5

Die Deutsche Nationalbibliothek verzeichnet diese Publikation in der Deutschen Nationalbibliografie; detaillierte bibliografische Daten sind im Internet über http://dnb.d-nb.de abrufbar.

Planung/Lektorat: Marija Kojic
Springer Spektrum ist ein Imprint der eingetragenen Gesellschaft Springer Fachmedien Wiesbaden GmbH und ist ein Teil von Springer Nature.
Die Anschrift der Gesellschaft ist: Abraham-Lincoln-Str. 46, 65189 Wiesbaden, Germany

Danksagung

Dass ich nun das Ergebnis sechs spannender Jahre Promotion an der Universität Hamburg in den Händen halten darf, verdanke ich vielen Menschen, die mich in dieser Zeit stets unterstützt und ermutigt haben. Daher möchte ich die Gelegenheit nutzen, um einigen meinen besonderen Dank auszusprechen.

Mein erster Dank gilt dabei natürlich meiner Doktormutter Prof. Dr. Gabriele Kaiser für die intensive Betreuung meiner Promotion und ihre vielen Anmerkungen und Hinweise, sei es im Rahmen der vielen Forschungskolloquien, in welchen ich meine Fortschritte präsentieren durfte, oder auch zu Artikeln, Vorträgen und Konferenzbeiträgen. Mein Dank gilt ebenso meiner Zweitgutachterin PD Dr. Katrin Vorhölter, unter deren Leitung ich in dem Projekt MeMo promovieren durfte. Die vielen Wege von Büro zu Büro oder E-Mails zur Klärung von Fragen, Besprechung von Ideen oder neuen Auswertungsschritten kann ich vermutlich nicht zählen, dafür danke ich ihr ganz besonders.

Ein großer Dank geht zudem an die gesamte Arbeitsgruppe von Prof. Dr. Gabriele Kaiser, die mich in den konstruktiven und anregenden Kleingruppendiskussionen wie auch in den Forschungskolloquien mit der Gesamtgruppe stets vorangebracht hat. Ein besonderer Dank gilt dabei Dr. Alexandra Krüger, mit welcher ich durch die gemeinsame Projektarbeit in MeMo ganz besonders intensiv zusammengearbeitet und viele gemeinsame Stunden verbracht habe, um Materialien zu erstellen, Handbücher zu binden, zu den Schulen zu fahren, Videos zu schneiden und vieles mehr. Ich danke außerdem ganz besonders Ann-Sophie Stuhlmann, Kirsten Benecke, Dennis Meyer und Dr. Armin Jentsch für ihre große Unterstützung in allen Phasen meiner Promotion.

Darüber hinaus möchte ich mich ganz besonders bei der Graduiertenschule der Universität Hamburg und der Norbert Janssen Stiftung für die große finanzielle

Unterstützung durch die Vergabe meiner Stipendien bedanken. Auch der Wichern-Schule gilt ein besonderer Dank, die ich überhaupt erst durch die Pilotierung meiner Dissertationsstudie gefunden habe. Ebenso danke ich allen Lehrerinnen und Lehrern und ihren Schülerinnen und Schülern für die Teilnahme an meiner Studie und dafür, dass sie die Durchführung des Projektes MeMo überhaupt erst möglich gemacht haben.

Ganz besonders jedoch danke ich meiner Familie und meinen Freunden, die mir in allen schönen und spannenden wie auch in den stressigen und anstrengenden Phasen meiner Promotion gleichermaßen einen starken Rückhalt gegeben haben.

Zusammenfassung

Die vorliegende Arbeit stellt eine Untersuchung der Reflexionsfähigkeit von Lehrerinnen und Lehrern über metakognitive Schülerprozesse beim mathematischen Modellieren dar. Die Studie ist eingebettet in das Forschungsprojekt MeMo (Förderung metakognitiver Modellierungsprozesse von Schülerinnen und Schülern). Im Rahmen dessen haben die teilnehmenden Lehrkräfte dieser Studie die Bearbeitung von sechs Modellierungsproblemen ihrer Schülerinnen und Schüler betreut und im Laufe des Projektes an drei Lehrerfortbildungen an der Universität Hamburg teilgenommen. Die Daten dieser Studie wurden in einem Pre-Post-Design erhoben. Dafür wurde in einem Drei-Stufen-Design zunächst der Unterricht der ersten und der letzten Modellierungsaktivität videografiert. Das Videomaterial wurde anschließend hinsichtlich reichhaltiger Sequenzen metakognitiver Schüleraktivitäten, Schwierigkeiten der Lernenden im Bearbeitungsprozess und Lehrerinterventionen analysiert. Ausgewählte Videosequenzen wurden daraufhin in einem Nachträglichen Lauten Denken mit anschließendem fokussiertem Interview mit den Lehrkräften eingesetzt, sodass diese das Videomaterial ihres eigenen Unterrichts beschreiben und bewerten sollten. Die auf diese Weise erhaltenen qualitativen Daten dieser Studie wurden mit der qualitativen Inhaltsanalyse nach Kuckartz (2016) ausgewertet, wobei zunächst eine inhaltlich strukturierende qualitative Inhaltsanalyse durchgeführt wurde, um das Material inhaltlich hinsichtlich der wahrgenommenen eingesetzten metakognitiven Strategien und der eingesetzten Lehrerinterventionen zu ordnen. In einem zweiten Analyseschritt erfolgte eine darauf aufbauende typenbildende qualitative Inhaltsanalyse. Dafür wurden die berichteten wahrgenommenen inhaltlichen Prozesse gekreuzt mit der Tiefe der Reflexion über diese Inhalte. Dabei wurde einbezogen, ob die Prozesse deskriptiv oder tiefergehend reflektiert wiedergegeben wurden und inwieweit die Lehrkräfte Handlungen zur Förderung metakognitiver Schülerprozesse in ihrer Reflexion berücksichtigten. Daraus resultierte schließlich eine Typologie von Reflexions-typen von Lehrkräften über metakognitive Schülerprozesse beim mathematischen Modellieren, welche in einem Niveaustufensystem angeordnet wurden. Mit stei-gender Niveaustufe in der Typologie steigt der Grad der Reflexion in Bezug auf die Förderung metakognitiver Schülerprozesse. Darüber hinaus wurden ergän-zende Analysen durchgeführt, um zu untersuchen, inwieweit sich Veränderungen in den Reflexionsarten der Lehrkräfte ergeben haben und inwieweit sich Hin-weise auf Einflussfaktoren für diese Veränderungen identifizieren lassen. In den empirischen Daten dieser Studie konnten die Reflexionsarten der Lehrkräfte in starkem Maße verändert werden, indem diese überwiegend gestärkt werden konn-ten. In keinem Fall veränderte sich die Reflexionsart hin zu einem niedrigeren Reflexionsniveau. Als Hinweise für diese Veränderung kommen das mehrmalige Betreuen von Modellierungsaktivitäten wie auch die umfangreiche Analyse des eigenen videografierten Interviews in Frage. Die Arbeit schließt mit einer Zusam-menfassung und Diskussion der Ergebnisse in Bezug auf den Forschungsstand sowie den Grenzen und den sich ergebenden Forschungsdesiderata dieser Studie.

Abstract

This thesis presents an investigation of the teachers' ability to reflect about students' metacognitive processes in mathematical modelling. The study is embedded into the research project MeMo (metacognitive modelling competencies of students). Within this, the participating teachers supervised their students' work on six modelling problems and participated in three teacher training courses at the University of Hamburg. The data of this study was collected in a pre-post design by using a three-step design. For this purpose, the lessons of the first and the last modeling activity were videotaped at first. Then, the video material was analyzed with respect to rich sequences of metacognitive student activities, learner difficulties in the modelling processes and teacher interventions. In a next step, selected video sequences were used in a stimulated recall followed by a focused interview so that the teachers could describe and evaluate their own videotaped teaching. The qualitative data of this study was analysed using qualitative content analysis according to Kuckartz (2016). First, a content-structuring qualitative content analysis was used in order to analyse the material with regard to the perceived metacognitive strategies used by students and the teacher interventions employed. Based on this, a type-developing qualitative content analysis was conducted in a second step. Therefore, the reported perceived processes were crossed with the depth of reflection on these contents. This included an analysis whether the processes were reported descriptively or reflected on in greater depth as well as to what extent teachers considered action plans to promote metacognitive student processes in their reflection. This resulted in a typology of teacher reflection types on metacognitive student processes in mathematical modelling, which was arranged in a level system. With increasing level in the typology, the degree of reflection rises related to the fostering of metacognitive student processes. Moreover, further analysis was conducted to examine to what extent changes in the teachers' modes of reflection occurred and whether factors having an influence on these changes could be identified. In the empirical data of this study, the teachers' modes of reflection changed to a great extent by having strengthened. In no case, the mode of reflection changed to a lower level of reflection. As indications for this change, multiple supervisions of modelling activities as well as the teachers' extensive analysis of their own videotaped teaching could be identified. This thesis concludes with a summary and discussion of the findings in relation to the state of the art as well as the limitations and emerging research desiderata of this study.

Inhaltsverzeichnis

Abbildungsverzeichnis

Tabellenverzeichnis

Einleitung 1

> *„Understanding and identifying blockages and their intensity is important for teachers as they facilitate students' development as independent mathematical modellers. Providing the means to recognise the intensity of blockages and the differing options to scaffold students in overcoming these will prove invaluable for teachers."*

(Stillman, Brown & Galbraith 2010, S. 398)

Das mathematische Modellieren ist als prozessbezogene Kompetenz verpflichtender Bestandteil der Curricula für den Mathematikunterricht in Deutschland. Trotz dieser curricularen Verankerung wird dieser Kompetenzbereich im deutschen Mathematikunterricht bislang kaum berücksichtigt (Greefrath & Maaß 2020, S. 2). Problematisch ist dies unter anderem vor dem Hintergrund, dass das eigene mathematische Modellieren für den Kompetenzerwerb unumgänglich ist (Blomhøj & Kjeldsen 2006, S. 167). Ein wesentlicher Grund für den vergleichsweise geringen Anteil des Modellierens im deutschen Mathematikunterricht könnte darin gesehen werden, dass das Bearbeiten mathematischer Modellierungsprobleme aufgrund der Komplexität der Bearbeitungsprozesse, der offenen Zugänge und der multiplen Lösungen für Schülerinnen und Schüler eine Herausforderung darstellt (Blum 2007, S. 5 f.; für weitere Gründe vgl. Greefrath & Maaß 2020, S. 2). Insbesondere zu Beginn eines Modellierungsprozesses können während der Orientierungsphase und bei der Entwicklung einer geeigneten Herangehensweise an ein zu bearbeitendes Modellierungsproblem Barrieren auftreten. Gleiches gilt für das Validieren am Ende des Prozesses (Schukajlow & Leiss 2011, S. 65; Galbraith & Stillman 2006, S. 160). Speziell das Überprüfen

© Der/die Autor(en), exklusiv lizenziert durch Springer Fachmedien Wiesbaden GmbH, ein Teil von Springer Nature 2021
L. Wendt, *Reflexionsfähigkeit von Lehrkräften Über metakognitive Schülerprozesse beim mathematischen Modellieren*, Perspektiven der Mathematikdidaktik, https://doi.org/10.1007/978-3-658-36040-5_1

der Lösungswege und Lösungen hinsichtlich der mathematischen Korrektheit und der Angemessenheit scheint aus Sicht von Schülerinnen und Schülern im Aufgabenbereich der Lehrkräfte zu liegen (Blum & Schukajlow 2018, S. 56). Darüber hinaus zeigen empirische Untersuchungen sogar, dass in jedem Teilschritt des Modellierungsprozesses für die Lernenden kognitive Hürden auftreten können (Galbraith & Stillman 2006, S. 148; Stillman, Brown & Galbraith 2010, S. 398; Kramarski, Mevarech & Arami 2002, S. 226 f.).

Entsprechend dieser Herausforderungen ist das Begleiten von Modellierungsprozessen auch für Lehrerinnen und Lehrer komplex (Blum 2007, S. 5 f.). Zur Unterstützung der Lernenden eignet sich vor allem ein adaptives Handeln der Lehrkräfte (Polya 2010, S. 14; Blum 2006, S. 19; Leiss 2007, S. 64 f.). Zudem ist vor allem die Anregung metakognitiver Aktivitäten bei den Schülerinnen und Schülern bedeutsam, da der Einsatz metakognitiver Strategien zur Überwindung von Schwierigkeiten dienen und sogar präventiv zu deren Vermeidung beitragen kann (Stillman 2011, S. 169 ff.; Stillman & Galbraith 2012, S. 101). So können beispielsweise das kontinuierliche Überwachen und Kontrollieren des eigenen Bearbeitungsprozesses durch die Lernenden selbst die eigenständige Bearbeitung des Modellierungsproblems unterstützen.

Hinsichtlich der Entwicklung und Anwendung kognitiver Strategien ist bereits bekannt, dass Schülerinnen und Schüler durch kleinere Hinweise befähigt werden, Strategien einzusetzen, die sie (noch) nicht spontan und eigenständig implementieren können (Hasselhorn & Gold 2017, S. 96). Um die Lernenden in ihren metakognitiven Prozessen beim mathematischen Modellieren stärken zu können, ist es jedoch seitens der Lehrkräfte essenziell, dass sie selbst über die Fähigkeit verfügen, potenzielle kognitive Hürden im Modellierungsprozess klar wahrzunehmen und dass sie für den Einsatz metakognitiver Strategien sensibilisiert sind (Stillman, Brown & Galbraith 2010, S. 398). Daher erscheint das bewusste Lenken der Wahrnehmung auf metakognitive Schülerprozesse von besonderer Relevanz. Im Rahmen ihrer professionellen Unterrichtswahrnehmung ist es erforderlich, dass Lehrerinnen und Lehrer ihre Wahrnehmung steuern und auf relevante Aspekte fokussieren (van Es & Sherin 2002, S. 573). In Bezug auf metakognitive Prozesse ist es daher wichtig, dass Lehrerinnen und Lehrer für metakognitive Prozesse sensibilisiert sind und dass sie diese umfassend wahrnehmen und angemessen interpretieren. Anhand der Reflexion dieser metakognitiven Prozesse können die Lehrkräfte dann Entscheidungen bezüglich geeigneter Unterstützungsmaßnahmen treffen, hier insbesondere hinsichtlich des Einsatzes metakognitiver Strategien. Die einzelne Lehrkraft sollte dabei das Ziel verfolgen, durch die gewählte Unterstützungsmaßnahme – zum Beispiel in Form des Scaffolding – die weitgehend eigenständige und eigenverantwortliche Bearbeitung von Modellierungsproblemen zu ermöglichen und zu stimulieren. (vgl. u. a. Stillman, Brown & Galbraith 2010, S. 398; van de Pol, Volman & Beishulzen 2010, S. 274)

Bislang gibt es keine empirischen Untersuchungen hinsichtlich der auf Metakognition bezogenen professionellen Unterrichtswahrnehmung von Lehrkräften im Rahmen von Modellierungsaktivitäten im Mathematikunterricht. Hier setzt die vorliegende Arbeit an und untersucht, wie Lehrkräfte metakognitive Prozesse von Schülerinnen und Schülern bei der Bearbeitung mathematischer Modellierungsprobleme wahrnehmen und wie sie über diese reflektieren. Ihre Art zu reflektieren (im Folgenden bezeichnet als Reflexionsart) wird dabei insbesondere dahingehend analysiert, inwieweit die Lehrkräfte ihre eigene Handlungsposition in Bezug auf die Förderung metakognitiver Prozesse reflexiv einbeziehen. Ziel dieses Vorgehens ist es, zur Beschreibung der Reflexionsfähigkeit von Lehrkräften in diesem Bereich beizutragen. Dafür werden vorrangig die folgenden Fragen untersucht:

- Inwieweit lassen sich Reflexionsarten von Lehrkräften über metakognitive Schülerprozesse bei der Bearbeitung mathematischer Modellierungsprobleme empirisch beschreiben und ausdifferenzieren?
- Inwieweit berücksichtigen Lehrkräfte im Rahmen ihrer Reflexion metakognitiver Schülerprozesse beim mathematischen Modellieren die eigene Handlungsposition und fokussieren die Förderung metakognitiver Prozesse von Schülerinnen und Schülern beim mathematischen Modellieren?
- Inwiefern lassen sich diese Reflexionsarten verallgemeinernd typologisieren?

Darüber hinaus sollen Hypothesen zur Veränderung dieser Reflexionsarten generiert werden. Untersucht werden soll somit, ob es möglich ist, die Reflexion über metakognitive Schülerprozesse beim mathematischen Modellieren zu stärken:

- Inwieweit lassen sich Veränderungen der Reflexionsarten der Lehrkräfte in einer längerfristig angelegten Unterrichtsreihe zum mathematischen Modellieren identifizieren?

Für den Fall, dass die Untersuchung bestätigen würde, dass sich die Reflexionsarten der Lehrkräfte über metakognitive Prozesse tatsächlich verändert haben, wurde überdies folgende Anschlussfrage formuliert:

- Inwieweit lassen sich in einer langfristig angelegten Unterrichtsreihe zum mathematischen Modellieren Indikatoren für (potenzielle) Wirkfaktoren bezüglich der Stärkung der Reflexionsfähigkeit dieser Lehrenden rekonstruieren?

Um diese Zusammenhänge untersuchen zu können, wurden 13 Lehrerinnen und Lehrer Hamburger Stadtteilschulen und Gymnasien bei der Betreuung von Modellierungsprozessen ihrer Schülerinnen und Schüler im Rahmen des Forschungsprojektes MeMo (Förderung metakognitiver Modellierungskompetenzen von Schülerinnen und Schülern) videografiert. Anschließend wurden die Lehrkräfte in leitfadengestützten Interviews mit integriertem Nachträglichen Lauten Denken um die Analyse ausgewählter Videosequenzen gebeten. Die Interviews wurden in einem Pre-Post-Design durchgeführt. Hierdurch wurde das Ziel verfolgt, die etwaige Veränderung der Reflexion der Lehrkräfte über die metakognitiven Aktivitäten der Lernenden zu untersuchen. Die erhobenen Daten wurden mit der qualitativen Inhaltsanalyse zunächst inhaltlich strukturierend und anschließend typenbildend ausgewertet. Dieses Vorgehen war darauf ausgerichtet, auf der Grundlage des vorliegenden Datenmaterials die Reflexionsarten der Lehrkräfte zu typologisieren und sie nach Möglichkeit in einem Stufenmodell anzuordnen – nach Intensität der Reflexion bezogen auf metakognitive Prozesse der Lernenden und die Förderung dieser Prozesse. Im Weiteren konnte gezeigt werden, dass die Reflexionsarten von Lehrkräften über metakognitive Schüleraktivitäten verändert werden können. Dabei wurde die Reflexionsfähigkeit der Lehrkräfte, die an der Studie teilgenommen haben, überwiegend gestärkt. In weiterführenden Analysen konnten zudem Hinweise auf mögliche Wirkfaktoren hinsichtlich der Stärkung der Reflexionsfähigkeit identifiziert werden. In der vorliegenden Studie könnte vor allem die im Rahmen der Interviews durchgeführte Videoanalyse, aber auch das Betreuen mehrerer Modellierungsaktivitäten in einer langfristig angelegten Unterrichtseinheit zum mathematischen Modellieren mit metakognitiven Elementen von Einfluss gewesen sein.

Die Arbeit ist wie folgt aufgebaut: **Teil I** gilt den theoretischen Grundlagen dieser Studie und dem Forschungsstand unter relevanten Aspekten. Dabei sind angesichts der Fokussierung auf die Reflexion von metakognitiven Schülerprozessen bei der Bearbeitung von mathematischen Modellierungsproblemen vier Themengebiete von Interesse: die Themengebiete der *Metakognition* wegen der Fokussierung auf die Reflexion von metakognitiven Schülerprozessen und der *mathematischen Modellierung*, da die metakognitiven Prozesse bei der Bearbeitung von mathematischen Modellierungsproblemen analysiert wurden. Bedeutsam sind des Weiteren die Themengebiete der *Professionellen Unterrichtswahrnehmung* und der *Reflexionsfähigkeit*.

Teil II thematisiert die Verortung dieser empirischen Arbeit als qualitativer Forschungsbeitrag. In dieser Darstellung werden neben methodologischen Aspekten das methodische Vorgehen beschrieben und die Instrumente zur Datenerhebung (und ihre Entwicklung) und die Stichprobe erläutert. Außerdem erfolgt eine Einbettung der Studie in das Forschungsprojekt MeMo. Hinsichtlich der Methodik der Datenauswertung werden die Transkription, die Codierung und Auswertung basierend auf der inhaltlich strukturierenden und einer darauf aufbauenden typenbildenden qualitativen Inhaltsanalyse nach Kuckartz (2016) im Detail erläutert.

Teil III dient der Darstellung der Ergebnisse, wobei zunächst genau erläutert wird, anhand welcher Schritte Reflexionstypen rekonstruiert werden konnten. Im Anschluss daran steht die Bestimmung von Prototypen im Vordergrund, mittels derer die einzelnen Stufen der Typologie konkretisiert und voneinander abgegrenzt werden. In den ergänzenden Analysen werden die untersuchten Lehrkräfte bzw. Reflexionstypen darüber hinaus in Bezug auf mögliche Veränderungen im Pre-Post-Verlauf der Studie untersucht sowie hinsichtlich möglicher Unterschiede der Vergleichsgruppen analysiert. Die Ergebnisse werden abschließend zusammengefasst und mit Blick auf den Forschungsstand diskutiert.

Teil I
Theoretischer Rahmen

Metakognition 2

Nachfolgend wird das theoretische Konzept der Metakognition aus unterschiedlichen Perspektiven vorgestellt, angereichert mit empirischen Erkenntnissen zu den einzelnen Facetten des Konzepts. Darauf aufbauend wird das dieser Studie zugrunde liegende Konzept von Metakognition dargelegt. Anschließend wird unter Referenz auf ausgewählte Studien der Nutzen metakognitiver Aktivität im Unterricht unter Einhaltung bestimmter Bedingungen verdeutlicht. Da die Reflexion von Lehrkräften über den metakognitiven Strategieeinsatz im Rahmen von Modellierungsaktivitäten erforscht wird, gilt das darauffolgende Unterkapitel der Frage, welchen Stellenwert der Einsatz von Metakognition beim mathematischen Modellieren einnimmt.

2.1 Konzeptualisierung von Metakognition

Konzepte der Metakognition sind seit den 1970er Jahren Gegenstand der internationalen Forschung zur Entwicklungspsychologie, aber auch in allgemeinpsychologischen Forschungsarbeiten (Hasselhorn 1992, S. 35; Hasselhorn, Hager & Baving 1989, S. 31 f.). Bis heute ist John H. Flavell als einer der Begründer der Metakognitionsforschung weithin anerkannt (Veenman 2011, S. 197). Er führte zunächst den Begriff des Metagedächtnisses ein (Flavell 1971, S. 277). Flavells Konzept der Metakognition wurde seither in verschiedenen Disziplinen aufgegriffen und in eigenen Ansätzen aus unterschiedlichen Perspektiven weiterentwickelt. Diese Synthese seiner Konzeptualisierung von Metakognition mit anderen Konzepten wird vielfach kritisch reflektiert, weil sie teils zu Missverständnissen und auch zu Widersprüchen in empirischen Studien geführt habe (Desoete & Veenman 2006, S. 2; Hasselhorn 1992, S. 38 ff.). Tatsächlich wird das Konzept der

L. Wendt, *Reflexionsfähigkeit von Lehrkräften Über metakognitive Schülerprozesse beim mathematischen Modellieren*, Perspektiven der Mathematikdidaktik, https://doi.org/10.1007/978-3-658-36040-5_2

Metakognition auch als *„fuzzy concept"* bezeichnet (Baker & Brown 1980, S. 4; Schneider 1989, S. 28). Bemängelt wird überdies, die Definitionen von Metakognition seien häufig zu offen und unpräzise formuliert (Weinert 1984, S. 15; Veenman, Van Hout-Wolters & Afflerbach 2006, S. 4). Flavell, Miller und Miller (1993, S. 164) betrachten als Metakognition jegliches Wissen, jede kognitive Aktivität oder deren Regulation und auch die erste Definition von Flavell ist umfassend gehalten. In dieser beschreibt er Metakognition wie folgt:

> *„one's knowledge concerning one's own cognitive processes and products or anything related to them (...). Metacognition refers, among other things, to the active monitoring and consequent regulation and orchestration of these processes in relation to the cognitive objects or data on which they bear, usually in the service of some concrete goal or objective."* (Flavell 1976, S. 233)

Er versteht unter Metakognition somit zwei Komponenten: eine Wissenskomponente und eine ausführende Komponente. Die Bereiche sind dabei eng miteinander verknüpft, da sich beide auf die durchzuführenden kognitiven Prozesse in einem Bearbeitungsprozess beziehen. Die Wissenskomponente umfasst dabei das Wissen über die eigenen kognitiven Prozesse auf der Metaebene und die weiteren Aspekte, die prozessual eine Rolle spielen, während die Bereiche der ausführenden Komponente diese Prozesse (im Idealfall) zielorientiert steuern, überwachen und regulieren. Die Verbindung der Komponenten von Metakognition wird in der Definition von Weinert (1994, S. 193) besonders deutlich, nach der Metakognitionen gesehen werden als *„im allgemeinen jene Kenntnisse, Fertigkeiten und Einstellungen, die vorhanden, notwendig oder hilfreich sind, um beim Lernen oder Denken (implizite wie explizite) Strategieentschei-dungen zu treffen und deren handlungsmäßige Realisierung zu initiieren, zu organisieren und zu kontrollieren"*. Dieses Begriffsverständnis nach Weinert bildet die Grundlage der vorliegenden Arbeit zum Themenbereich der Metakognition.

Neben der Definition nach Weinert ist für diese Arbeit das Konzept bedeutsam, welches Flavell im weiteren Verlauf seiner Forschung entwickelte (1979, S. 906 f.). Er unterschied dabei in **metakognitives Wissen** (metacognitive knowledge), **metakognitive Empfindungen** (metacognitive experiences), **Ziele oder Aufgaben** (goals or tasks) und **Handlungen oder Strategien** (actions or strategies) sowie die **Sensitivität** für den Einsatz von Strategien. Flavell (1979) setzte dabei einen Fokus auf das metakognitive Wissen und die metakognitiven Empfindungen. Da, wie oben erwähnt, diese Klassifikation von Metakognition mehrfach adaptiert und weiterentwickelt wurde (Veenman, Van Hout-Wolters & Afflerbach 2006, S. 4), besteht heute ein umfassendes Spektrum unterschiedlicher

Konzeptualisierungen von Metakognition. Der Vergleich zeigt, dass die dichotome **Unterscheidung in eine deklarative und eine prozedurale Komponente** der Metakognition im Allgemeinen als zentral anzusehen ist (vgl. u. a. Artelt 2000, S. 31; Artelt & Neuenhaus 2010, S. 129; Baker & Brown 1980, S. 353; Brown 1987, S. 66; Flavell 1979, S. 906; Schraw 1998, S. 113 f.; Schraw & Moshman 1995, S. 353 ff.). Auf der zweiten Ebene entfaltet sich jedoch ein heterogenes Begriffsfeld: Die **deklarative Wissensfacette** entspricht dem **metakognitiven Wissen** bei Flavell (1979, S. 907) und wird auch bezeichnet als Wissen über Kognition (z. B. Brown 1984, S. 61), als Kognition über Kognition oder Wissen über Wissen (Artelt 2000, S. 31), als reflexive Komponente (Baten, Praet & Desoete 2017, S. 614) oder als deklaratives (metakognitives) Wissen (Artelt & Neuenhaus 2010, S. 128). Die Bestandteile der **prozeduralen Komponente** hingegen werden unter anderem als exekutive Prozesse oder Regulationen von Kognition (z. B. Brown 1984, S. 61) bezeichnet. Teil der **prozeduralen Komponente von Metakognition** sind metakognitive Empfindungen und **metakognitive Fähigkeiten** oder **metakognitive Strategien** (Artelt & Neuenhaus 2010, S. 128).

Im Folgenden sollen daher die zentralen Facetten unterschiedlicher Konzeptualisierungen von Metakognition zusammengeführt und das daraus entwickelte Konzept zur Metakognition aus dem Forschungsprojekt MeMo vorgestellt werden.

2.1.1 Metakognitives Wissen

Beginnend mit der deklarativen Komponente der Metakognition besteht das **metakognitive Wissen** (metacognitive knowledge) nach Flavell (1979, S. 907) in erster Linie aus Wissenskomponenten, angereichert durch *beliefs*[1] hinsichtlich Kognitionen. Brown (1984, S. 63) ergänzt, dass dieses Wissen über die eigenen kognitiven Prozesse nicht nur stabil, sondern auch mitteilbar ist. Zudem wird allgemein davon ausgegangen, dass Lernende zunächst fähig sein müssen, von bestimmten Prozessen oder Sachverhalten Abstand zu nehmen, um über ihr eigenes Denken über diese Prozesse oder Sachverhalte nachdenken und reflektieren zu können.

---

[1] Als *beliefs* werden nach Grigutsch et al. (1998, S. 3) die *„mathematikbezogenen Vorstellungen, subjektiven Theorien oder Einstellungen von Schülern"* verstanden. Sie beeinflussen das mathematische Lehren und Lernen maßgeblich, bewusst sowie unbewusst, und zeigen die Sichtweisen von Lernenden auf die Mathematik und ihr Herangehen an das mathematische Denken und Lernen (ebd., S. 3 ff.).

Zurückgehend auf Cavanaugh (1989) wird metakognitives Wissen auch in **systemisches und epistemisches Wissen** differenziert (Hasselhorn 1992, S. 42). Erstere Komponente beinhaltet Wissen über das eigene kognitive System (etwa dessen Stärken und Schwächen) und dessen Funktionsgesetze, Lernanforderungen und Strategien. Das epistemische Wissen hingegen entspricht dem Wissen über aktuelle eigene Gedächtniszustände, die durch exekutive Überwachungsprozesse oder aufgrund von intuitiver Sensitivität erzeugt werden. Teil dieser Wissenskomponente ist außerdem das Wissen über die Inhalte und Grenzen des eigenen Wissens (d. h. das Wissen über das eigene Wissen und Nicht-Wissen) sowie das Wissen über Anwendungsmöglichkeiten. Beide Komponenten umfassen demnach einen Großteil des deklarativen Wissens (Hasselhorn 1992, S. 42).

In den meisten Arbeiten zur Theorie der Metakognition wird **metakognitives Wissen** näher mittels der Systematik nach Flavell und Wellman (1977, S. 6) in **Personen-, Aufgaben- und Strategiewissen** differenziert. Dabei lasssen sich auch die Komponenten des epistemischen und systemischen Wissens nach Hasselhorn (1992) wiederfinden.

Das **Wissen** über **Personenvariablen** umfasst Kenntnisse über bestimmte Personeneigenschaften (unabhängig von dem temporären oder dauerhaften Auftreten) bei sich selbst (intraindividuell), aber auch bei anderen Personen (interindividuell) oder im Allgemeinen (universell). Das Wissen über die eigene Person schließt zum Beispiel das Wissen über die eigenen Stärken und Schwächen ein. Das Wissen über andere Personen kann sich unter anderem auf deren Befähigungen, Neigungen und Interessen beziehen. Dieses Wissen ist somit auch durch den Vergleich von Personen geprägt, einschließlich der eigenen Person. Das universelle Wissen integriert allgemeine Wissensaspekte menschlicher Kognitionen und insbesondere der Psychologie. Hierzu gehört beispielsweise der Wissensbestandteil, dass das menschliche Kurzzeitgedächtnis kapazitiv begrenzt oder auch fehlbar ist (Flavell & Wellman 1977, S. 16; Flavell 1987, S. 22).

Das Wissen über **Aufgaben** beinhaltet Wissen über die Eigenschaften von Aufgaben, die während einer Aufgabenbearbeitung relevant sind, etwa das Wissen darüber, dass sich die Art einer Aufgabe auf deren Bearbeitung auswirkt. Bestimmte Typen von Aufgaben sind für eine Person schwieriger zu bearbeiten als für eine andere. Maßgeblich ist hier sicherlich die Formulierung der Aufgabenstellung, die Strukturierung der Aufgabe oder auch der Umfang der gegebenen Informationen. Auch das der Aufgabe zugeordnete Themengebiet kann dabei von Einfluss sein, indem sich auch hier je nach Schülerin und Schüler individuelle Anknüpfungspunkte ergeben. Zusätzlich ist das Abrufen von Wissensbeständen, die für die Bearbeitung der gestellten Aufgabe hilfreich sein können, unterschiedlich komplex (Flavell & Wellman 1977, S. 24 f.).

Abschließend fassen Flavell und Wellman (1977, S. 25) das **Wissen über Strategien** als bestimmte Erfahrungswerte oder Erkenntnisse, die Personen bereits im Umgang mit bestimmten Lernstrategien gemacht haben. Von Bedeutung sind dabei Feststellungen, welche die Bewährung der eingesetzten Strategien[2] betreffen. Dabei ist anzumerken, dass die Anwendung einer Strategie **automatisiert erfolgen kann**, aber **nicht automatisiert erfolgen muss**. Wissen über Strategievariablen impliziert dabei auch, dass Personen- und Aufgabenwissen eingebracht wird. Bereits an dieser Stelle wird deutlich, dass die oben explizierten Wissensbereiche kaum isoliert zu betrachten sind, da sie häufig miteinander in Wechselwirkung stehen (Flavell & Wellman 1977, S. 22; Flavell 1979, S. 907). Kuhn und Pearsall (1998, S. 227) beispielsweise untersuchen den Zusammenhang von Aufgabenwissen und Strategiewissen und bringen diesen in dem Begriff **metastrategisches Wissen** (*metastrategic knowledge*) zum Ausdruck. Während dessen Komponenten meist entweder implizit oder explizit sind, erfolgt die Anwendung des Wissens immer explizit, sodass dieses mit den Schülerinnen und Schülern besprochen werden kann (Zohar & David 2008, S. 60).

Ergänzend zu dem Personen-, dem Aufgaben- und dem Strategiewissen wird in manchen Konzepten das **konditionale Wissen** als Teilfacette metakognitiven Wissens berücksichtigt. Das konditionale Wissen verknüpft dabei die Facetten metakognitiven Wissens weitergehend miteinander, indem zeitliche und kausale Aspekte berücksichtigt werden (**wann** und **warum** werden Strategien eingesetzt) (vgl. u. a. Schraw & Moshman 1995, S. 353; Veenman 2011, S. 199; Schraw & Dennison 1994, S. 460). Die Komponente des konditionalen Wissens bewirkt eine Selektion vorhandener Strategien und kann somit zu einem effektiveren Einsatz führen (Schraw 1998, S. 114). Darüber hinaus wird das konditionale Wissen auch als Voraussetzung für die Anwendung metakognitiver Strategien betrachtet (Veenman 2011, S. 199).

Forschungen haben ergeben, dass **metakognitives Wissen** bereits **früh erworben** wird: Im Rahmen ihres metakognitiven Wissenserwerbs über Personen entwickeln Kinder bereits im Alter von vier bis fünf Jahren Wissen über ihre eigenen *beliefs* und über die *beliefs* von anderen sowie darüber, wie sie sich auf das Verhalten auswirken. Nach Flavell, Miller & Miller (1993, S. 107) schließt dies auch Wissen über *false beliefs* ein (vgl. auch für eine Übersicht zur kognitiven Entwicklung bei Kindern im jüngeren Alter). Die Fähigkeit, über eigene

---

[2] Strategie meint hier eine „*prinzipiell bewusstseinsfähige, häufig aber automatisierte Handlungsfolge, die unter bestimmten situativen Bedingungen aus dem Repertoire abgerufen und situationsadäquat eingesetzt wird, um Lern- oder Leistungsziele optimal zu erreichen*" (Artelt, Demmrich und Baumert 2001, S. 272).

Kognitionen zu reflektieren, und das Bewusstsein hinsichtlich eigener kognitiver Aktivitäten werden hingegen vergleichsweise spät entwickelt, haben jedoch Auswirkungen auf das effiziente Vorgehen der/des aktiven, planvollen Lernenden. Das Bewusstsein darüber, wie eine effiziente Performanz erreicht werden kann, befähigt Lernende, auf Lernsituationen adäquat reagieren zu können (Baker & Brown 1980, S. 353 f.). Es ist bekannt, dass Schülerinnen und Schüler verstehen können, dass sie in der Lage sind, sich gefordertes Wissen anzueignen und diesen Erwerb selbst zu initiieren, zu organisieren und zu vollziehen (Kuhn et al. 2010, S. 496). Kinder können bereits mit sechs Jahren erkennen, dass sie Kontrolle über ihr Wissen und Verstehen haben (Schraw & Moshman 1995, S. 360).

Angesichts der Erkenntnis, dass Lernende metakognitives Wissen benötigen, um reflektiert und strategisch lernen zu können (Artelt 2000, S. 32), sind auch die übrigen dargelegten Erkenntnisse für Lehrkräfte von besonderer Bedeutung: Da als empirisch belegt gelten kann, dass Schülerinnen und Schüler metakognitives Wissen aufbauen können, wird es zur Aufgabe jeder Lehrkraft, sie in diesem Erwerbsprozess zu unterstützen und dafür zu sorgen, dass sie über die gezielte Vermittlung spezifischer Inhalte das geforderte Wissen generieren können.

Diesbezüglich ist auch die Frage relevant, ob metakognitives Wissen allgemein oder eher aufgaben- und/ oder domänenspezifisch erworben wird. Da sich Metakognitionen auf Kognitionen stützen, vertreten Veenman und andere (2006, S. 5) die Auffassung, dass kognitives **domänenspezifisches** Wissen benötigt wird, um metakognitives Wissen über die eigenen Kompetenzen in einer bestimmten Domäne überhaupt generieren zu können. Diese Frage ist auch aktuell Untersuchungsgegenstand der Metakognitionsforschung. Angesichts der Komplexität des Gesamtzusammenhangs kognitiver Prozesse beschränken sich jedoch viele Studien zu metakognitiven Aktivitäten auf einen bestimmten Teilbereich – wie auch die vorliegende Studie mit dem Fokus auf mathematische Modellierungsprozesse – oder sie kommen zu keiner Eindeutigkeit in ihren Ergebnissen[3], sodass diesbezüglich weiterhin ein hoher Forschungsbedarf besteht. Es scheint aber Unterschiede im Einsatz metakognitiver Strategien hinsichtlich der Bereiche zu geben, in denen diese Strategien angewendet werden sollen (Veenman, Van Hout-Wolters & Afflerbach 2006, S. 7; Veenman 2011, S. 202). So konnte die Annahme, dass das metakognitive Wissen von Schülerinnen und Schülern zunächst domänenspezifisch und dann eher allgemein erworben wird, durch die

---

[3] Veenman et al. (2006, S. 7) benennen zum Beispiel die widersprüchlichen Ergebnisse von Schraw et al. (1995) und Keleman, Frost & Weaver (2000) zur Allgemein- vs. Domänenspezifität von Überwachungsprozessen.

Untersuchung der Komponente *metakognitives Strategiewissen* der Langzeitstudie EWIKO von Schneider et al. (2017, S. 299) widerlegt werden. Sie testeten gruppenbasiert jährlich 928 Lernende der Klassen 5 bis 9 und konnten eine hohe Domänenspezifität am Ende der Klasse 9 feststellen.[4] Für die übrigen Komponenten des metakognitiven Wissens müsste dies allerdings noch geprüft werden. Außerdem untersuchten Schneider et al. (2017, S. 298) den Erwerb metakognitiven Wissens bei Lernenden an der weiterführenden Schule genauer. Diesbezüglich fanden sie Hinweise darauf, dass Schülerinnen und Schüler metakognitives Wissen an der weiterführenden Schule erwerben können sowie darauf, dass bei Eintritt in die weiterführende Schule möglicherweise mehr metakognitives Wissen benötigt werden könnte als in den darauffolgenden Jahren. Dies ließe sich dadurch erklären, dass sich Schülerinnen und Schüler in den Klassen 5 und 6 zunächst angesichts der neuen Herausforderungen an der weiterführenden Schule auf verschiedensten Ebenen neu orientieren müssen. Sie sind damit in besonderer Weise gefordert, neues metakognitives Wissen aufzubauen. Ältere Lernende hingegen müssen sich nicht mehr an der Schule orientieren, kennen die Strukturen und Abläufe und verfügen bereits über ein umfangreicheres metakognitives Wissen.

2.1.2 Metakognitive Strategien

Während bei Flavell und anderen die Facetten metakognitiven Wissens im Zentrum der Überlegungen und Untersuchungen stehen, fokussieren andere die **prozedurale Komponente** der Metakognition (vgl. u. a. Brown 1984, 1987). Zu diesen gehören auch metakognitive Strategien, wobei der internationale Diskurs zumeist in eine automatische, unbewusste Anwendung im Rahmen der *metacognitive skills* und eine bewusste Anwendung der *metacognitive strategies* unterscheidet (Hartman 2001, S. 33).

---

[4] Sie nutzten für die sechs Messzeitpunkte ihrer Langzeitstudie EWIKO (Entwicklung metakognitiven Wissens und bereichsspezifischen Vorwissens bei Schülern der Sekundarstufe) paper-and-pencil-Testungen mit einer Dauer von drei Schulstunden von je 45 Minuten. Die jährlichen Testungen bestanden aus einem Test zur Domänenspezifität metakognitiven Wissens, einem Leistungstest und ergänzenden Skalen zur Messung kognitiver Fähigkeiten und motivationaler Aspekte. Gemessen wurde das metakognitive Wissen in Mathematik und Englisch und beim Lesen im Deutschunterricht (jedoch unterschiedlich häufig). In ihrer Untersuchung beziehen sich Schneider et al. (2017) beim metakognitiven Wissen aber vor allem auf das Strategiewissen. Die Lernenden wurden aufgefordert, jeweils zu bewerten, wie effektiv der Einsatz bestimmter Strategien in vorgegebenen Szenarien im Vergleich zu anderen Strategien wäre.

In **Abgrenzung zu kognitiven Strategien**[5], die auf kognitiven Fortschritt abzielen, dienen metakognitive Strategien der Überwachung der eigenen Kognitionen und des kognitiven Fortschritts (Artelt 2000, S. 40; Babbs & Moe 1983, S. 423). Oftmals wird auch davon gesprochen, dass der Einsatz metakognitiver Strategien dabei hilft, die Bearbeitung(-sweisen) von Aufgaben zu verstehen, während kognitive Strategien vorhanden sein müssen, um Aufgaben überhaupt bearbeiten zu können (Schraw 1998, S. 113). Bei Garofalo und Lester (1985, S. 164) heißt es des Weiteren: *"[C]ognition is involved in doing, whereas a metacognition is involving in plan-ning and choosing what to do and monitoring what is being done."* Dieser Aussage folgend sind **kognitive Strategien bei der Ausführung** des Prozesses beteiligt, während **metakognitive Strategien der Koordination der Ausführung** dienen, indem eine Planung (unter Wahl der einzusetzenden kognitiven Strategien) und Überwachung des Prozesses erfolgt. Insgesamt erweist sich die Unterscheidung kognitiver und metakognitiver Strategien als überaus komplex und führt auch in empirischen Studien immer wieder zu Differenzen und Unklarheiten hinsichtlich der Trennung von Kognition und Metakognition (Artelt 2000, S. 40; Brown 1987, S. 66). Problematisch wird diese Unterscheidung, wenn die Funktion einer Strategie nicht klar definiert ist oder auch mehrere Funktionen denkbar sind. Dies verdeutlicht ein Beispiel von Artelt (2000, S. 40):

"So kann ein bestimmtes Lernverhalten wie das, sich selbst Fragen über ein gelerntes Kapitel zu stellen, entweder dazu dienen, das Wissen zu verbessern (eine kognitive Funktion), oder es zu überwachen (eine metakognitive Funktion). Eine Zuordnung zu einer kognitiven bzw. einer metakognitiven Verhaltensweise kann demnach nicht unabhängig von der Funktion geschehen."

Die Komplexität der genauen Differenzierung ist somit vor allem in der engen Verknüpfung von Kognition und Metakognition begründet. Für das Anwenden metakognitiver Strategien ist der Einsatz kognitiver Strategien essenziell: Die Planung eines Bearbeitungsprozesses erfordert zum Beispiel Sequenzierungen, die Überwachung des Leseverständnisses bezüglich einer Aufgabenstellung setzt Zugänge zum Wortschatz und zu verbalen Prozessen voraus, die Überwachung der Korrektheit einer mathematischen Berechnung numerische Prozesse. Und

---

[5] Kognitive Lernstrategien werden nach Weinstein und Mayer (1986) unterschieden in Wiederholungs-, Elaborations-, und Organisationsstrategien. Lernstrategien werden überdies differenziert in Strategien zum Ressourcenmanagement, d. h. solche, welche unter anderem die eigene Motivation, Konzentration und Anstrengungsbereitschaft betreffen.

schließlich implizieren Prozesse der Evaluation und Reflexion kognitive Prozesse der Komparation (Veenman 2011, S. 204).

Brown (1984, S. 63) fasst die **Regulation von Kognition**[6] als **Analyse-, Planungs-, Überwachungs- und Bewertungsprozesse**. Betrachtet werden dabei eine erste Reflexion der Wirkungen entwickelter Lösungsideen, die Planung und Überwachung des Vorgehens, die Testung und gegebenenfalls die Revision jeder unternommenen Handlung hinsichtlich der Effektivität des Vorgehens sowie schließlich die Evaluation der Lernstrategien (Baker & Brown 1980, S. 5). Diese Subklassifizierung in **Strategien zur Planung, Überwachung und Evaluation** ist weit verbreitet (Hasselhorn 1992; Schoenfeld 1985; Schraw 1998) und wird zum Teil durch weitere Aspekte des theoretischen Modells erweitert. Empirische Studien hingegen werden häufig auf bestimmte Bereiche beschränkt, beispielsweise auf Strategien zur Planung und Überwachung wie bei Garofalo und Lester (1985).

Die Strategien zur Aktivierung von Vorwissen, zur Entwicklung von Zielvorstellungen und zur Planung des Vorgehens werden typischerweise zu Beginn eines Bearbeitungs- oder Lernprozesses angesprochen. Die Ausführung von Planungen und Überwachungen wird der Phase des Bearbeitungsprozesses zugeordnet, die Evaluation und Reflexion bildet den Abschluss der Aufgabenbearbeitung (Veenman 2011, S. 210).

In manchen Ansätzen des Theoriekonzepts findet zudem eine vorangestellte Phase der **Orientierung** Berücksichtigung (Bannert & Mengelkamp 2008; Efklides 2009; Garofalo & Lester 1985). Dieser Phase werden die Erfassung der zu lösenden Aufgabe und der zur Verfügung gestellten Ressourcen und die Lernumgebung im Allgemeinen zugeordnet. In diesem Zusammenhang wird zudem hinterfragt, **welcher Aufgabentyp hier mit welchen Ressourcen** zu bearbeiten ist (Bannert & Mengelkamp 2008, S. 41). Das **eindeutige Bestimmen der Ressourcen** in Bezug auf das Aufgabenziel gilt in dieser Phase als zentral. Zielführend erscheint hier das Formulieren von Fragen der/s Lernenden an sich selbst bezogen auf die Ressourcen, das Aufgabenverständnis, mögliche Widersprüche sowie fehlende Informationen. Auch das mehrmalige Lesen und Erfassen der Aufgabenstellung wird dabei häufig initiiert und angewendet. Des Weiteren gelten Visualisierungen durch Diagramme, Symbole oder Tabellen als hilfreich (Efklides 2009, S. 79 f.). Stillman und Galbraith (1998, S. 185) machen allerdings darauf aufmerksam, der Phase der Orientierung nicht zu viele Ressourcen (vor allem zeitliche) zuzuweisen. Die Zielsetzung, insbesondere die der Teilziele, wird bei

---

[6] Die Regulation von Kognition wird aus Sicht der Lernstrategieforschung auch als Selbstregulation während des Lernens betrachtet (Artelt 2000, S. 35).

Bannert und Mengelkamp (2008, S. 41) bereits der Phase der Orientierung zugewiesen. In den meisten Arbeiten – wie auch in der vorliegenden Studie – werden
diese Prozesse jedoch der separaten Phase der **Planung** zugeordnet.

Die **Planungsphase** wird von Schreblowski und Hasselhorn (2006, S. 154)
unter Rückgriff auf Klauer (2000) definiert als die Phase mit Fokus auf die Zielbe-
stimmung und die Zielerreichung. Nach diesem Theoriekonzept erfolgt zunächst
die **Festlegung des zu erreichenden Ziels** als präzise Formulierung. Hier kann in
primäre Ziele, die eigentlichen Planungsziele, sowie Effizienzziele als sekundäre
Ziele ausdifferenziert werden. Dabei weist Klauer (2000, S. 172) darauf hin, dass
nicht jede formulierte Handlungsabsicht als Plan aufgefasst werden kann. Erst
wenn beabsichtigt wird, ein Ziel mit einem effizienten Vorgehen zu erreichen
(z. B. durch den schonenden Umgang mit Ressourcen und Handlungen), kann
demnach von Planen gesprochen werden. Die darauffolgende **Festlegung des
Weges zum Erreichen des Ziels** bedarf erstens der Wahl geeigneter Strategien und
zweitens der Überlegung, in welcher Reihenfolge diese eingesetzt werden sollen.
Einbezogen in diese Planung werden eigene Ressourcen (z. B. organisatorische
Faktoren wie die zur Verfügung stehende Zeit, aber auch nutzbare Materialien,
die Einschätzung der eigenen Fähigkeiten), daneben ist die Dauer der Konzentra-
tionsleistung ein weiterer Wirkfaktor. *„Beim Planen geht es also darum, sowohl
das Ziel als auch die Aufgabenanforderungen zu antizipieren und dementsprechend
einen Handlungsplan zu entwerfen"* (Schreblowski & Hasselhorn 2006, S. 154).
Berücksichtigt werden kann außerdem die Planung von bestimmten „Check-
Points" zur Überwachung des Lösungsfortschritts (Efklides 2009, S. 80), worin
sich die enge Verzahnung der Bereiche Planung und Überwachung andeutet. Nach
Vorhölter (2018, S. 346) müssen im Kontext einer Gruppenarbeit nicht alle Lernende einer Gruppe in der Lage sein, den gemeinsamen Bearbeitungsprozess zu
planen. Die Planung kann auch von einer Einzelperson initiiert und gesteuert
werden, solange die anderen Gruppenmitglieder diese nachvollziehen können,
mit ihr einverstanden sind und sie auf diesem Weg doch zu einem gemeinsamen Plan für das Vorgehen gelangen. Während in den meisten Arbeiten nicht
explizit davon gesprochen wird, dass die Planung vor der Aufgabenbearbeitung
abgeschlossen sein muss, spricht Brown (1984, S. 63) von *„Planungsaktivitäten
vor dem Bearbeiten einer Aufgabe"*.

Der darauffolgende Bearbeitungs- oder Lernprozess sollte idealerweise von
kontinuierlichen **Überwachungen** begleitet sein (Bannert & Mengelkamp 2008,
S. 42). Auch bezeichnet als Überwachung und Steuerung oder Überwachung
und Regulation (Hasselhorn 1992, S. 42) bedeuten Überwachungen nicht nur die
Feststellung eigener Fortschritte während eines Bearbeitungsprozesses, sondern

dienen auch gegebenenfalls zu einer Korrektur oder Überarbeitung der erreichten Teilergebnisse. Nach der Identifizierung des zu bewältigenden Problems bzw. der zu bearbeitenden Aufgabe muss der **weitere Arbeitsprozess** daher **beobachtet, gesteuert und überprüft, bewertet und möglicherweise neu geplant** werden (Brown 1984, S. 63; Schreblowski & Hasselhorn 2006, S. 154). Überwachungen erfolgen oft schon in Bezug auf die Planung, da mit jeder einzelnen geplanten Sequenz der Bearbeitung der gesamte Bearbeitungsprozess bezüglich eventueller Diskrepanzen reflektiert wird (Efklides 2009, S. 80). Bezogen auf vollendete Teilschritte werden diese in einem Vergleich der Ist-Soll-Zustände der eigenen Tätigkeit und deren Produkte deutlich (Hasselhorn & Gold 2006, S. 93 f.). Dem Bereich des Überwachens wird in einigen Arbeiten außerdem die **Reflexion von Auswirkungen** zugeordnet, d. h. die Vorhersage, zu welchen Ergebnissen das gewählte Vorgehen unter Abgleich mit dem gesetzten Ziel führen wird (Schreblowski & Hasselhorn 2006, S. 155). In manchen Konzepten wird dies hingegen als Teilaspekt des Planens gesehen, indem mögliche Resultate antizipiert und bereits im Rahmen der Planung mehrere Möglichkeiten durchgespielt werden (Brown 1984, S. 63). Anzumerken ist jedoch, dass dies einen sehr hohen Grad an planerischer Kompetenz voraussetzt. In jedem Fall zeigt sich hier die enge Verzahnung von Planung und Überwachung. Des Weiteren gehört zum Überwachen, dass während der Ausführung des geplanten Lösungsverfahrens überlegt wird, inwieweit weitere Aspekte berücksichtigt werden müssen, die in den vorherigen Sequenzen des Bearbeitungsprozesses noch nicht bedacht wurden bzw. bedacht werden konnten (Efklides 2009, S. 80). Dies kann wiederum zu einer Veränderung des aufgestellten Plans führen. Neben der Überwachung des Vorgehens und des (eigenen) Wissens ist insbesondere der Aspekt der Selbstüberwachung und Selbstkontrolle von hoher Bedeutung (Goos 1995, S. 300).

Strategien zur Regulation werden immer dann abgerufen, wenn der anfängliche Bearbeitungsprozess zu Unzufriedenheit der Lernenden verläuft. Dies kann zur Initiierung und Aufkündigung kognitiver Prozesse führen, zur Anwendung anderer kognitiver Strategien, auch zu einem erhöhten Arbeitsaufwand, der wiederum das Zeitmanagement nachhaltig beeinflusst (Efklides 2009, S. 80). **Regulationsprozesse** des Denkens sind häufig die **Folge von Überwachungen** bezüglich der Abfolge der Bearbeitungsschritte, deren Intensität und Geschwindigkeit oder der nutzbaren Ressourcen. Die Komponenten **Überwachung** und **Regulation** bedingen einander, da die Regulation etwa in Form einer Entscheidung für ein bewussteres, konzentrierteres Arbeiten als Folge einer identifizierten Unstimmigkeit hinsichtlich des produktiven Arbeitens erfolgen kann (Schreblowski & Hasselhorn 2006, S. 155).

Strategien zur Evaluation werden auch als Strategien zur Bewertung bezeichnet, da sie die Bewertung der Resultate kognitiver Prozesse hinsichtlich etablierter Kriterien oder Qualitätsstandards integrieren (Efklides 2009, S. 80). Sie sind somit der Phase **nach der Beendung der Aufgabenbearbeitung** zuzuordnen. Dabei erfolgt ein Rückbezug auf eingangs gesetzte Ziele in Form einer **Beurteilung der Übereinstimmung der Ergebnisse mit den Zielen** (Schreblowski & Hasselhorn 2006, S. 155). Auch die Stimmigkeit der anfänglichen Planung wird eingeschätzt (Efklides 2009, S. 80). Darüber hinaus ist eine **Bewertung des gesamten Lernprozesses** bedeutsam. Reflektiert werden sollte dabei, welche der gewählten Strategien sich bewährt haben und welche sich unter Einbezug von Effizienz- und Effektivitätskriterien als nicht nützlich erwiesen haben. Es sollte zudem eine Bewertung des Zeitmanagements erfolgen (Brown 1984, S. 63; Schreblowski & Hasselhorn 2006, S. 155). Im Rahmen der Evaluation können auch zuvor durchgeführte metakognitive Prozesse hinterfragt werden, d. h. die Qualität der Planung, Überwachung und Regulation der Aufgabenbearbeitung (Efklides 2009, S. 80). Ferner können nach Efklides (ebd.) auch Bemühungen und Anstrengungen bei der Aufgabenbearbeitung insgesamt reflektiert werden. Hier ist es sinnvoll, die Stärken und Schwächen des gesamten Prozesses und deren Auswirkungen im Hinblick auf zukünftige Bearbeitungen auszuarbeiten (ebd.).

Empirischen Studien zum Einsatz metakognitiver Strategien zufolge können Überwachungsprozesse sowohl bewusst eingesetzt werden als auch sich unbewusst vollziehen (ebd., S. 77). Veenman und andere (2006, S. 6) betonen, dass vor allem Überwachungs- und Evaluationsprozesse eher unbewusst ablaufen. Im Bereich des Planens bemerkten unter anderem Stillman und Galbraith (1998, S. 175 ff.) im Rahmen ihrer empirischen Studie zum metakognitiven Verhalten von Schülerinnen und Schülern der Klasse 11 (N = 121) mit Blick auf das Problemlösen, dass sich die Lernenden der angewendeten metakognitiven Planungsprozesse nicht bewusst waren, weil sie selbst äußerten, nicht geplant zu haben. Im Bereich der Überwachungsprozesse konnte außerdem mithilfe von Eyetracking[7] gezeigt werden, dass die Bereitschaft zum Überwachen bei der Bearbeitung von nicht-mathematischen Problemlöseaufgaben fest verankert ist. Teilprozesse des metakognitiven Überwachens vollziehen sich dabei unbewusst (Cohors-Fresenborg et al. 2010, S. 238 ff.).

---

[7] In dieser Studie sollten die Teilnehmenden Aufgaben bearbeiten. Während des Bearbeitungsprozesses wurden ihre Augenbewegungen mittels Eyetracking aufgenommen. Anschließend wurden sie aufgefordert, ihre Lösungen in einem videografierten Interview vorzustellen und zu erklären.

Angesichts bislang kaum vorhandener Untersuchungen zur Überwachung und Regulation und vor allem mit Blick auf die nachweislich geringen Stimulierungen seitens der Lehrkräfte, um den Einsatz metakognitiver Strategien von Schülerinnen und Schülern im Unterricht zu unterstützen, forderten Schneider und Artelt (2010, S. 154) schon vor über zehn Jahren weitere Untersuchungen zur Strategieauswahl wie auch zur Überwachung und Evaluation kognitiver Prozesse. Die Aktualität dieser Forderung bestätigen auch die neueren Studien von Vorhölter (u. a. 2018, S. 352; 2019a; 2019b). Hier wurden die quantitativen Daten des Forschungsprojektes MeMo, in das auch die vorliegende Studie eingebettet ist, mit einem Pre-Post-Design auf der Basis von zwei Messzeitpunkten im Abstand von ca. zehn Monaten ausgewertet (vgl. Abschnitt 6.2). Ziel war es dabei, den Erwerb metakognitiver Modellierungskompetenzen in einer langfristig angelegten Modellierungseinheit zu untersuchen. Vorhölter (ebd.) stellte fest, dass die Schülerinnen und Schüler auf der individuellen Ebene mögliche Strategien zur Regulation und zur Evaluation kaum einsetzten. Noch seltener wurden die Strategien zur Evaluation auf der Gruppenebene eingesetzt. Sie folgerte, dass insbesondere die Kompetenzen zur Anwendung der Strategien in diesen Bereichen verbessert werden müssen.

Aktuelle Erkenntnisse zur Unterscheidung metakognitiver Strategien
Neben dem metakognitiven Kompetenzerwerb der Schülerinnen und Schüler beim mathematischen Modellieren untersuchte Vorhölter (2018, S. 351 ff.; 2019a, S. 708) auch die konzeptuelle Struktur metakognitiver Strategien. Im Gegensatz zu den soeben vorgestellten Konzeptualisierungen konnte sie dabei **empirisch eine andere Struktur metakognitiver Strategien** identifizieren. Diese resultierte aus der Auswertung von 431 Schülerfragebögen mit Items auf der Individual- und der Gruppenebene. Basierend auf den Daten zum ersten Messzeitpunkt ergab sich eine Differenzierung der Strategien in

- Strategien zum Verstehen der Aufgabe, Strategien für einen reibungslosen Ablauf der Aufgabenbearbeitung (Orientierung, Planung und Überwachung),
- Strategien beim Auftreten von Schwierigkeiten, d. h. Strategien zur Regulation sowie
- Strategien zur Evaluation.

Vorhölter trennt somit nicht zwischen Strategien zur **Orientierung, Planung und Überwachung, sondern summiert diese zu einem Strategiebereich.** In ihrer Studie vergleicht Vorhölter (2018) außerdem konzeptuell die Struktur von metakognitiven Strategien auf der Individualebene mit denen der Gruppenebene (vgl.

Abschnitt 2.1.6). Ein zentrales und weiterführendes Ergebnis dieser Studie ist zudem die Entwicklung eines Instruments zur Messung metakognitiver Strategien von Schülerinnen und Schülern beim mathematischen Modellieren in Gruppen, welches beide Ebenen berücksichtigt.

2.1.3 Sensitivität

Als **Sensitivität** (sensitivity) wird das **Gespür** dafür bezeichnet, strategische Aktivitäten bei der Bearbeitung einer Problemlösesituation einzusetzen.

> *„It goes without saying that, like all of us, the young child is constantly learning and recalling things incidentally, i.e., without any deliberate intention to learn or recall."*
> (Flavell & Wellman 1977, S. 7)

Das Vorhandensein von Sensitivität bedeutet demnach, dass Schülerinnen und Schüler die Notwendigkeit erkennen, in konkreten Problemlösesituationen bestimmte Strategien anzuwenden bzw. lernförderliche Aktivitäten durchzuführen (Artelt & Neuenhaus 2010, S. 128). Zugleich bewirkt das Verfügen über Sensitivität, dass Lernende bestimmtes Wissen auch gezielt einsetzen können (Artelt 2000, S. 34). Die Sensitivität beruht auf Erfahrungswissen oder folgt spontaner Intuition (Hasselhorn 1992, S. 42). Selbst wenn Schülerinnen und Schüler über Strategievariablen verfügen, also über erworbene Kenntnisse der Nützlichkeit bestimmter Lernstrategien, ist dieses Wissen nicht zwingend an Wissen über deren praktischen Einsatz gekoppelt. Dementsprechend ist ein Gespür für das Abrufen dieser Strategien bei zukünftigen Aufgaben essenziell. Nach Hasselhorn (1992, S. 46 f.) ist die Sensitivität für strategische Lernmöglichkeiten für ein erfolgreiches metakognitives Arbeiten von entscheidender Bedeutung.

2.1.4 Metakognitive Empfindungen

Bestandteil der prozeduralen Metakognition sind neben metakognitiven Strategien auch die **metakognitiven Empfindungen** (*metacognitive experiences*), die vielfach während Überwachungsprozessen deutlich werden (Efklides 2009, S. 78). Zurückgehend auf Flavell (1971) stehen dabei die in einer Problemlösesituation **ausgelösten Wahrnehmungen oder Gefühle** im Mittelpunkt. Konkret können sich diese in Form von **Gefühlen** (*metacognitive feelings*), **Urteilen** (*metacognitive judgments/ estimates*) oder in Form **aufgabenspezifischen Wissens** äußern (Efklides 2009, S. 78 f.). Metakognitive Gefühle sind beispielsweise positive Gefühle der Vertrautheit, Zufriedenheit oder Sicherheit sowie in negativer Hinsicht Gefühle wie Besorgnis. Metakognitive Urteile finden beispielsweise Ausdruck im Abschätzen der aufzuwendenden Arbeitsleistung, in der Betrachtung der bereits investierten und noch benötigten Zeit oder der Korrektheit der erarbeiteten Lösung. Grundlegend sind Gefühle und Urteile nur dann metakognitiver Natur, wenn sie die **Reaktionen einer Person auf den Bearbeitungsprozess** betreffen (ebd., S. 78).

Metakognitive Empfindungen sind von Bedeutung, weil sie **über mögliche Erfordernisse** während der Aufgabenbearbeitung **informieren** (indem beispielsweise ein mögliches Eingreifen hinsichtlich des Zeitmanagements oder der Ressourcen deutlich wird). Dabei stellen sie das prozessuale Verbindungselement zwischen der Aufgabe und der arbeitenden Person dar und sind beispielsweise unerlässlich hinsichtlich der Frage, ob weitergearbeitet werden kann oder innegehalten werden sollte (Efklides et al. 2006, S. 16). Metakognitive Empfindungen ereignen sich dabei häufig **unbewusst** und werden erst bei **besonderer Intensität bewusst** wahrgenommen (Efklides 2009, S. 79). Dennoch haben sie einen Einfluss auf den metakognitiven Strategieeinsatz: **metakognitive Empfindungen wirken aktivierend auf die Anwendung kognitiver und/ oder metakognitiver Strategien** (Flavell 1979, S. 908). Diesbezüglich betont Efklides (2009, S. 79) jedoch, dass eine metakognitive Empfindung nicht zu stark sein darf, um noch auf sie reagieren zu können oder zu wollen. Bezüglich ihres Zusammenhangs mit den eingesetzten Strategien können metakognitive Empfindungen auch als **Verbindungselement zwischen metakognitivem Wissen und angewendeten metakognitiven Strategien** betrachtet werden. Sie bedingen metakognitives Wissen und werden gleichermaßen durch dieses Wissen geprägt, etwa wenn aufgrund von Defiziten des metakognitiven Wissens mangelndes Verstehen erlebt wird. Zusätzlich können besonders stark ausgeprägte metakognitive Empfindungen zum Einsatz weiterer metakognitiver Strategien führen.

2.1.5 Abschließende Einordnung des Konstrukts

Entsprechend der vorherigen Ausführungen wird in dieser Studie Metakognition als theoretisches Konstrukt wie folgt konzeptualisiert: Metakognition wird ausdifferenziert in **metakognitives Wissen** (*metacognitive knowledge*), **metakognitive Strategien** (*metacognitive strategies*), **Sensitivität** (*sensitivity*) und **metakognitive Empfindungen** (*metacognitive experiences*) beim Einsatz metakognitiver

Strategien (vgl. Abbildung 2.1). **Metakognitives Wissen** wird dabei weiter spezifiziert in **Personen-, Aufgaben- und Strategiewissen**. Als **metakognitive Strategien** werden die Strategien zur **Planung, Überwachung und Regulation sowie Evaluation** bezeichnet. Bei Schülerinnen und Schülern wird der Einsatz metakognitiver Strategien (MS) durch ihr metakognitives Wissen (MK), ihre Sensitivität (S) für den Einsatz metakognitiver Strategien und metakognitive Empfindungen (ME) während einer Aufgabenbearbeitung beeinflusst.

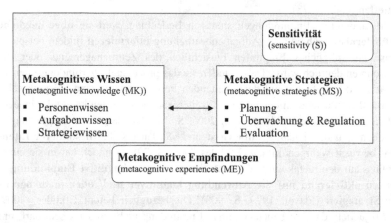

Abbildung 2.1 Konzeptualisierung von Metakognition als theoretische Grundlage für diese Studie

Wie bis hierhin verdeutlicht wurde, bestehen nicht nur Wechselwirkungen zwischen den genannten Bereichen, sondern die einzelnen Einflussfaktoren, die von ihnen ausgehen, wirken auf den komplexen kognitiven Prozess auch häufig unbewusst. Daher können diese von Lehrkräften nicht uneingeschränkt beobachtet, sondern nur bedingt wahrgenommen und reflektiert werden – am deutlichsten erfolgt dies, wenn die Schülerinnen und Schüler diese bewusst wahrnehmen und innerhalb ihrer Lerngruppe oder gegenüber der Lehrkraft kommunizieren. Ausgehend von dieser Erkenntnis gilt das Forschungsinteresse dieser Studie der Frage, inwieweit Lehrkräfte eingesetzte metakognitive Strategien von Schülerinnen und Schülern wahrnehmen und reflektieren. Soweit die untersuchten Lehrkräfte auch die Auslöser für den Einsatz metakognitiver Strategien sowie deren einzelne Auswirkungen in ihre Reflexion einbezogen haben, werden auch diese Aspekte berücksichtigt. Eine fokussierte Untersuchung dieser Aspekte aus der Sicht der Schülerinnen und Schüler bietet die Studie von Krüger (2021).

Um die Relevanz des Strategiebereichs der metakognitiven Strategien in den Modellierungsprozessen der Studie zu veranschaulichen, wird anhand eines beispielhaften Modellierungsproblems in Abschnitt 3.4.1 erläutert, welche metakognitiven Strategien in welchen Teilschritten des Modellierungsprozesses angewendet werden (können).

2.1.6 Soziale Metakognition

Modellierungsprozesse finden üblicherweise in Form von Gruppenbearbeitungen statt (Blomhøj & Kjeldsen 2006; Vorhölter 2019, S. 703), sodass nicht nur das Lösen der Aufgabe an sich, sondern das Anwenden metakognitiver Strategien im Kontext eines gemeinschaftlichen Bearbeitungs- und Lernprozesses im Fokus steht. Hier wird vor allem die Idee verfolgt, dass Lernende an einem gemeinsamen Ziel arbeiten, das gemeinsame Bearbeiten einer Aufgabe planen, dabei zum Beispiel arbeitsteilig vorgehen, den Prozess durch unterschiedliche Sichtweisen voranbringen, das gemeinsame Lösen der Aufgabe kontinuierlich überwachen und schließlich im sozialen Gefüge der Gruppe auch evaluieren (Goos, Galbraith & Renshaw 2002, S. 194; Rogat & Adams-Wiggins 2014, S. 880). Daher soll im Folgenden auch kurz auf die spezifischen Merkmale von Metakognition unter der Perspektive eines gemeinschaftlichen Kommunikationsprozesses eingegangen werden. Auch wenn ich in der im Rahmen der vorliegenden Studie durchgeführten Erhebung keine klare Abgrenzung zwischen Reflexionen zu individueller und zu sozialer Metakognition intendierte, ist der Kontext der Gruppenbearbeitung doch grundsätzlich zu berücksichtigen.

Obwohl Metakognition vor allem in Gruppenprozessen relevant wird, dominierte bis vor einigen Jahren die individuelle Metakognition als Thema der Forschung (Chalmers 2009, S. 105). Mittlerweile ist die Metakognition in Gruppen stärker in die Aufmerksamkeit der Diskussion gerückt; allerdings ist die Forderung von Volet, Vauras & Salonen (2009, S. 215) nach weiteren empirischen Untersuchungen, insbesondere zum Zusammenwirken von individueller und sozialer Metakognition, nach wie vor aktuell.

Rogat und Adams-Wiggins (2014, S. 880) verstehen unter sozialer Metakognition „the processes groups use to regulate their joint work on a task". Ergänzend zum Aspekt der Regulation ist mit Chalmers (2009, S. 110) darauf hinzuweisen, dass Lernende insbesondere zu einem Gruppen-Verständnis gelangen sollten und dafür zu ihrer Gruppe und zur Aufgabe passende Strategien zur Planung, Überwachung und Evaluation anwenden müssen. Zentral ist, dass Gruppen-Metakognition oder soziale Metakognition (auch bezeichnet als *socially shared regulation* (Rogat & Adams-Wiggins 2014), *socially shared metacognition* (Iiskala et al. 2011), *team cognition* oder *social metacognition* (Baten et al. 2017) nicht auf die individuelle Metakognition von mehreren Personen reduziert werden darf. Vielmehr wird nach Iiskala et al. (2011, S. 379) soziale Metakognition als ein komplexeres, soziales Geflecht durch Gruppendynamiken erzeugt. Ähnlich sieht dies auch Efklides (2008). Durch ihre Unterscheidung von metakognitiven Aktivitäten auf einer unbewussten Ebene, auf einer individuellen Ebene und schließlich auf einer sozialen Ebene wird ein komplexes Gefüge sichtbar: Aspekte der individuellen Metakognition werden durch das Teilen in einer Gruppe und das Verhandeln über einzelne Aspekte erweitert und öffnen eine Meta-Metaebene. Strategien zur Überwachung und Regulation beziehen sich damit nicht mehr rein – aber trotzdem weiterhin – auf das eigene Denken und Handeln, sondern in Form bewusster analytischer Abläufe auch auf die Kognitionen der anderen Gruppenmitglieder. Damit planen, überwachen und regulieren sowie evaluieren die beteiligten Personen auf einer Meta-Metaebene (meta-meta-level) (ebd., S. 283 f.).

Trotz der erweiterten Komplexität der sozialen Metakognition im Vergleich zur individuellen Metakognition haben die beiden Konzepte viele Gemeinsamkeiten. Vorhölter (2018, S. 352) konnte in ihrer Pre-Post-Studie zeigen, dass die Strategien auf der Ebene der individuellen Metakognition von der **gleichen Struktur**[8] **sind wie jene auf der Ebene der sozialen Metakognition**, d. h., dass diese ihrer Einteilung nach differenziert werden können in Strategien, die für einen reibungslosen Ablauf sorgen (Strategien zur Orientierung, Planung und Überwachung), Strategien zur Regulation und Strategien zur Evaluation. Aktuell wird noch geprüft, inwieweit die Struktur der Gruppenmetakognition durch die Analyse der Daten zum zweiten Messzeitpunkt bestätigt werden kann.

Bei dem Konzept der sozialen Metakognition werden darüber hinaus vor allem die Formen *other-regulation, co-regulation* und *social regulation* unterschieden (für einen Überblick siehe Moreno, Sanabria & Lopez (2016)), wobei Vauras et al. (2003, S. 35) durch Fallanalysen von Schülerinnen und Schülern der vierten Jahrgangsstufe empirisch eine Differenzierung in *self-, other-* und *shared-regulation* rekonstruieren konnten. Bei der *other-regulation* werden Prozesse betrachtet, die (zeitweise) durch eine Person dominiert werden. Hier kann überdies in zwei Unterformen weiter differenziert werden: Entweder dominiert eine Person die anderen Mitglieder der Gruppe oder eine Person wird von allen anderen Gruppenmitgliedern dominiert (Iiskala 2015, S. 18; Rogat & Adams-Wiggins

---

[8] Dies meint die Einteilung in Strategien für einen reibungslosen Ablauf, Strategien zur Regulation sowie Strategien zur Evaluation.

2014, S. 880). *Co-regulation* ist hingegen geprägt durch das gegenseitige Regulieren von Prozessen im Zusammenhang einer Bearbeitung, die von gemeinsamer Planung, Überwachung und Regulation sowie Evaluation getragen ist. Dabei kann es auch vorkommen, dass jede Person einer Gruppe (nur) ein anderes Gruppenmitglied überwacht und reguliert (statt einer gegenseitigen Überwachung und Regulation) (Iiskala 2015, S. 18; Vauras et al. 2003, S. 35; Vorhölter 2019a, S. 504). Erst bei gemeinsamer Koordination und Regulation der Aktivitäten in der Gruppe durch mehrere Schülerinnen und Schüler kann von *social regulation* oder *social metacognition* die Rede sein (Rogat & Adams-Wiggins 2014, S. 880). In **empirischen Untersuchungen** konnte im Bereich der *other-regulation* gezeigt werden, dass diese unausgeglichenen Prozesse von eher kurzer Dauer waren und von den Lernenden **schnell ausbalanciert** werden konnten (Vauras et al. 2003, S. 35).

2.2 Möglichkeiten und Grenzen metakognitiver Aktivitäten

„Die Annahme, dass das ‚Wissen über und die Regulation von Kognition' zu besseren Lernleistungen führt, ist so alt wie das Konzept der Metakognition selbst." (Artelt & Neuenhaus 2010, S. 131)

Forschungen zur Wirkung von Metakognition begannen bereits kurz nach der Publikation der Ergebnisse von Flavell (1971) zur Wirkung von Metakognition auf ein intelligenteres Lernverhalten mit der Folge besserer Leistungen. Dabei wird vielfach betont, dass ein ausdifferenziertes, adäquates metakognitives Wissen über das eigene Gedächtnis generell höhere Gedächtnisaktivitäten und Leistungen bei Gedächtnisanforderungen zur Folge hat (Hasselhorn, Hager & Möller 1987, S. 196). Der Nutzen metakognitiver Strategien für die Lernleistung und die Bearbeitung von Problemen wie auch die Bedeutsamkeit metakognitiven Wissens für (mathematische) Leistungen wurde durch zahlreiche Studien belegt (vgl. u. a. Hattie 2009, S. 188 ff.; Kuhn et al. 2010, S. 496; Lingel et al. 2014, S. 70; Schneider & Artelt 2010, S. 156[9]; vgl. auch Desoete & De Craene 2019 oder Lingel et al. 2014, 2016 für einen Überblick aktueller Studien zur Bedeutung von Metakognition im Mathematikunterricht). Auch die Auswertungen der nationalen PISA-Daten aus dem Jahr 2000 bei fünfzehnjährigen Schülerinnen

---

[9] Es zeigten sich in diesem Zusammenhang geschlechtsspezifische Unterschiede, da weibliche Lernende scheinbar in geringerem Umfang bei der Bearbeitung mathematischer Probleme Vorteile aus ihrem metakognitiven Wissen ziehen konnten.

und Schülern ergaben eine signifikante Korrelation des erfassten metakognitiven Wissens mit der Lesekompetenz der Lernenden sowie eine etwas schwächer signifikante Korrelation bezüglich der mathematischen und naturwissenschaftlichen Kompetenz (vgl. Artelt & Neuenhaus 2010, S. 143).

Basierend auf ihren Kenntnissen über den Nutzen metakognitiven Wissens und metakognitiver Aktivität für die mathematische Leistung liegt die Forderung nahe, dass Lehrende die Anwendung metakognitiver Aktivitäten bei ihren Lernenden anstreben und fördern sollen. Für die Frage nach geeigneten Maßnahmen setzt der nachgewiesene Zusammenhang von metakognitivem Wissen und der Anwendung metakognitiver Strategien einen entscheidenden Impuls. Er könnte genutzt werden, um metakognitive Schüleraktivitäten zu stärken.

Dabei führten die Forschungen zur Wirkung von Metakognition auf die Leistung jedoch nicht immer zu den erwarteten positiven Ergebnissen. Dies könnte darin begründet sein, dass auch die eindeutig indizierte Anwendung metakognitiven Wissens von verschiedenen Faktoren abhängig ist. Kognitive und metakognitive Aktivitäten unterliegen in der Regel situationsspezifischen Faktoren, etwa beim Leseverständnis unter anderem den Merkmalen des Textes wie auch den personenspezifischen Merkmalen der lesenden Person. Motivationale Faktoren schließlich wirken auf den Zusammenhang von metakognitivem Wissen und Performanz: Selbst bei einem großen metakognitiven Wissen und geeigneten metakognitiven Strategien können motivationale Defizite eine geringe Lernleistung bewirken (Artelt & Neuenhaus 2010, S. 131 f.; Hasselhorn 1992, S. 46 ff.; Weinert 1984, S. 17). Zugleich garantiert ein vorhandenes metakognitives Wissen nicht, dass gute Leistungen erbracht und metakognitive Strategien adäquat eingesetzt werden können (Veenman 2011, S. 198 f.). Ein fehlendes Bewusstsein über die Grenzen des eigenen Wissens beispielsweise kann Schwierigkeiten in der Antizipation von Problemen oder vorbeugender Maßnahmen zur Folge haben (Baker & Brown 1980, S. 4 f.).

Darüber hinaus wird allgemein die Auffassung vertreten, dass der Nutzen metakognitiver Strategien bei der Bearbeitung von Aufgaben begrenzt ist, zumal er von der Komplexität der zu bearbeitenden Aufgabe und ihrem Schwierigkeitsgrad abhängt. Damit gute metakognitive Kompetenzen für Schülerinnen und Schüler gewinnbringend sein können, ist nach Hasselhorn (1992, S. 47) die Bearbeitung subjektiv mittelschwerer Aufgaben bedeutsam. Bei zu schwierigen Aufgaben erscheint den Schülerinnen und Schülern die Bearbeitung eher aussichtslos, sodass sie nicht davon ausgehen, dass ihnen metakognitives Wissen bei der Bearbeitung helfen könnte. Bei zu leichten Aufgaben hingegen erscheint ihnen der Einsatz metakognitiver Strategien als nicht notwendig (Weinert 1984, S. 16).

Besonders wichtig für diese Arbeit ist die Hervorhebung metakognitiver Aktivitäten in bereits vorgelegten Studien vor allem unter Bezug auf komplexe Aufgaben (unter der Voraussetzung, dass Schülerinnen und Schüler eine gewisse Strategiereife besitzen, um metakognitive Strategien zielgerichtet anwenden zu können) (Hattie, Biggs & Purdie 1996, S. 130 f.; Kaiser & Kaiser 2018, S. 25). Außerdem wirken sich Metakognitionen insbesondere dann förderlich auf die Lernleistung von Schülerinnen und Schülern aus, wenn das Lernen in neuen, bislang unvertrauten Inhaltsbereichen und in erfolgs- und handlungsorientierten Motivkonstellationen stattfindet (Hasselhorn 1992, S. 49 f.). Die Bearbeitung mathematischer Modellierungsprozesse ist für Lernende nicht nur äußerst komplex, sondern spricht oft neue Bereiche an, sodass positive Wirkungen von Metakognition auf die Leistungen beim Modellieren erwartet werden dürfen. Die Relevanz metakognitiver Kompetenzen für das mathematische Modellieren ist in jedem Fall durch die Ergebnisse umfangreicher Studien, unter anderem von Stillman mit Galbraith, Brown und Edwards (2007), deutlich geworden (für eine Übersicht Diskurs vgl. Stillman 2011).

Daher soll im Folgenden vertieft auf mathematische Modellierungsprozesse eingegangen werden. Dafür wird der Ansatz der mathematischen Modellierung zunächst allgemein erläutert und anschließend die Bedeutung metakognitiver Prozesse beim mathematischen Modellieren expliziert. Dafür werden zunächst die Teilschritte des Modellierungsprozesses anhand eines ausgewählten Modellierungsproblems exemplarisch vorgestellt. Darüber hinaus wird anhand eines weiteren Modellierungsproblems beispielhaft aufgezeigt, welche metakognitiven Prozesse im Verlauf eines Modellierungsprozesses zum Tragen kommen.

Mathematisches Modellieren

3

3.1 Begriffsbestimmung und Ziele des Modellierens

Die Forderung nach Realitätsbezügen im Mathematikunterricht ist schon lange etabliert. Schon 1901 forderte Klein (1901, S. 153, zitiert nach Kaiser-Meßmer 1986, S. 4) eine *„Belebung des mathematischen Unterrichts"* durch die Verbindung mit realen Sachverhalten. Veränderungen des mathematischen und naturwissenschaftlichen Unterrichts wurden dann durch die Meraner Reformen verstärkt angestoßen. Seit den 1970er Jahren gewinnen Realitätsbezüge und hier insbesondere das mathematische Modellieren in der internationalen mathematikdidaktischen Diskussion vermehrt an Bedeutung (für einen historischen Überblick vgl. Kaiser-Meßmer (1986), für eine Darstellung der neueren Diskussion vgl. Kaiser, Schwarz & Buchholtz (2011), Kaiser (2017)). Die Relevanz des mathematischen Modellierens wird dabei nicht nur in der Breite der Forschung sichtbar, sondern vor allem in der Aufnahme der mathematischen Modellierung in die Bildungsstandards aller Schulstufen (KMK 2004a, 2004b, 2012). So wird exemplarisch in den Bildungsstandards für die Allgemeine Hochschulreife formuliert:

> *„Für den Erwerb der Kompetenzen ist im Unterricht auf eine Vernetzung der Inhalte der Mathematik untereinander ebenso zu achten wie auf eine Vernetzung mit anderen Fächern. Aufgaben mit Anwendungen aus der Lebenswelt haben die gleiche Wichtigkeit und Wertigkeit wie innermathematische Aufgaben."* (KMK 2012, S. 11)

© Der/die Autor(en), exklusiv lizenziert durch Springer Fachmedien Wiesbaden GmbH, ein Teil von Springer Nature 2021
L. Wendt, *Reflexionsfähigkeit von Lehrkräften Über metakognitive Schülerprozesse beim mathematischen Modellieren*, Perspektiven der Mathematikdidaktik, https://doi.org/10.1007/978-3-658-36040-5_3

Damit wird die Einbindung von Modellierungsprozessen in den Mathematikunterricht verbindlich. Sie ermöglichen die geforderte Vernetzung mit anderen
Fächern. Je nachdem, wie ein Modellierungsprozess angelegt ist, können beim
mathematischen Modellieren nicht nur fachlich-inhaltliche Lernziele vermittelt, sondern auch die Kompetenzen des Argumentierens und Kommunizierens
gefördert werden (Maaß 2006, S. 137; 2009, S. 22).

Mathematisches Modellieren bedeutet das Lösen realer Problemstellungen mithilfe von Mathematik und bezeichnet somit das Übersetzen zwischen der Mathematik und der Realität – dem ‚Rest der Welt' (Pollak 1979, S. 234 nach Blum
1985, S. 200; Kaiser et al. 2015a, S. 357).[1] Der Begriff wird unterschiedlich breit
gefasst. Teils wird das Modellieren auf reine Mathematisierungsprozesse reduziert, teils wird es als komplexere, angewandte Problemlöseprozesse verstanden
(vgl. Blum 2006, S. 9).

In der Modellierungsdiskussion hat sich in den letzten Jahren das Verständnis
des Modellierungsprozesses als lineare Abfolge und einer statischen Betrachtung
der realen Welt weiterentwickelt, hin zu einem zyklischen, idealisierten Prozess
mit dem Ziel des **Lösens realer Probleme mithilfe der Mathematik** (Kaiser
et al. 2015a, S. 364). Der Modellierungsprozess wird unter diesem Ansatz üblicherweise als Kreislauf mit unterschiedlichen Phasen dargestellt. Dabei hat der
Diskurs diverse Modelle von Modellierungskreisläufen hervorgebracht, denen die
Übersetzung eines Modellierungsprozesses zwischen der Realität und der Mathematik gemeinsam ist.[2] Bekannte und häufig verwendete **Modellierungskreisläufe**
sind beispielsweise die von Kaiser-Meßmer (1986), Blum und Leiss (2005) und
Kaiser und Stender (2013) entwickelten Modelle (vgl. Abschnitt 3.2). In dieser Arbeit wird der zuletzt genannte Modellierungskreislauf der Arbeitsgruppe
Mathematikdidaktik an der Universität Hamburg von Gabriele Kaiser zugrunde
gelegt.

Am Anfang eines jeden Modellierungsprozesses steht eine problemhaltige
Situation außerhalb der Mathematik im Kontext einer anderen wissenschaftlichen

---

[1] Im Unterschied zu Modellierungsproblemen wird bei Anwendungsaufgaben die Richtung
von der Mathematik zur Realität angesprochen (Kaiser et al. 2015, S. 357). Anwendungspro-
zesse werden von Blum (1985, S. 206 ff.) unterschieden in Aufgaben des direkten Anwen-
dens und eingekleidete Aufgaben.

[2] Modellierungskreislaufe werden unter anderem von Borromeo Ferri und Kaiser (2008,
S. 5 ff.) kategorisiert in Kreisläufe mit Fokus auf die individuelle mentale Repräsentation,
(2) mit Textaufgaben als Basis für die Rekonstruktion des Situationsmodells, (3) didaktische
Kreisläufe, (4) Kreisläufe aus der angewandten Mathematik. Eine andere Kategorisierung
bieten Greefrath et al. (2013, S. 16 ff.), die hinsichtlich der Mathematisierungsschritte in
das direkte, zwei- oder dreischrittige Mathematisieren unterscheiden. Für einen weiteren
Überblick siehe auch Kaiser (2017).

Disziplin und/ oder aus der Realität, d. h. eine **reale Situation**, die ein Problem oder eine Fragestellung enthält. Diese Situation setzt den Impuls für die ersten Schritte der Bearbeitung: Es müssen Informationen gesammelt und die Ausgangssituation mit ihren spezifischen Gegebenheiten muss auf einen idealisierten und strukturell vereinfachten Sachverhalt **vereinfacht** werden. Durch die Entwicklung von Anforderungen und vereinfachenden **Annahmen** wird dann die erfasste reale Situation in ein reales Modell überführt. Im Rahmen der **Mathematisierung** erfolgt die Übersetzung (z. B. der Daten, Annahmen, Begriffe des realen Modells) in die Mathematik mit der Bildung eines **mathematischen Modells** (Blum 1985, S. 201 ff.; Henn 2002, S. 5). Als mathematisches Modell wird dabei *„eine isolierte Darstellung der Welt, die vereinfacht worden ist, dem ursprünglichen Prototyp entspricht und zur Anwendung von Mathematik geeignet ist"* (Greefrath 2010a, S. 43) bezeichnet. Aufgrund der Variabilität des Prozesses bis zu diesem Schritt kann auch dieses Modell variieren und es ist möglich – und kann sogar notwendig sein – zu einem realen Modell mehrere mathematische Modelle zu erstellen (Blum 1985, S. 203). Im nächsten Schritt werden die im Zuge der Berechnungen erhaltenen mathematischen Resultate in die **Realität zurückübersetzt**. Sie werden auf die Ausgangssituation angewendet, gegebenenfalls auch auf vergleichbare Situationen oder gänzlich neue. Einhergehend mit der Rückinterpretation ist das **Validieren** zentral. Es gilt dabei zu hinterfragen, ob die anhand der Resultate gewonnenen Erkenntnisse bezüglich der eingangs gestellten Fragen zufriedenstellende Antworten produziert haben. Ist das nicht der Fall, besteht die Option, den Kreislauf ein weiteres Mal zu durchlaufen und geeignete Modifizierungen vorzunehmen oder gänzlich neue Modelle zu entwickeln (ebd., S. 205).

Ziele des mathematischen Modellierens
In der mathematikdidaktischen Forschung werden unterschiedliche Facetten des mathematischen Modellierens beleuchtet und auf unterschiedliche Weisen systematisiert. Grundlegend besteht jedoch folgender Konsens: Das mathematische Modellieren leistet einen Beitrag zum Verständnis und zur Erklärung bestimmter Phänomene der außermathematischen Realität (Blum 2007, S. 4; Kaiser & Sriraman 2006, S. 302; Leiss & Tropper 2014, S. 24). Kaiser (1995, S. 69 f.) hat im mathematikdidaktischen Diskurs mit Bezug auf Blum (1989, S. 646 f.) mögliche Ziele bei der Implementierung von Realitätsbezügen im Mathematikunterricht ausdifferenziert: Sie unterscheidet in **stoffbezogene Ziele** (zur Organisation von Unterricht), **pädagogische Ziele** (zur Umwelterschließung und –bewältigung), **psychologische Ziele** (zur Verbesserung der Motivation und Einstellung) und **wissenschaftsorientierte Ziele** (zur Einsicht in die Mathematik als Kulturgut).

Nach Kaiser sind Realitätsbezüge im Mathematikunterricht im Bedingungs-rahmen der stoffbezogenen Zielsetzungen zunächst als **Ausgangspunkte von Lernprozessen** zu betrachten, die bei den individuellen Erfahrungen und Lebens-welten der Schülerinnen und Schüler ansetzen. Mathematische Begrifflichkeiten und Verfahren werden durch die realitätsbezogenen Aufgaben für Lernende anschau-licher und deutlicher, sodass ein angemessenes und umfassendes **Verständnis mathematischer Inhalte** eher erreicht werden kann. Neben dem Verständnis zielen realitätsbezogene Aufgaben aber auch auf das **Üben von Methoden und Begriffs-bildungen** sowie auf das **längere Behalten mathematischer** Inhalte. Zentrale pädagogische Ziele dieser realitätsbezogenen Lernprozesse sind die Ausbildung eines **bewussten und kritischen Weltbildes** der Schülerinnen und Schülern und die Erfahrung praktischer Nutzungsmöglichkeiten von Mathematik für die Gestal-tung der eigenen Lebenswelt. Die **Erziehung zur mündigen Bürgerin und zum mündigen Bürger** gilt als eines der bedeutsamsten Ziele der mathematischen Modellierung. Dabei sollen Schülerinnen und Schüler nicht nur die Fähigkeit erlangen, bekannte mathematische Verfahren auf unterschiedlichste Lebensbereiche anzuwenden, sondern zudem Verfahren zur Lösung außermathematischer Probleme selbst entwickeln können. Ziel ist somit ein Modellbildungsprozess. Schließlich gilt die Vermittlung eines angemessenen Bildes zum Verhältnis von Mathematik und Realität und die damit verbundene Fähigkeit des **kritischen Reflektierens** über die Anwendung von Mathematik als weiteres pädagogisches Ziel. Darüber hinaus berücksichtigen psychologische Ziele die Komponenten der Motivation und der Ein-stellung (Kaiser 1995, S. 69 f.). Kaiser zielt hier auf eine verstärkte **Motivation** und ein höheres **Interesse** an mathematischen Prozessen, Erkenntnisse der **Bedeutsam-keit** und die Entwicklung einer **aufgeschlosseneren Einstellung gegenüber der Mathematik**. Schließlich gilt es, **Mathematik als Wissenschaft** darzustellen und von ihr ein realistisches und angemessenes Bild zu erzeugen. Gleichzeitig soll den Schülerinnen und Schülern deutlich werden, dass Mathematik in unserer technisier-ten Welt zunehmend unsichtbar stattfindet. Sie sollen erkennen können, dass ihnen mathematische Probleme und Problemlösungen in ihrem Alltag vielfach begegnen.

Unter Berücksichtigung der diversen internationalen Perspektiven auf das mathematische Modellieren ist die Ausschärfung des Modellierungsbegriffs in der Klassifikation von Kaiser und Sriraman (2006, S. 302 ff.) wegweisend. Sie unterscheiden folgende Perspektiven des mathematischen Modellierens:

- *Realistisches oder angewandtes Modellieren* (fokussiert pragmatisch-utilitaristische Ziele wie die Befähigung der Lernenden zum Lösen realistischer Probleme).

- *Kontextuelles Modellieren* (verfolgt fachspezifische und psychologische Ziele wie die Befähigung zum Lösen von Textaufgaben).
- *Pädagogisches Modellieren* (beinhaltet das didaktische und konzeptuelle Modellieren und zielt auf pädagogische sowie fachspezifische Ziele wie die Strukturierung des Lernprozesses und die Einführung neuer mathematischer Inhalte sowie die Förderung eines vertieften inhaltlichen Verständnisses).
- *Sozio-kritisches Modellieren* (legt den Fokus auf pädagogische Ziele wie die Förderung eines kritischen Weltverständnisses).
- *Epistemologisches oder theoretisches Modellieren* (verfolgt theorieorientierte Ziele wie eine bessere Theorieentwicklung zum Modellieren).
- *Kognitives Modellieren* (verfolgt sowohl psychologische Ziele wie die Förderung mathematischer Denkprozesse durch die Nutzung mathematischer Modelle als auch forschungsorientierte Ziele wie die Analyse und das Verständnis kognitiver Prozesse beim mathematischen Modellieren) (vgl. auch Kaiser 2017, S. 272 ff.).

Die dargestellten Ziele und Perspektiven des Modellierens werden nach wie vor im aktuelleren Diskurs zur Strukturierung angewendet und unterschiedlich stark gewichtet bzw. fokussiert. Das pädagogische bzw. das kognitive Modellieren ist beispielsweise bei Blomhøj und Kjeldsen (2006, S. 176) zentral: Neben dem funktionalen Ziel, die Schülerinnen und Schüler durch das Modellieren zu motivieren, erachten sie den Aufbau kognitiver Konzepte als wesentlich: *„Modelling activities (...) help the learner to establish cognitive roots fot the construction of important mathematical concepts"* (ebd.). Beim Modellieren gehe es somit auch darum, kognitive Modelle zu erstellen und nachhaltig zu etablieren, um sie in künftigen, komplexeren Situationen anwenden zu können. Eine ähnliche Perspektive nimmt auch Stillman (2011, S. 167) ein. Sie formuliert das Ziel, die Schülerinnen und Schüler nicht nur dazu zu befähigen, Probleme zu lösen, sondern auch detaillierte tiefergehende Modellierungen durchführen zu können. Dafür betrachtet sie es als entscheidend, Metawissen über das mathematische Modellieren und das Anwenden von Mathematik zu generieren.

Im Folgenden wird die Perspektive der Verfasserin und die Darstellungsweise der vorliegenden Arbeit weiter spezifiziert und konkretisiert. Die bis hierhin explizierte Art und Weise, wie Modellierungsprobleme und Modellierungsprozesse verstanden werden, spielt eine entscheidende Rolle bei der Integration des mathematischen Modellierens in den Unterricht. Im Kontext des Forschungsprojektes MeMo, das den Rahmen meiner Studie bildet, werden unter Rekurs auf die einschlägige Diskussion Modellierungsprobleme definiert als **reale, authentische** Probleme besonderer **Komplexität** und **Offenheit** hinsichtlich der Lösung, die auch **für Schülerinnen und Schüler relevant** sind (Kaiser & Schwarz 2010; Greefrath 2010; Maaß 2004,

2005, 2007, 2009). In meiner Studie beziehe ich mich damit vor allem auf die Definition von Maaß (2005, S. 117):

„Modellierungsprobleme sind komplexe, offene, realitätsbezogene und authentische Problemstellungen, zu deren Lösung problemlösendes, divergentes Denken erforderlich ist. Dabei können sowohl bekannte mathematische Verfahren und Inhalte verwendet werden als auch neue mathematische Erkenntnisse entdeckt werden. Die Sachkontexte müssen adressatengerecht ausgewählt werden. "

Dies bedeutet, dass der reale Kontext eines Modellierungsproblems aus der Lebenswelt der Schülerinnen und Schüler stammen und das Problem zudem so authentisch sein sollte, dass es für Lernende realistisch und glaubwürdig erscheint (Maaß 2007, S. 27; S. 12). Entsprechend erscheint die Bearbeitung eines Modellierungsproblems für Lernende nur dann relevant, wenn der Bearbeitungs- und Lösungsprozess für ihr eigenes Leben gegenwärtig oder zukünftig bedeutsam ist (Greefrath et al. 2013, S. 26). Die Authentizität eines Modellierungsproblems wird dadurch erreicht, dass die zu bearbeitende Problemstellung auf einer echten, realen Frage beruht, die auch außerhalb des schulischen Zusammenhangs relevant ist und folglich nicht nur für den Unterricht konstruiert wird (Greefrath 2010b, S. 30). Als besonders wichtig erachte ich das Kriterium der Offenheit: Modellierungsprobleme sollten so offen gestellt sein, dass multiple Lösungswege und Lösungen möglich sind (ebd., S. 47), da nur so ein **selbstdifferenzierender** Charakter von Modellierungsproblemen erzeugt werden kann. Den Lernenden ist die Möglichkeit zu eröffnen, Modellierungsprozesse entsprechend ihren individuellen Fähigkeiten und Fertigkeiten aktiv zu vollziehen. Aufgaben sind daher so zu konzipieren, dass leistungsschwächere Schülerinnen und Schüler im Bearbeitungsprozess eher einfachere Modellierungen vornehmen können, während leistungsstärkere Lernende anspruchsvollere Wege wählen können (vgl. dazu die Ergebnisse von Maaß (2006, S. 159)). Um neben meiner Auffassung von Modellierungsproblemen auch das hier zugrunde liegende Verständnis eines Modellierungsprozesses aufzuzeigen, stelle ich nachstehend einen beispielhaften Durchlauf des Modellierungsprozesses anhand eines Modellierungsproblems aus dieser Studie vor (Abbildung 3.1).

Regenwald

Die Bierbrauerei „Krombacher" hat in den Jahren 2002, 2003, 2005, 2006 und 2008 für jeweils 3 Monate in Zusammenarbeit mit dem WWF (World Wildlife Foundation) die folgende Initiative durchgeführt:

Für jeden verkauften Kasten Krombacher Bier wird ein Quadratmeter Regenwald in Dzanga Sangha (Zentralafrikanische Republik) nachhaltig geschützt.

Untersuche die Wirkung dieser Aktion in Bezug auf die weltweite Regenwald-Abholzung.

Zur Info: Täglich werden weltweit ca. 365km² Regenwald abgeholzt und verbrannt, wovon alleine ca. 93 km² in Afrika liegen. Die Deutschen trinken im Durchschnitt pro Kopf 107l Bier pro Jahr.

Abbildung 3.1   Aufgabenstellung des Modellierungsproblems Regenwald nach Leiss et al. (2006)

3.2   Der Modellierungsprozess am Beispiel der Bearbeitung des Modellierungsproblems *Regenwald*

Die Bearbeitung des Modellierungsproblems *Regenwald* erfordert von Schülerinnen und Schülern das Hinterfragen und Einschätzen einer Werbekampagne aus der realen Wirklichkeit. Mit dem thematischen Bezug zur Gefährdung des Regenwaldes trägt die Bearbeitung dieses Modellierungsproblems zur Erziehung der Schülerinnen und Schüler zur mündigen Bürgerin bzw. zum mündigen Bürger bei.

Verstehen und Vereinfachen des Problems
Der erste Bereich der Teilkompetenzen zum Verständnis eines realen Problems und zum Aufstellen eines realen Modells berücksichtigt das Treffen geeigneter Annahmen zur Vereinfachung der Situation. Die verfügbaren Informationen werden dafür gefiltert und in relevante und irrelevante Informationen unterschieden. Zudem

werden die relevanten Größen benannt und als Schlüsselinformationen identifiziert. Weiter werden einzelne Variablen zueinander in Beziehung gesetzt (Maaß 2006, S. 116).

Die Schülerinnen und Schüler müssen somit die gegebenen Informationen der unterbestimmten Aufgabenstellung des Modellierungsproblems *Regenwald* rezipieren und erkennen, dass der jährliche Bierkonsum eines Deutschen und die weltweit tägliche Regenwaldabholzung im Durchschnitt angegeben sind. Ebenso festhalten können sie den Zeitraum der durchgeführten Werbekampagne einer Bierbrauerei von jeweils drei Monaten in fünf Jahren, in welchem sich die Brauerei verpflichtete, für jeden verkauften Kasten Bier der eigenen Brauerei $1m^2$ Regenwald in Afrika nachhaltig zu schützen. Darüber hinaus hatten die Lernenden die Abbildung eines Bierkastens erhalten, aus der sie eine Annahme über die Menge Bier (in l) in einem Kasten ableiten konnten. Ziel der Aufgabe ist es, die ökologische Wirkung dieser Werbeaktion einzuschätzen. Das Problem kann damit auf folgende Fragen reduziert werden: Wie viele Quadratmeter Regenwald kann die genannte Brauerei in dem Aktionszeitraum durch das verkaufte Bier nachhaltig schützen? Ab welcher Zeitspanne oder ab welcher nachhaltig geschützter Fläche kann die Werbeaktion als wirksam beurteilt werden?

In ihrem Bearbeitungsprozess müssten die Schülerinnen und Schüler dafür das Erreichen der Wirkung individuell definieren, beispielsweise eine bestimmte Zeitspanne ohne Regenwaldabholzung oder eine bestimmte Quadratmeteranzahl. Gegebenenfalls ist seitens der Lehrkraft die Empfehlung erforderlich, die entnommenen Informationen und Angaben schriftlich zu notieren, eventuell sogar auf einem gemeinsamen Zettel in der Gruppe. Festzuhalten wäre dabei beispielsweise:

- Der Pro-Kopf-Konsum von Bier der Deutschen pro Jahr: 107 Liter (im Text),
- Der Aktionszeitraum (AZ) beträgt 15 Monate (im Text),
- In Deutschland leben ca. 82 Mio. Menschen (außermathematisches Wissen),
- In einem Kasten Bier sind (meist) entweder 20×0.5 l oder 24×0.33 l Flaschen (außermathematisches Wissen),
- Der Marktanteil von Krombacher kann auf etwa 10 % geschätzt werden (Annahme),
- Der Bierkonsum wird als gleichverteilt auf das ganze Jahr angenommen (Annahme).

Mathematisch darstellen/ mathematisch arbeiten
Nach der gemeinschaftlichen Vereinbarung der relevanten Größen und Annahmen beginnt die Mathematisierung. Die Kompetenzen zum **Aufstellen eines mathematischen Modells** aus einem realen Modell beinhalten, dass relevante Größen und ihre Beziehungen vereinfacht und mathematisiert sowie Quantitäten und Komplexitäten reduziert werden. Schließlich ist eine geeignete mathematische Notation zur grafischen Repräsentation der Situation zu wählen (Maaß 2006, S. 116). Beim **mathematischen Arbeiten** ist es hilfreich, wenn Schülerinnen und Schüler heuristische Strategien einsetzen und ihr mathematisches Wissen bei der Lösung des Problems einbringen können (ebd.). Heuristische Strategien unterstützen dabei die Entscheidungen über die Durchführung des nächsten Arbeitsschrittes, etwa durch systematisches Probieren, Organisieren von Material, Zerlegen des Problems in Teilprobleme (u. a. Stender 2018, S. 110 f.).

Bei dem Modellierungsproblem *Regenwald* bestehen mehrere Ansatzpunkte für die Mathematisierung. So kann beispielsweise damit begonnen werden, die Anzahl der Flaschen in einem verkauften Kasten Bier oder auch den Bierverbrauch der Deutschen während des Aktionszeitraums (AZ) zu berechnen, um diese Informationen anschließend zueinander ins Verhältnis setzen zu können. Der gesamte Bierverbrauch in Deutschland während des Aktionszeitraumes resultiert aus der Multiplikation der Einwohnerzahl Deutschlands mit dem Pro-Kopf-Verbrauch gesehen auf 15 Monate:

$$82.000.000 \cdot 107l \cdot \frac{15\,Monate}{12\,Monate} = 1,09675 \cdot 10^{10}l$$

Mit dem angenommenen Marktanteil der Brauerei in Höhe von 10 % ergibt sich eine Angabe über das verkaufte Bier im Aktionszeitraum von:

$$1,09675 \cdot 10^{10}l \cdot \frac{1}{10} = 1,09675 \cdot 10^{9}l$$

Um herauszufinden, wie viele Kästen Bier die Brauerei in dem betrachteten Zeitraum verkaufen konnte, bietet es sich unter anderem an, den Mittelwert der Anzahl der Flaschen je nach Kastengröße zu bilden:

- Kasten 1: 20×0.5 l enthält 10 l Bier.
- Kasten 2: 24×0.33 l enthält 7,92 l Bier.

Im Mittel ergibt sich ein Wert von 8,96 l Bier pro Kasten.[3]

Aus der Anzahl der verkauften Kästen resultiert die Anzahl der nachhaltig geschützten Quadratmeter Regenwald. Daher ist zu berechnen:

$$\frac{Verkauftes\,Bier\,im\,AZ}{Liter\,Bier\,in\,einem\,Kasten} = \frac{1,09676 \cdot 10^9 l}{8,96 l} = 122.405.133,9 \; .$$

Für den nun folgenden Teilschritt der Interpretation bietet es sich an, die Anzahl der geschützten $122.5.133,9 m^2$ Regenwald in die Einheit Quadratkilometer umzurechnen und den Wert bereits ins Verhältnis zu der täglich abgeholzten Fläche Regenwald in Höhe von 365km^2 zu setzen:

$$122,41 km^2 : 365 km^2 = 0,3353$$

Interpretation der mathematischen Lösung

Die Kompetenz zur **Interpretation** mathematischer Resultate in realen Situationen impliziert nicht nur die Kompetenz zur Interpretation solcher Resultate in außermathematischen Kontexten. Auch die Kompetenz zur Generalisierung von entwickelten Lösungen auf bestimmte Situationen sowie die Kompetenz zur Verwendung der geeigneten mathematischen Fachsprache bei der Kommunikation über Lösungen ist von Belang.

Aus den vorherigen Berechnungen ergibt sich bei diesem Modellierungsprozess als mathematische Lösung ein Wert von $122.405.134 m^2 \approx 122,41 km^2$ der Fläche Regenwald, die durch die Werbekampagne geschützt wird. Durch die Bestimmung des Verhältnisses zur global abgeholzten Fläche Regenwald pro Tag wird erkannt, dass durch die gesamte Aktion nur etwa 33,5 % der an einem Tag abgeholzten weltweiten Fläche Regenwald gerettet werden können. Hinsichtlich des Aktionszeitraumes von 15 Monaten wirkt die Angabe der geschützten Fläche verhältnismäßig gering. Im Aktionszeitraum wurden 166.531,25 km^2 Regenwald abgeholzt, wovon nur 122,41 km^2 gerettet werden konnten. Dies entspricht einem Anteil von 0,074 %. Begrenzt auf den afrikanischen Regenwald, wovon pro Tag 93 km^2 abgeholzt werden (im Aktionszeitraum entsprechend 42431,25 km^2), hätte in diesem gesamten Gebiet 0,29 % im Aktionszeitraum geschützt werden können.

---

[3] Denkbar wäre auch die Bestimmung der oberen und unteren Grenzen.

Insgesamt können die Schülerinnen und Schüler zu dem Urteil gelangen, dass diese Werbeaktion kaum eine ökologische Wirkung gezeigt hat, da nur sehr wenig Regenwald gerettet wurde. Die Tatsache, dass mit $122{,}41 \text{ km}^2$ immerhin ein geringer Bestand des Regenwaldes gerettet und langfristig geschützt werden konnte, ist dabei durchaus positiv zu beurteilen. Hier können sie zu der Überlegung kommen, dass andere Unternehmen wie etwa Lebensmittelhersteller ähnliche Aktionen durchführen könnten, wodurch eine bedeutende Reduktion der Vernichtung des Regenwaldes auf Dauer erreicht werden könnte. Darüber hinaus könnten die Schülerinnen und Schüler die Wirkung solcher Werbeaktionen (anderer Hersteller) in Hinblick auf ihr eigenes Kauf- und Konsumverhalten reflektieren.

Validierung der Lösung

Zuletzt umfasst die Kompetenz zur **Validierung** das kritische Überprüfen und Reflektieren der entwickelten Lösungen, wie auch das Überarbeiten von Teilen des Modells bis hin zu einem erneuten Durchlaufen des Modellierungsprozesses, falls die Lösungen nicht zu befriedigenden Antworten auf die Problemsituation geführt haben. Hier geht es außerdem um die Kompetenzen, alternative Lösungswege zu reflektieren oder das Modell insgesamt zu hinterfragen (Maaß 2006, S. 116 f.).

Im dargestellten Modellierungsprozess hat sich eine valide Lösung ergeben und die Mathematisierung durch die gewählten mathematischen Operationen hat sich als zielführend erwiesen. Abschließend können die Schülerinnen und Schüler zu dem Urteil gelangen, dass der durchgeführte Modellierungsprozess durch die Berücksichtigung bestimmter Aspekte hätte weiter optimiert werden können. Folglich hätte ein erneuter Durchlauf mit einem optimierten Modellierungsprozess eventuell ein noch genaueres Ergebnis erzeugen können:[4]

- Durch die Beachtung weiterer Bierkastengrößen beispielsweise hätte ein genauerer Durchschnittswert der Literangabe pro Kasten Bier berechnet werden können.
- Für die Angabe der Einwohnerzahl Deutschlands wurde ein gerundeter Wert verwendet.
- Der Marktanteil der genannten Brauerei hätte genauer recherchiert werden können.
- Der unterschiedliche Bierkonsum in verschiedenen Monaten hätte berücksichtigt werden können.

---

[4] Gleichzeitig sollte bedacht werden, dass den Schülerinnen und Schülern vor allem bewusst sein sollte, dass sie mithilfe ihrer Modellierungen niemals exakte Ergebnisse bekommen werden.

- Eine Steigerung des Absatzes im Aktionszeitraum aufgrund der Marketingaktion hätte angenommen werden können.

Der hier exemplarisch dargestellte Modellierungsprozess[5] wird in der nachstehenden Abbildung 3.2 zusammengefasst:

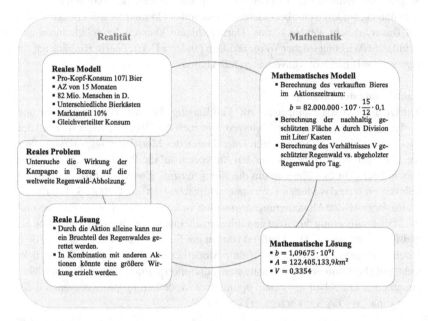

Abbildung 3.2 Möglicher Durchlauf des Modellierungsprozesses des Problems Regenwald

   Wie einleitend schon angemerkt, ist es empirisch nachgewiesen, dass mathematisches Modellieren erlernt werden kann (vgl. u. a. Blum 2015, S. 85). Da die Modellierungskompetenzen als Voraussetzung für das erfolgreiche Modellieren gelten, werden sie im Folgenden genauer dargestellt. Metakognitive Kompetenzen, die der Modellierungskompetenz zuzuordnen sind, werden anschließend fokussiert betrachtet. Dabei wird auch beschrieben, inwieweit und auf welche Weise der Modellierungskreislauf als metakognitives Hilfsmittel eingesetzt werden kann. Abschließend steht die Förderung von Modellierungskompetenz im Vordergrund,

---

[5] Entsprechend der Eigenschaften von Modellierungsproblemen sind multiple Lösungen denkbar, auf welche in diesem Rahmen nicht weiter eingegangen werden soll.

insbesondere die Förderung metakognitiver Modellierungskompetenz. In diesem Zusammenhang wird auch das Lehrerhandeln beim mathematischen Modellieren im Allgemeinen diskutiert.

3.3 Modellierungskompetenzen

Vor über 15 Jahren wies Maaß (2004, S. 31) darauf hin, dass die Unterscheidung von Modellierungskompetenzen und Modellierungsfähigkeiten ein neuer Trend des didaktischen Diskurses um Realitätsbezüge sei und betonte, es gebe keine einheitliche Definition von Modellierungskompetenzen. Tatsächlich gab es vielmehr eine Vielzahl an Definitionen des Begriffes *Kompetenz*, wie auch von *Modellierungskompetenz*.[6] Die allseits bekannte Definition nach Weinert (2001, S. 27 f.) sieht Kompetenzen als all *„jene verfügbaren oder erlernbaren kognitiven Fähigkeiten und Fertigkeiten"* zur Lösung bestimmter Probleme und damit einhergehende *„motivationale, volitionale und soziale Bereitschaften und Fähigkeiten"* zur erfolgreichen Nutzung der Lösungswege. Maaß (2004, S. 32) folgerte daraufhin durch theoretische Überlegungen, dass Modellierungskompetenzen aus Modellierungsfähigkeiten sowie aus der Disposition bestehen, diese zu nutzen. In Anlehnung an Weinert stellte sie somit die folgende Definition auf: *„Modellierungskompetenzen umfassen die Fähigkeiten und Fertigkeiten, Modellierungsprozesse zielgerichtet und angemessen durchführen zu können sowie die Bereitschaft, diese Fähigkeiten und Fertigkeiten in Handlungen umzusetzen"* (ebd., S. 35). Diese Definition wird auch dieser Arbeit zugrunde gelegt. Modellierungskompetenz ist demnach erforderlich, um einen Modellierungsprozess durchführen zu können (Vorhölter & Kaiser 2016, S. 274) oder konkret, um die Teilschritte des Modellierungsprozesses problemadäquat ausführen, Modelle analysieren und vergleichend beurteilen zu können (Blum 2007, S. 6).

Dabei wird unterschieden zwischen **globalen Modellierungskompetenzen** und den **Teilkompetenzen des mathematischen Modellierens**.[7] Erstere bezeichnen die Fähigkeiten, den gesamten Modellierungsprozess durchzuführen und zu reflektieren und beinhalten neben kommunikativen und sozialen Kompetenzen

---

[6] Für einen Überblick über die Entwicklung der internationalen Debatte um Modellierungskompetenzen siehe Kaiser und Brand (2015).

[7] Zum Teil wird Modellierungskompetenz auch hinsichtlich verschiedener Niveaustufen differenziert, insbesondere zur Erfassung in empirischen Arbeiten. Beispielhaft dafür ist Keune (2004, S. 290 f.) zu nennen, der das Erkennen und Verstehen des Modellbildungskreislaufs auf der ersten Ebene, die selbstständige Modellbildung auf der zweiten und die Metareflexion

unter anderem auch metakognitive Kompetenzen (Kaiser 2007, S. 111). Die theoretische Einbindung der metakognitiven Komponente in die Modellierungskompetenz[8] konnte als ein Teilergebnis der Studie von Hidayat, Zulnaidi & Zamri (2018, S. 14 ff.) auch empirisch belegt werden. Sie untersuchten den Zusammenhang von **Metakognition und Modellierungskompetenzen** mithilfe von Testungen von 538 Schülerinnen und Schülern und fanden einen signifikanten Zusammenhang zwischen dem Setzen von Zielen und mathematischer Modellierungskompetenz. Darüber hinaus identifizierten sie auch einen Zusammenhang zwischen Metakognition und Modellierungskompetenz, wobei jedoch anzumerken ist, dass sich die theoretischen Grundlagen der Studie von Hidayat, Zulnaidi & Zamri und der vorliegenden Studie unterscheiden.[9] Ihre Ergebnisse[10] sind somit als erster empirischer Hinweis auf die Einbindung der metakognitiven Komponente zu verstehen und bedürfen weiterer Untersuchungen.

über die Modellbildung (und über die Anwendung von Mathematik) auf der dritten und letzten Ebene differenziert. Als Metareflexion betrachtet er dabei die Fähigkeiten, über Anwendungen der Mathematik zu reflektieren, den Modellbildungsprozess kritisch zu analysieren, den Anlass von Modellbildung zu reflektieren sowie Kriterien der Modellbildungsevaluation zu charakterisieren.

[8] Keune (2004) bezieht die metakognitive Komponente auch in ein Niveaustufenmodell von Modellierungskompetenz ein. Die höchste Ebene ist in seiner Konzeptualisierung durch Metareflexionen gekennzeichnet, d. h. es werden Fähigkeiten eingesetzt, über Anwendungen der Mathematik und Anlässe der Modellbildung zu reflektieren und den Prozess des Mathematisierens kritisch zu analysieren sowie anhand geeigneter Kriterien zu evaluieren (ebd., S. 290 f.).

[9] Hidayat, Zulnaidi & Zamri betrachten primär diejenigen Faktoren als metakognitiv, die Kognitionen unterstützen. Überdies differenzieren sie Metakognition in die vier Dimensionen *awareness, planning, cognitive strategy, self-checking*. Im Vergleich zu der vorliegenden Studie (vgl. Abschnitt 2.1.5) berücksichtigen sie jedoch den Bereich der metakognitiven Strategien in geringerem Maße (das Überwachen und Regulieren findet sich nur ansatzweise im Bereich des Selbst-Überprüfens wieder, das Evaluieren fehlt). Abgesehen davon bezeichnen Hidayat, Zulnaidi & Zamri (2018, S. 2) mathematisches Modellieren auch als Mathematisieren, verwenden also einen eingeschränkten Modellierungsbegriff und definieren es als *„process of organising representational descriptions within which symbolic means and model formal structures or formal structures emerge"* (ebd.), was verdeutlicht, dass sie Modellierungsprozesse weniger komplex auffassen als ich. Unter Modellierungskompetenz verstehen sie kognitive, affektive und metakognitive Kompetenzen.

[10] Sie testeten den Zusammenhang von Metakognition und Modellierungskompetenzen mithilfe eines 45- bis 60-minütigen Tests bestehend aus 22 Items zu den Teilkompetenzen mathematischer Modellierungskompetenz, 20 Items zur metakognitiven Kompetenz und 12 Items zur Zielorientierung.

Zu den **Teilkompetenzen des Modellierens** gehören außerdem die benötigten Kompetenzen zur Durchführung der einzelnen Schritte des Modellierungskreislaufs (Kaiser 2007, S. 111; Maaß 2006, S. 116 f.). Die für einen Modellierungsprozess relevanten Teilkompetenzen werden unterschieden in die Kompetenzen

- zum Verständnis eines realen Problems und zum Aufstellen eines realen Modells,
- zum Aufstellen eines mathematischen Modells aus einem realen Modell,
- zur Lösung mathematischer Fragestellungen innerhalb eines mathematischen Modells,
- zur Interpretation mathematischer Resultate des realen Modells/ einer realen Situation,
- zur Infragestellung der Lösung und ggf. erneuten Durchführung eines Modellierungsprozesses (Kaiser et al. 2015, S. 369f.; Maaß 2006, S. 116 f.).

Schon Treilibs (1979, S. 99 f.) forschte zur Unterscheidung des Kompetenzgrades und entwickelte eine Dichotomie starker und schwacher Modelliererinnen und Modellierer. Er unterscheidet dabei zwischen den Fähigkeiten, relevante Variablen zu generieren, darunter die bedeutsamen Variablen auszuwählen, zu stellende Fragen zu identifizieren und schließlich mögliche Beziehungen zwischen den Variablen herzustellen und diese hinsichtlich der praktischen Anwendbarkeit zu selektieren. Treilibs (ebd.) berichtet, dass gute Modelliererinnen und Modellierer ein Gespür für die Richtung der Bearbeitung von Modellierungsproblemen hätten, welches er als *sense of direction* bezeichnet: „(...) *they appear to foresee the underlying structure of the solution method. In contrast poor 'modellers' generate variables and results almost at random and foresee, if anything, only the final form of the solution.*" (Treilibs 1979, S. 66) Damit assoziiert er auch die Fähigkeit, eine Aufgabenbearbeitung dann beenden zu können *(ability to stop)*, wenn die Lösungen vorliegen und bereits Verbesserungsmöglichkeiten in die Überlegungen einbezogen wurden. Bestandteil ist nach Treilibs (ebd.) außerdem die Fähigkeit, den Lösungsprozess zu organisieren *(direct the organization of the solution)*, d. h. die Beachtung der übrigen Gruppenmitglieder im Kommunikationsprozess bezogen auf das Verstehen der Aufgabe, die Auswahl geeigneter Methoden und mathematischer Operationen sowie eine geeignete Präsentation der Ergebnisse am Ende des Prozesses (ebd.).

Auch Maaß (2006, S. 137) betont deutlich die Notwendigkeit des *sense of direction*. Kohärent zu diesen Überlegungen ist ein zielorientiertes Bearbeiten des

Modellierungsproblems als wichtiger Bestandteil von Modellierungskompetenz
zu betrachten.

3.4   Metakognition beim mathematischen Modellieren

Der Bereich der Metakognition ist in der mathematikdidaktischen Debatte
zunächst in der **Forschung zum Problemlösen** untersucht worden. Verschaffel
(1999, S. 217) hat die Wirkkraft metakognitiver Aktivitäten während des Problemlöseprozesses herausgearbeitet. Für ihn kommt die Bedeutung vor allem in
der Eingangsphase der Problemlösung zum Tragen (bei der Suche nach einer
geeigneten Darstellung des Problems und bei der Planung der Umsetzung in ein
passendes mathematisches Modell) wie auch in der finalen Phase des Prozesses
(in welcher Lösungen interpretiert und überprüft werden). Beim Problemlösen
ist zudem das *decision making* zentral, das Abwägen und Entscheiden über die
kognitiven Strategien, die zur Problemlösung einsetzbar sind. Diese metakognitive Aktivität wird beeinflusst durch die *beliefs* einer Person (Silver 1982 zitiert
nach Schneider & Artelt 2010, S. 153). Darüber hinaus zeigen wiederum die
empirischen Studien von Goos (1995, S. 304 f.), dass sich ein hohes metakognitives Wissen über die eigene Person bei Schülerinnen und Schülern auf das
Vertrauen in die eigenen mathematischen Fähigkeiten positiv auswirkt. Damit
korrespondierend trauen sich diese Schülerinnen und Schüler eher zu, Fehler in eigenen Berechnungen zu finden und Lösungsverfahren zu entwickeln.
Ebenso verfügen sie eher über die Bereitschaft, sich mit anderen Lernenden über
mathematische Sachverhalte auszutauschen (Goos 1995, S. 304 f.).

In Anbetracht der Relevanz der Metakognition beim Problemlösen überarbei-
teten Garofalo und Lester (1985, S. 171) die vier Phasen des Problemlösens
nach Polya *Verstehen der Aufgabe, Ausdenken eines Planes, Ausführen des Planes und Rückschau* und differenzierten die Systematik in eine Orientierungsphase
(strategisches Verhalten zum Verstehen und Einschätzen des Problems), eine
Organisationsphase (Planung des Vorgehens und Auswahl der Handlungen), eine
Ausführungsphase (Regulation des Vorgehens zur Durchführung der Planung)
sowie eine Phase der Verifikation (Evaluation der getätigten Entscheidungen und
der erhaltenen Lösungen durch die ausgeführte Planung).

Wie beim Problemlösen zeigt sich die **Relevanz der Metakognition beim
Bearbeiten mathematischer Modellierungsaufgaben** in besonderem Maße. Verbunden mit ihrem weitgefassten Zielspektrum (vgl. Abschnitt 3.1) sind sie durch
eine hohe Komplexität gekennzeichnet, sodass die mathematische Modellierung
für Schülerinnen und Schüler viele Hürden birgt. Schukajlow-Wasjutinski (2011,

S. 190 ff.) identifizierte beim Bearbeiten mathematischer Modellierungsprobleme durch Schülerinnen und Schüler Schwierigkeiten in den Bereichen

(1) Lesen und Verstehen der Aufgabe,
(2) Erkennen von Zusammenhängen zwischen der Situation und der mathematischen Lösungsstruktur sowie in der
(3) Umformung mathematischer Strukturen, den mathematischen Operationen und im Interpretieren der Ergebnisse.[11]

Grundsätzlich konnte das **Auftreten kognitiver Barrieren in jedem Teilschritt** des Modellierungsprozesses gezeigt werden (Galbraith & Stillman 2006, S. 148; Kramarski, Mevarech & Arami 2002, S. 226 f.; Stillman, Brown & Galbraith 2010, S. 398). Beim Verstehen und Vereinfachen ist es beispielsweise für die Lernenden zunächst herausfordernd, die Schlüsselelemente der Aufgabe zu erkennen, einen strategischen Zugang zu finden und hierfür die entsprechenden Elemente zu spezifizieren (für eine Übersicht von möglichen Schwierigkeiten und Fehlern beim mathematischen Modellieren vgl. Hinrichs 2008, S. 69 ff.; Maaß 2007, S. 35 ff.; Maaß 2005, S. 119).

Empirische Untersuchungen haben außerdem zu der Erkenntnis geführt, dass Lernende ihren Modellierungsprozess nicht immer planen (und die Strategien zur Planung im Vergleich zu den anderen metakognitiven Strategien wenig einsetzen) (Schukajlow & Leiss 2011, S. 65). Auch der finale Schritt der Überprüfung wird als kritisch beschrieben: *„A blockage at this point would be the inability to carry out some or all checking procedures, or more generally to accept a ‚solution‘ from an inadequate model, so blocking the possibility of a better outcome"* (Galbraith & Stillman 2006, S. 160).

Hinzu kommt, dass bei der Bearbeitung von mathematischen Modellierungsproblemen beachtliche Hürden auftreten können, wenn das Metawissen über den Modellierungsprozess lediglich gering oder nicht existent ist. Dies ist bislang insbesondere in den Übergängen zwischen den einzelnen Phasen des Modellierungsprozesses sowie beim Auftreten kognitiver Blockaden deutlich geworden (Maaß 2004; Schukajlow & Leiss 2011; Stillman 2011). Es ist jedoch bekannt, dass Schülerinnen und Schüler häufig nicht über ihre Handlungen reflektieren,

---

[11] Die Schülerinnen und Schüler in dieser Studie setzten in Reaktion auf Schwierigkeiten überwiegend Wiederholungs- und Organisationsstrategien ein. Außerdem konnten metakognitive Strategieelemente beobachtet werden. Darunter fasst Schukajlow-Wasjutiski Strategien zur Kontrolle und Regulation sowie kooperative Strategien, bei denen die Lernenden hier Fragen an den Partner oder die Partnerin formulierten und konstruktiv mit der Antwort umgingen (Schukajlow-Wasjutinski 2011, S. 190 ff.).

Schwierigkeiten bei dem Wissenstransfer haben – etwa im Umgang mit struktur-
gleichen Aufgaben – und auch, dass sie häufig nicht über Strategien verfügen, um
reale Probleme zu lösen (Blum 2015, S. 80). Auch Stillman, Brown & Galbraith
(2010, S. 398) konnten einen Mangel an Reflexion bei Schülerinnen und Schülern empirisch identifizieren und bezeichnen ihn als eine Ursache für kognitive
Hürden im Modellierungsprozess. Als eine weitere Ursache für Hürden rekonstruierten sie eine abwehrende Haltung der Lernenden bezüglich der Aufnahme
neuer, zunächst widersprüchlich erscheinender Informationen. Mit Blick auf die
dargestellten potenziellen Barrieren konnten Stillman, Brown & Galbraith (2010,
S. 395) aber feststellen, dass Lernende den Nutzen von Metakognition als Mittel
zur Überwindung kognitiver Hürden erkennen können. Sie bezeichnen dies als
genuine reflection.

Das Erkennen von Schwierigkeiten und möglichen kognitiven Barrieren im
Modellierungsprozess ist somit konstruktiv umzuwerten, indem hier Potenziale
erkennbar werden und der Einsatz metakognitiver Strategien nicht nur notwendig,
sondern überaus hilfreich und effizient erscheint. Solch bedeutsame Schnittstellen
während des Bearbeitungsprozesses von Problemlöseaufgaben werden von Goos
(1998, S. 226) als ***red flag situations*** bezeichnet und können grundsätzlich in jeder
Phase des Modellierungsprozesses auftreten. Dann ist es besonders wichtig, sich
der Barrieren auf einer Metaebene bewusst zu werden, um mit dem Nachdenken
über potenzielle Lösungswege aus der Situation konstruktiv darauf reagieren zu
können. Im Allgemeinen werden drei Arten von *red flag situations* klassifiziert:

a) *lack of progress,*
b) *detection of an error,*
c) *anomalous result.*

Diese von Goos (1998, S. 226) angesprochenen allgemeinen Schwierigkeiten
bestehen also entweder darin, dass

a) **kein weiterer Fortschritt** im Lösungsprozess erlangt wird. In diesem Fall
   sollten die Schülerinnen und Schüler ihre Lösungsstrategie überdenken und
   entscheiden, ob sie diesen Weg weiterverfolgen oder verwerfen wollen. Zudem
   sollten sie die gegebenen Informationen prüfen und versuchen solche zu
   identifizieren, die ihnen im weiteren Lösungsprozess helfen können;
b) **ein Fehler gesucht** wird, aber bislang noch nicht gefunden ist. In diesem Fall
   sollte die Lerngruppe ihre bisherigen Berechnungen überprüfen und sie nach
   Identifizierung des Fehlers korrigieren;

c) **die gefundene Lösung nicht korrekt sein kann.** Auch in diesem Fall sind die Schülerinnen und Schüler gefordert, die Berechnungen zu überprüfen und zudem aber auch die gewählte Lösungsstrategie, aus der sie die Berechnungen abgeleitet haben, zu überdenken.

Diese Situationen beschreibt Goos als Situationen mit Potenzial für den Einsatz von Metakognition und ergänzt, dass im Falle einer **fehlenden Wahrnehmung einer** *red flag situation* (*metacognitive blindness*) durch Schülerinnen und Schüler folglich auch keine adäquate Reaktion auf die vorliegende Schwierigkeit erfolgen kann.

Bei **Wahrnehmung einer red flag situation** können die Schülerinnen und Schüler mit der Anwendung metakognitiver Strategien diese Schwierigkeiten überwinden. Hierbei ist zu berücksichtigen, dass diese Hürden häufig überhaupt erst auftreten, wenn entweder mathematische Fehler begangen wurden oder wenn zwar mathematisch richtig gerechnet wird, aber eine Übertragung und Reflexion von Annahmen und Lösungen in die Realität fehlt und daraus eine inkorrekte Lösung resultiert (Goos 1998, S. 226). Grundsätzlich ergeben sich als Reaktion auf eine *red flag situation* **drei mögliche Ausgänge**, wie Abbildung 3.3 veranschaulicht.

Wird eine *red flag situation* erkannt, kann auf diese in geeigneter oder in nicht geeigneter Weise reagiert werden. Goos (1998) unterscheidet Letzteres in

- *metacognitive vandalism* (destruktive Reaktion, z. B. destruktive Veränderung des mathematischen Modells)
- *metacognitive mirage* (unnötiges Behindern des Lösungsprozesses durch Wahrnehmen einer nicht vorhandenen Schwierigkeit).

Ergänzt werden diese Aspekte durch Stillman (2011, S. 174) sowie Stillman und Galbraith (2012, S. 101) durch

- *metacognitive misdirection* (unangemessene Reaktion auf eine *red flag situation*)
- *metacognitive impasse* (nicht eigenständig überwindbare Blockade als Folge einer erkannten Schwierigkeit).

Goos bezeichnet es als **metakognitiven Erfolg**, wenn Schülerinnen und Schüler eine *red flag situation* wahrnehmen und angemessen auf die Schwierigkeit reagieren. Produktive und konstruktive Reaktionen auf eine erkannte *red flag situation*

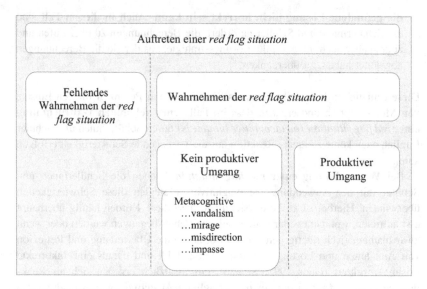

Abbildung 3.3 Reaktionen auf red flags nach Goos (1998, S. 226), Stillman (2011, S. 174) und Stillman und Galbraith (2012, S. 101)

sind nach Stillman (2011, S. 169) das **Erkennen der Notwendigkeit** des Einsatzes bestimmter Strategien, die **Auswahl der geeigneten Strategie(n)** sowie die **Durchführung alternativer Strategie(n)**. Ersteres erfordert individuelle persönliche Ressourcen wie etwa Wissen und/ oder Kompetenzen in Bezug auf die zu bearbeitende Aufgabe. Auf der zweiten Ebene erfolgt die Einschätzung von Alternativen und die dritte und letzte Ebene ist beeinflusst durch verschiedene Teilkompetenzen des Modellierers bzw. der Modelliererin hinsichtlich der Identifizierung und Korrektur von Fehlern und einer möglichst effizienten Bearbeitung des Modellierungsproblems (Stillman 2011, S. 169).

Um aufzuzeigen, welche metakognitiven Strategien in jedem Schritt des Modellierungsprozesses von Schülerinnen und Schülern angewendet werden können, wird im Folgenden ein weiteres in der Studie eingesetztes Modellierungsproblem nach Herget, Jahnke & Kroll (2001, S. 32) beispielhaft vorgestellt.

3.4.1 Metakognitive Strategien bei der Bearbeitung des Modellierungsproblems *Heißluftballon*

Das Modellierungsproblem *Heißluftballon* eignet sich für den Einstieg in die mathematische Modellierung. Ziel der Bearbeitung ist es, die einzelnen Schritte des Modellierungsprozesses kennenzulernen. Da hier anhand dieses Modellierungsproblems das Modellieren (zumindest überwiegend) erstmalig erfolgt, sollte vor allem die Evaluation des Modellierungsprozesses nach Beendigung der Aufgabenbearbeitung im Bereich der metakognitiven Strategien fokussiert werden, um Erkenntnisse für zukünftige Modellierungsprozesse zu gewinnen.

Die Aufgabenstellung des Modellierungsproblems (vgl. Abbildung 3.4) ist als überbestimmte Aufgabe formuliert, sodass die Schülerinnen und Schüler zunächst irrelevante Informationen herausfiltern müssen. Als weitere Datenquelle erhalten sie ein Foto[12], das einen Mann auf der Spitze eines Heißluftballons zeigt, sodass dessen Körpergröße im weiteren Verlauf geschätzt und als Vergleichsmaß herangezogen werden kann.

Abbildung 3.4
Aufgabenstellung des Modellierungsproblems Heißluftballon nach Herget, Jahnke & Kroll (2001, S. 32)

Der 43-jährige Ian Ashpole stand in England auf der Spitze eines Heißluftballons. Die Luft-Nummer in 1.500 Meter Höhe war noch der ungefährlichste Teil der Aktion. Kritischer war der Start: Nur durch ein Seil gesichert, musste sich Ashpole auf dem sich füllenden Ballon halten. Bei der Landung strömte die heiße Luft aus einem Ventil direkt neben seinen Beinen aus. Doch außer leichten Verbrennungen trug der Ballonfahrer zum Glück keine Verletzungen davon.

Wie viel Liter Luft befinden sich wohl in diesem?

---

[12] Aus bildrechtlichen Gründen kann dieses Foto in dieser Arbeit nicht abgedruckt werden. Es ist in Herget et al. (2001, S. 32) zu finden.

Wie einleitend erläutert, können metakognitive Aktivitäten in jedem Teilschritt
der mathematischen Modellierung auftreten (Stillman & Galbraith 1998, S. 183).
Die erste Auseinandersetzung mit der Aufgabe erfordert zunächst einen Orientierungsprozess der Schülerinnen und Schüler. Hervorzuheben in dieser Phase ist
das Verstehen der Aufgabenstellung und die Sichtung der gegebenen Informationen. Nach Stillman und Galbraith (ebd., S. 173) beinhaltet dieser Prozess des
Verstehens als häufige Strategien

- das mehrmalige Lesen der Aufgabenstellung,
- das schriftliche Festhalten von Schlüsselwörtern und -angaben,
- die Umorganisation des Modellierungsproblems durch das Erstellen von
  Graphen, Skizzen oder Diagrammen,
- die Arbeit mit einem Teil der gegebenen Informationen aus der Aufgabenstellung,
- das Erinnern und Anknüpfen an bekannte Modellierungsprobleme mit ähnlichen Anforderungen,
- die Suche nach weiteren Informationen, gegeben durch den Kontext des
  Modellierungsproblems oder den mathematischen Kontext.

Die genannten Strategien können bereits in der ersten Phase des Modellierungsprozesses genutzt werden, um sich zu orientieren, das Problem zu verstehen und
zu vereinfachen.

Bei dieser Aufgabe bedeutet dies, dass die Lernenden die Aufgabenstellung
des Modellierungsproblems lesen und erkennen müssen, dass die Höhenangabe
von 1500 m und die Angabe des Alters des Ballonfahrers für die Bearbeitung des
Problems irrelevant sind. Wichtig ist außerdem, dass die Schülerinnen und Schüler nicht nur den Text als Informationsquelle heranziehen, sondern auch das Bild
berücksichtigen. Eine Umorganisation im Rahmen einer Skizze bietet sich auch
dahingehend an, dass Lernende im weiteren Verlauf ihr mathematisches Modell
einzeichnen könnten. Grundsätzlich dient diese Phase der Orientierung und des
Verstehens zunächst als Vorbereitung und Einstieg in die Aufgabenbearbeitung,
die Schülerinnen und Schüler können aber ebenso im weiteren Verlauf des Modellierungsprozesses zur Orientierung zurückkehren, falls Schwierigkeiten auftreten.
Eine solch kontrolliertes Vorgehen einschließlich seiner Überwachung ist grundsätzlich in jedem Schritt des Modellierungsprozesses denkbar. In der Praxis ist
es beispielsweise möglich, dass eine Lerngruppe zu Beginn des Prozesses die
gegebenen Informationen noch nicht in relevante und irrelevante Informationen

gefiltert hat und somit im weiteren Verlauf noch einmal zu diesem Schritt zurückkehren muss, um in der Konsequenz vermutlich die bisherigen Bearbeitungen zu
modifizieren oder gar zu revidieren.

Der darauffolgende komplexe Bearbeitungsprozess erfordert die weitere Organisation und Planung des Vorgehens, um möglichen Schwierigkeiten vorzubeugen. Dabei müssen die Schülerinnen und Schüler nicht nur das Ziel der
Aufgabenbearbeitung, sondern auch den Weg zum Erreichen dieses Ziels festlegen. In der Aufgabenstellung des vorliegenden Modellierungsproblems ist die
Fragestellung nicht nur explizit formuliert, sondern zusätzlich durch Fettdruck
hervorgehoben, um die Komplexität des Bearbeitungsprozesses beim erstmaligen
Modellieren zu reduzieren. Zu berechnen ist die Anzahl der Liter Luft in dem
Heißluftballon, d. h. sein Volumen. Die Schülerinnen und Schüler müssen somit
erkennen, dass sie den Heißluftballon als Körper durch geeignete Standardkörper
approximieren können. Als geeignet zur Approximation erscheint dabei in einem
ersten Durchlauf des Modellierungsprozesses die Kugel, ebenso möglich wäre
ein Kegel oder Pyramidenstumpf. Als genaueres mathematisches Modell, das tendenziell vermutlich erst in einem zweiten Durchlauf des Modellierungsprozesses
gewählt wird, eignet sich zum Beispiel die Unterteilung des Heißluftballons in
eine Halbkugel und einen Kegel. Die Lernenden müssen somit im Rahmen der
Organisation und Planung des Modellierungsprozesses der Anforderung stellen,

- festzulegen, dass sie als Ziel der Aufgabe das Volumen des Heißluftballons
  berechnen müssen und
- dabei geeignete Standardkörper wählen, die den Heißluftballon als Körper
  möglichst genau approximieren können. Hierbei sollten sie die Tatsache erkennen und berücksichtigen, dass das Ergebnis der Approximation nicht exakt
  sein kann.

In diesem Prozess sind Reflexionen über die Auswirkungen getätigter Annahmen und angewendeter Modelle bedeutsam. Die Schülerinnen und Schüler sollten
jeden Schritt hinsichtlich Korrektheit und Wirkung hinterfragen, das Vorgehen
also überwachen und regulieren, sobald eine Unstimmigkeit festgestellt wird. Zu
überwachen ist dabei nicht nur das eigene Vorgehen, sondern auch das gemein-
schaftliche Vorgehen der Gruppe. In Bezug auf gewählte mathematische Modelle
wäre in diesem Aufgabenbeispiel entscheidend, dass sie bei der Wahl einer Kugel
zur Approximation darüber reflektieren, dass der damit erhaltene Wert allenfalls
richtungsweisend zu interpretieren ist, da er nur eine grobe Abschätzung liefern
kann. Die Überlegung, dass für ein genaueres Ergebnis ein erneuter Durchlauf

des Modellierungsprozesses erforderlich ist, könnte idealerweise schon in dieser
Phase geäußert werden.

Die Gruppenmitglieder sind in diesem Schritt gefordert, sich gemeinsam auf
einen Standardkörper zu einigen, Vor- und Nachteile der infrage kommenden
Körper abzuwägen und somit alternative Modelle (und folglich auch alternative Lösungswege) in Betracht zu ziehen. Sollte als mathematisches Modell eine
Teilung des Heißluftballons in zwei oder mehr Körper gewählt werden, kann
es sinnvoll sein, diese arbeitsteilig zu berechnen. Auch ein solches Vorgehen
muss geplant und kommuniziert werden. Abgesehen von dem mathematischen
Vorgehen ist auch die Vorgehensweise der Gruppe und ihrer Mitglieder zu überwachen, d. h. es ist einzubeziehen, inwiefern die einzelnen Schülerinnen und
Schüler mitarbeiten, konzentriert sind und effizient arbeiten. Die Lernenden sollten hier einerseits die Mitarbeit, Konzentration und Effizienz der eigenen Person
hinterfragen, sie andererseits aber auch bei den anderen Gruppenmitgliedern
beachten. Sollte sich eine Schülerin oder ein Schüler aus der Gruppenarbeit
herausziehen, können sich Gruppenmitglieder gegenseitig motivieren oder dis-
ziplinieren. Ein weiterer Bereich der Überwachung gilt der Berücksichtigung
der individuellen Fähigkeiten der Lernenden in der Gruppe. Sind bestimmte
Personen in einem Bereich als besonders leistungsstark bekannt, ist es sinnvoll, die Aufgaben entsprechend zu verteilen. Ähnlich wie bei dem Prinzip der
nummerierten Köpfe ist es empfehlenswert, zum Beispiel eine Person mit der
Überwachung des Zeitmanagements zu beauftragen. Dies gilt insbesondere, wenn
Gruppen wissen, dass sie Schwierigkeiten haben, sich zeitlich zu organisieren.
Solche Aspekte können dann auch bereits in der Planung des Vorgehens berück-
sichtigt werden. Der gesamte Modellierungsprozess sollte von kontinuierlichen
Überwachungsprozessen begleitet sein.

Sobald als Folge von Überwachung und Kontrolle Unstimmigkeiten identifiziert werden, ein metakognitives Gefühl einer Schwierigkeit auftritt oder Fehler
klar benannt werden können, müssen Regulationsprozesse einsetzen. Regulation
bedeutet hier oft, dass (mindestens) ein Schritt im Modellierungsprozess zurück-
gegangen werden muss, um die Fehler zu beheben oder den Schwierigkeiten
nachzugehen bzw. sie zu überwinden.

In der abschließenden metakognitiven Phase wird die entwickelte Lösung in
Form des Wertes für das Volumen des Heißluftballons hinsichtlich der Realität
hinterfragt. Bei dieser Überprüfung im letzten Schritt des Modellierungsprozesses
können die Schülerinnen und Schüler eine Übersicht möglicher Nenngrößen von
Heißluftballons erhalten und haben somit die Möglichkeit, den von ihnen berech-
neten Wert und somit die eigene Lösung einzuordnen. Sollte eine Lerngruppe die
Kugel als Standardkörper zur Approximation des Heißluftballons herangezogen

haben, ist es für die Bewertung entscheidend, zu berücksichtigen, dass die erhaltene Lösung vermutlich nicht annähernd genau sein wird. Dies gilt insbesondere, weil die Schülerinnen und Schüler gegebenenfalls ein Ergebnis außerhalb oder an der obersten Grenze der bereitgestellten Übersicht erhalten würden.

Die Evaluation des Ergebnisses setzt nach Beendigung des Modellierungsprozesses an und folgt somit unmittelbar auf die Überprüfung der erhaltenen Lösung hinsichtlich ihrer Korrektheit und dem Abgleich mit der Realität. In dieser Phase des Bearbeitungs- und Lernprozesses sollten die Schülerinnen und Schüler reflektieren, was sie bei zukünftigen Modellierungsaktivitäten anders machen würden, zum Beispiel weil das Vorgehen bei dem absolvierten Modellierungsprozess nicht zielorientiert oder effizient war oder zu Schwierigkeiten geführt hat. Gleichermaßen sollten aber auch positive, produktive und konstruktive Aspekte des Prozesses zur Sprache kommen. Die Lernenden sollten sammeln, welche Aspekte ihres Bearbeitungsprozesses produktiv waren und was bei einem zukünftigen Modellierungsprozess beibehalten werden sollte. Ihre Überlegungen können sich sowohl auf das innermathematische Vorgehen beziehen als auch auf außermathematische, allgemeine Aspekte der Gruppenbearbeitung wie die Kommunikation und Absprachen über das Vorgehen. Gleichermaßen einbezogen werden sollte eine Reflexion über die im Rahmen der Aufgabenbearbeitung getätigten Annahmen, etwa zur Körpergröße des Mannes als Vergleichsgröße, ebenso zur Genauigkeit des Arbeitens, etwa beim Ausmessen der Längen oder des gewählten mathematischen Modells – sofern dies zuvor noch nicht erfolgt ist.

Insgesamt sollten die Schülerinnen und Schüler nicht nur auf der Gruppenebene evaluieren, sondern auch individuell reflektieren, was sie selbst beim nächsten Modellierungsprozess anders oder besser machen könnten und was sie beibehalten möchten, weil sie es erfolgreich umsetzen konnten.

Vorhölter und Kaiser (2016, S. 276 ff.) geben eine Übersicht bedeutsamer metakognitiver Strategien, die während des Modellierungsprozesses zur Bearbeitung des Modellierungsproblems „Der Fuß von Uwe Seeler"[13] eingesetzt werden könnten.

---

[13] Dieses Modellierungsproblem wurde ebenfalls in der vorliegenden Studie eingesetzt. Es wurde als viertes Modellierungsproblem bearbeitet.

3.4.2 Der Modellierungskreislauf als metakognitives Hilfsmittel[14]

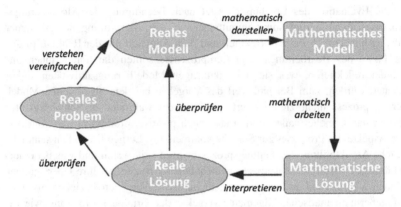

Abbildung 3.5 Modellierungskreislauf nach Kaiser und Stender (2013, S. 279)

Der in Abbildung 3.5 dargestellte Modellierungskreislauf nach Kaiser und Stender (2013, S. 279) idealisiert fünf Teilschritte des Modellierungsprozesses. Dabei ist stets zu bedenken, dass der Prozess nicht als reine Abfolge der einzelnen Schritte zu verstehen ist, vielmehr können in der Anwendungspraxis mehrere Mini-Modellierungskreisläufe durchlaufen werden mit mehrfachem Wechsel zwischen dem Bezug auf die Realität und die Mathematik. Indem er die Bezugsaspekte der Bearbeitung und deren Zusammenhänge veranschaulicht, stellt er eine hilfreiche Strukturierungsmaßnahme des Prozesses dar (Blum & Schukajlow 2018, S. 56; Borromeo Ferri 2011, S. 146 ff.; Maaß 2007, S. 13). Da bekannt ist, dass Schülerinnen und Schüler häufig Schwierigkeiten haben, den Modellierungsprozess systematisch und ganzheitlich zu vollziehen, wobei

---

[14] In diesem Abschnitt beschränkt sich die Darstellung überwiegend auf Hilfsmittel wie den Modellierungskreislauf oder einen Lösungsplan, da in der durchgeführten Studie ein Modellierungskreislauf eingesetzt wurde. Es wird nur kurz auf ausgewählte Studien mit anderen Instrumenten eingegangen, die aufgrund einer weitgehenden Berücksichtigung der Teilkompetenzenbei der Konzeption des Hilfsinstruments Ähnlichkeiten zum Modellierungskreislauf aufweisen. Für einen Überblick weiterer Hilfsmittel, wie z. B. Strategietabellen oder Lerntagebücher, siehe Vorhölter (2019b, S. 181 ff.) oder auch Berthold et al. (2007) für Lernprotokolle und -tagebücher.

sie gelegentlich die Phase der Validierung auslassen, kann ein solches Prozessmodell als Hilfsmittel zur Orientierung während der Aufgabenbearbeitung von
großem Nutzen sein: *„Der Modellierungskreislauf gliedert den Modellierungs-*
prozess und ermöglicht es dadurch, die einzelnen Arbeitsschritte beim Modellieren
bewusst zu steuern" (Stender 2018, S. 117; Hervorhebung im Original). Aufgrund
seiner Form und Funktionalität kann der Modellierungskreislauf als metakognitives Hilfsmittel gelten (Borromeo Ferri & Kaiser 2008, S. 7; Maaß 2004,
S. 289, S. 166 f.; Schukajlow et al. 2011, S. 42) und zugleich für die unterrichtenden Lehrkräfte als didaktisches Hilfsmittel dienen (Blomhøj & Kjeldsen
2006, S. 167). Für das bessere Verständnis dieses Zusammenhangs wird nachstehend die Nutzung derartiger Hilfsmittel genauer betrachtet, hier mit Fokus auf
Lösungspläne oder Modellierungskreisläufe.

Empirische Erkenntnisse zur Komplexität der Vermittlung von Modellierungskompetenz führten zu der Entwicklung von Hilfsmitteln beim mathematischen
Modellieren in Form von **Lösungsplänen**, verstanden als die Aufgabenbearbeitung steuernde Instrumente (Schukajlow et al. 2010, S. 771). Adamek (2016,
S. 87) definiert den in der Studie LIMo (Lösungs-Instrumente beim Modellieren)
genutzten Lösungsplan als **metakognitives Strategieinstrument** und berücksichtigte in dessen Konzeption die Teilkompetenzen des Modellierens. Die Struktur
beruht somit auf den Schritten 1) Verstehen und vereinfachen, 2) Mathematisieren, 3) Mathematisch arbeiten, 4) Interpretieren und 5) Kontrollieren (Beckschulte
(geb. Adamek) 2019, S. 79). Dieser Lösungsplan ist daher ein ähnliches Instrument wie der Modellierungskreislauf von Stender und Kaiser (2013, S. 279).
Beckschulte (2019, S. 131 ff.) konnte durch ihre Studie jedoch kaum Auswirkungen der durch den Lösungsplan angeregten Strategienutzung identifizieren:
In den Teilkompetenzen Interpretieren und Validieren zeigten sich kurzfristig
höhere Kompetenzen der Schülerinnen und Schüler nach der vierstündigen Unterrichtsreihe, beim Vereinfachen und Mathematisieren war kein Kompetenzzuwachs
festzustellen (ebd., S. 186 f.). Die Hypothese, dass Schülerinnen und Schüler mit
einem zur Verfügung stehenden Lösungsplan größere Kompetenzentwicklungen
in den Teilkompetenzen zeigen als solche, denen der Plan nicht zur Verfügung
steht, konnte nicht bestätigt werden (ebd., S. 190).

Im Unterschied zu dem fünfschrittigen Lösungsplan von Beckschulte besteht
der im Rahmen des DISUM-Projektes entwickelte Lösungsplan aus vier Schritten ohne den Schritt des Vereinfachens. Zudem ist das Validieren vergleichsweise
weniger berücksichtigt (vgl. u. a. Blum & Schukajlow 2018, S. 63; Schukajlow et al. 2010, S. 772). Dieser Lösungsplan ist so detailliert strukturiert, dass
den Lernenden in jedem Schritt des Lösungsplans konkrete strategische Hilfen
gegeben werden. Im Bereich des Aufgabenverständnisses beispielsweise wird

empfohlen, den Aufgabentext durchaus mehrfach zu lesen und sich die Situation konkret vorzustellen. Zudem werden die Schülerinnen und Schüler aufgefordert, eine Skizze zu erstellen und zu beschriften. Im letzten Schritt *„Ergebnis erklären"* wird auf das sinnvolle Runden des Ergebniswertes hingewiesen und der Plan beinhaltet eine Aufforderung zur Validierung durch den Hinweis *„Überschlage, ob dein Ergebnis als Lösung ungefähr passt!"* (Blum & Schukajlow 2018, S. 64). Abgesehen von dieser Aufforderung werden keine weiteren Hinweise zur Überprüfung der Angemessenheit und Korrektheit gegeben. Schließlich erhalten die Schülerinnen und Schüler die Empfehlung, einen Antwortsatz zu notieren (Blum & Schukajlow 2018, S. 64). Da der Lösungsplan beim mathematischen Modellieren dann als Hilfsmittel genutzt werden soll, falls Schwierigkeiten auftreten, haben alle Hinweise und Aufforderungen letztlich empfehlenden Charakter und den Schülerinnen und Schülern sollte die Nutzung freigestellt werden. Ziel muss es sein, dass sie die Möglichkeit erkennen, den Lösungsplan eigenständig einzusetzen, wenn dies angemessen ist (Blum 2011, S. 25). In der Vergleichsstudie zur Entwicklung von Modellierungskompetenz mit und ohne Nutzung des Lösungsplans konnten zunächst keine Unterschiede in der Entwicklung der Vergleichsgruppen herausgearbeitet werden. Anhand differenzierter Betrachtungen hinsichtlich der inhaltlichen Themen waren jedoch signifikant stärkere Leistungen der Gruppe mit Lösungsplan im Inhaltsbereich *Satz des Pythagoras* zu konstatieren (Blum & Schukajlow 2018, S. 63). Bereits in einer früheren Studie fanden Schukajlow et al. (2010, S. 773) außerdem Hinweise auf positive Wirkungen der Nutzung eines Lösungsplans auf die Leistungen der Schülerinnen und Schüler sowie ihre Einstellungen und Strategien.

Ein weiteres Beispiel für einen in empirischen Studien eingesetzten Lösungsplan ist der von Zöttl und Reiss (2008, S. 190). Sie differenzieren die Schritte des Lösungsplans in ihrer Studie KOMMA[15] in *Aufgabe verstehen, rechnen* und *Ergebnis erklären* und arbeiten mit heuristischen Lösungsbeispielen. In einer prozessorientierten Strukturierungshilfe zur Ergebnis-sicherung sollten Schülerinnen und Schüler ihr Vorgehen entsprechend der drei Phasen des Lösungsplans schriftlich festhalten (Lindmeier, Ufer & Reiss 2018, S. 284). Belegt werden konnten durch diese Studie höhere Kompetenzen im mathematischen Modellieren (Zöttl, Ufer & Reiss 2010, S. 162).

Die Unterstützung von Schülerinnen und Schülern bei der Bearbeitung komplexer Modellierungsprobleme durch den Einsatz von Hilfsmitteln untersuchte

---

[15] An dieser Studie nahmen 316 Schülerinnen und Schüler der achten Klasse teil. Untersucht wurden ihre mathematischen Modellierungskompetenzen mithilfe von Kompetenztests vor und nach der Lernumgebung (sechs Monate später) (Zöttl, Ufer, Reiss 2010, S. 156 f.).

auch Alfke (2017) in einer qualitativen Studie mit Lernenden der Klasse 7 durch die Nutzung gestufter Lernhilfekarten. Sie erforschte dabei, ob und wie die Schülerinnen und Schüler die Hilfen annehmen. Auf den Karten zu den einzelnen Phasen des Modellierungskreislaufs nach Kaiser und Stender (2013) waren Fragen nach Schwierigkeiten notiert (ebd., S. 28). Für jeden Themenbereich stand ein Kartensystem zur Verfügung, strukturiert in verschiedene gestufte Hilfen nach Zech (2002) mit zunehmender Intensität der Hilfe und eng aufeinander aufbauend. Als letzte Hilfsmöglichkeit stand die persönliche Unterstützung durch die Lehrkraft zur Verfügung. In ersten Ergebnissen hat Alfke (2017, S. 33 f.) die Funktionalität gestufter Lernhilfen herausgearbeitet, da die Hilfekarten in jedem Themenbereich während mindestens einer Aufgabenbearbeitung genutzt wurden, wobei sich die Selbstständigkeit der Schülerinnen und Schüler erhöhte, indem die Lernenden aufgetretene Schwierigkeiten ohne die persönliche Hilfe der Lehrkraft überwinden konnten.

Den Umgang mit heuristischen Lösungsbeispielen beim mathematischen Modellieren untersuchte auch Tropper (2019). In ihrer Laborstudie mit 19 Schülerinnen und Schülern der Klasse 8 untersuchte Tropper (2019, S. 140) die Einzelarbeit der Lernenden mit drei verschiedenen Treatments in einem Pre-Post-Design.[16] Getestet wurden der Einsatz von Lösungsbeispielen ohne Prompts sowie der Einsatz von Lösungsbeispielen mit zwei Arten von Selbsterklärungsprompts, (a) einmal vorwärtsgerichtet als zu antizipierende Selbsterklärungen und (b) einmal rückwärtsgerichtet als Explikationen der Prinzipien/ Komponenten im Lösungsbeispiel (Tropper 2019, S. 107; S. 349 ff.). Es konnten günstige Einflüsse auf die Modellierungsprozesse ebenso wie auf das modellierungsbezogene Strategiewissen der Schülerinnen und Schüler nachgewiesen werden. Mit Blick auf die Gesamtergebnisse ist vor allem die Erkenntnis hervorzuheben, dass Bereiche der Metakognition durch die Nutzung von Lösungsbeispielen gestärkt werden konnten, da

„(...) die Beschäftigung mit den konstruierten Lösungsbeispielen einerseits zu einer Erweiterung des modellierungsbezogenen Strategiewissens und andererseits zu einer stärkeren Verknüpfung der explizit benannten Wissenselemente mit tatsächlich im Modellierungsprozess umgesetzten Prozeduren beitragen kann. Die Schüler haben offenbar nicht nur – als metakognitive Kompetenzfacette des Modellierens – isoliertes deklaratives Wissen zum Modellierungsprozess erworben, vielmehr scheinen bereits erste Verknüpfungen zu exekutiven Facetten der Durchführung des Modellierungsprozesses ausgebildet worden zu sein." (Tropper 2019, S. 360)

---

[16] Mit der Kontrollgruppe gab es somit vier Gruppen mit jeweils vier bis fünf Lernenden.

Interessant sind darüber hinaus die Hinweise darauf, dass sich die verschiedenen Treatments offenbar zur Stärkung unterschiedlicher metakognitiver Facetten
eignen.[17]

Wie schon Vorhölter anmerkt, fehlt bislang ein empirischer Vergleich von
Lösungsplänen und Modellierungskreisläufen (Vorhölter 2019b, S. 181). Unabhängig davon sind vor allem Unterschiede in der Komplexität des für Schülerinnen und Schüler aufbereiteten Designs von Lösungsplänen gegenüber Modellierungskreisläufen bereits jetzt offensichtlich. Während Lösungspläne häufig
durch strukturgebende Fragen, Hinweise oder konkrete Handlungsanweisungen
zum jeweiligen Teilschritt des Modellierungsprozesses gekennzeichnet sind, ist
etwa der Modellierungskreislauf von Kaiser und Stender (2013, S. 279) rein
mit den einzelnen Phasen des Modellierungsprozesses bezeichnet und erfordert damit eine höhere Eigenständigkeit und Eigenaktivität der Lernenden. Ein
Modellierungskreislauf erscheint daher offener als ein Lösungsplan, der den
Modellierungsprozess durch konkrete Fragen und Handlungsaufforderungen lei-
tet und dadurch vermutlich weniger eigene Ideen der Lernenden bezogen auf
die Struktur und die Strategien des Vorgehens initiiert und zulässt. Als Hilfsmittel haben beide Instrumente gemein, dass sie den Bearbeitungsprozess für
Schülerinnen und Schüler strukturieren und zur Orientierung dienen können.

Aus der Unterrichtspraxis ist jedoch bekannt, dass die Schülerinnen und Schüler angebotene Instrumente wie den Modellierungskreislauf oder den Lösungsplan
beim mathematischen Modellieren nicht immer als Hilfsmittel heranziehen und
insbesondere zu Beginn der Bearbeitung – auch trotz auftretender Schwierigkeiten im Lösungsprozess – dazu tendieren, sie zu ignorieren (Schukajlow et al.
2011, S. 45). Adamek (2016, S. 88) nutzte daher Dokumentationsbögen als
Ergänzung zum Lösungsplan. Indem die Schülerinnen und Schüler gefordert
waren, ihr Vorgehen vollständig zu dokumentieren, kam das zur Verfügung
gestellte Hilfsmittel stärker in den Blick und die intendierte Steigerung der Nutzung des Lösungsplans konnte nachgewiesen werden. Es wird allerdings darauf
hingewiesen, dass zwar der Lösungsweg durch dieses Verfahren schrittweise überwacht und reflektiert werden kann, gleichzeitig aber auch die Gefahr besteht, dass
der Modellierungskreislauf gegebenenfalls nicht mehrfach durchlaufen und der
Prozess zu stark gesteuert wird.

Angesichts des Potenzials eines Lösungsplans bzw. eines Modellierungskreislaufs bietet es sich an, den Schülerinnen und Schülern solche metakognitiven

---

[17] Tropper (2019, S. 349) merkt aber auch an, dass der Einsatz von Lösungsbeispielen im
Unterricht mit einem erhöhten Zeitaufwand verbunden ist. Sie spricht von der doppelten
benötigten Zeit. Sollten Lösungsbeispiele im Unterricht eingesetzt werden, ist entsprechend
vorher zu antizipieren, ob sich der Zeitaufwand rentieren wird.

Hilfsmittel beim mathematischen Modellieren anzubieten. Lehrkräften fällt die Entscheidung jedoch häufig schwer, ob überhaupt und wann den Schülerinnen und Schülern ein Modellierungskreislauf als Hilfsmittel vorgestellt werden sollte (Vorhölter & Kaiser 2016, S. 276). Vorhölter und Kaiser (ebd.) empfehlen diesbezüglich zunächst eine theoretische Einführung in die mathematische Modellierung, um über die Besonderheiten und Eigenschaften von Modellierungsproblemen, ihre Anforderungen und Ziele zu informieren. Metakognitives Wissen über den Modellierungsprozess kann dabei im besten Falle anhand eines konkreten Modellierungsproblems generiert werden. Auch in DISUM wurde deutlich, dass eine umfassende, schrittweise Einführung des Lösungsplans notwendig ist (Blum 2011, S. 25; Schukajlow et al. 2011, S. 43).

3.5 Lehrerhandeln zur Förderung der metakognitiven Modellierungskompetenzen

Bevor im Folgenden speziell auf die Förderung metakognitiver Aktivitäten und insbesondere der metakognitiven Modellierungskompetenzen eingegangen wird, soll das Lehrerhandeln allgemein beim mathematischen Modellieren fokussiert werden. Die Darstellung gilt insbesondere der Forderung nach Adaptivität einer Lehrerintervention und es werden ein idealtypischer Interventionsprozess beim mathematischen Modellieren nach Leiss (2007) sowie relevante Klassifikationen von Interventionen vorgestellt. Im Weiteren wird die metakognitive Komponente genauer erläutert und Möglichkeiten zur Förderung von Kompetenzen beim Modellieren werden konkretisiert.

3.5.1 Lehrerhandeln beim mathematischen Modellieren

„Der Schüler muss ein möglichst großes Maß an Selbständigkeit erwerben. Aber wenn er mit seiner Aufgabe allein gelassen wird, ohne Hilfe oder ohne ausreichende Hilfe, wird er gar keinen Fortschritt machen. Wenn der Lehrer dagegen zu viel hilft, bleibt nichts dem Schüler überlassen. Der Lehrer soll wohl helfen, aber nicht zu viel und nicht zu wenig, so dass der Schüler einen vernünftigen Anteil an der Arbeit hat."
(Polya 2010, S. 14)

Die Intensität der Unterstützung bei selbstständigkeitsorientierten, kooperativen Arbeitsphasen war lange Zeit Thema im Rahmen der polarisierenden Diskussion um *Schülerselbstständigkeit vs. Lehrerinterventionen.* Beide Standpunkte können durch empirische Evidenz gestützt werden (für eine Übersicht vgl. Leiss 2007,

S. 6 ff.). In der Modellierungsdebatte wird angesichts der angestrebten weitestgehend **eigenständigen Bearbeitung von Modellierungsproblemen** durch die Schülerinnen und Schüler meist gefordert, Interventionen nach dem *Prinzip der minimalen Hilfe* einzusetzen und dabei diagnosebasiert und (individuell-)adaptiv zu handeln (Blum 2006, S. 19). Das *Prinzip der minimalen Hilfe* geht auf Aebli (1983) zurück und soll verhindern, dass durch starke Lehrerinterventionen aus einer offenen eine geschlossene Aufgabenstellung wird (Maaß 2007, S. 33).

Adaptive Lehrerinterventionen beim mathematischen Modellieren
Die Adaptivität der Unterstützungsmaßnahmen einer Lehrkraft erweist sich unter anderem in der Befähigung der Schülerinnen und Schüler, mithilfe der Unterstützung (auch potenzielle) Hürden zu überwinden und eigenständig weiterarbeiten zu können. Die Adaptivität ist somit Voraussetzung für die Wirksamkeit der Intervention.

„Inwieweit der Lehrer es schafft, im Rahmen von selbständigkeitsorientierten Arbeitsphasen den Schülern angemessene Hilfestellungen zu geben, hängt demzufolge weniger von der Länge und Anzahl der Lehrerimpulse ab, als vielmehr davon, inwiefern diese Impulse adaptiv sind. Für solche individuellen Unterstützungsmaßnahmen soll der Begriff der adaptiven Lehrerinterventionen verwendet werden, welcher zunächst folgendermaßen definiert wird. (...) Als **Lehrerinterventionen** *allgemein werden alle verbalen, paraverbalen und nonverbalen Eingriffe des Lehrers in den Lösungsprozess der Schüler bezeichnet. Als* **adaptive Lehrerinterventionen** *werden dabei solche Hilfestellungen des Lehrers definiert, die individuell den Lern- und Lösungsprozess der Schüler minimal so unterstützen, dass die Schüler maximal selbständig weiterarbeiten können."* (Leiss 2007, S. 64 f., Hervorhebung im Original)

Erreicht wird ein adaptives Lehrerhandeln unter anderem durch die Berücksichtigung des Ansatzes des *Scaffolding* (zurückgehend auf Wood, Bruner & Ross 1976, S. 98 f.). Hammond und Gibbons (2005, S. 8) betrachten *Scaffolding* als Bestandteil der Theorie Vygotskys' (1978), der die Dimensionen des Lernens als Zone der proximalen Entwicklung konzeptualisierte. Lernprozesse sollten demnach stets in Korrespondenz zum Entwicklungslevel der Schülerinnen und Schüler initiiert werden. In seinem Konzept unterscheidet Vygotsky (1978, S. 85) das aktuelle und das potenzielle, höhere Entwicklungsniveau. Das aktuelle Level bezieht sich auf die Stufe der aktuellen Entwicklung der mentalen Funktionen eines Kindes. In Testungen wurde schon seinerzeit davon ausgegangen, dass diejenigen Handlungen, die Kinder selbstständig durchführen können, Indikatoren für ihre mentalen Fähigkeiten sind. Die individuelle mentale Entwicklung kann folglich in Problemlöseprozessen gemessen werden. Die Diskrepanz zwischen der durch eigenständiges Problem-lösen gemessenen aktuellen Entwicklungsstufe und dem Level der potenziellen Entwicklung (gemessen anhand von Problemlöseprozessen unter der Anleitung einer Lehrperson oder in Zusammenarbeit mit mehreren Lernenden), wird dabei als **Zone der proximalen Entwicklung** *(zone of proximal development)* (**ZPD**) bezeichnet (ebd., S. 86). Innerhalb der ZPD findet nach Vygotski (ebd.) die **effektivste Form des Lernens** statt. Daher sollten Unterstützungen nur dann erfolgen, wenn sie notwendig sind, um neue Lernprozesse so zu stimulieren, dass Schülerinnen und Schüler innerhalb der ZPD agieren. Diese Form der aufgabenbezogenen Unterstützung mit dem Ziel der möglichst selbstständigen Bearbeitung von gleichen oder zukünftigen ähnlichen (Problemlöse-)Aufgaben in neuen Kontexten bezeichnen Hammond und Gibbons (2005, S. 8) als Scaffolding: *„Effective scaffolding should also result in ‚handover', with students being able to transfer understandings and skills to new tasks in new learning context, thereby becoming increasingly independent learners."*

Neben der möglichst eigenständigen Bearbeitung von Aufgaben zielt Scaffolding somit insbesondere in einer langfristigen Perspektive auf den nachhaltigen Kompetenzerwerb des eigenständigen Problemlösens (van de Pol, Volman & Beishulzen 2010, S. 274). Van de Pol, Volman & Beishulzen (ebd.) sehen als die drei Haupt-Charakteristika des Scaffolding (1) *contingency*, (2) *fading*, (3) *transfer of responsibility* in enger Verknüpfung: Auf Basis einer fundierten Diagnose führt eine Lehrkraft in einem adaptiven Unterricht Hilfestellungen zum Aufbau eines adaptiven „Lerngerüstes" ein, das auf die **Selbstständigkeit der Schülerinnen und Schüler** ausgerichtet ist und bei einem wahrgenommenen Anstieg der Schülerleistungen **reduziert** wird. Die Reduktion des Lerngerüstes als System von Interventionen wiederum, d. h. das schrittweise Zurückziehen der Lehrkraft (in einer langfristigen Perspektive), bewirkt eine **Verschiebung der Verantwortung**. Jede Unterstützung muss dabei an das individuelle Level der Schülerinnen und Schüler angepasst sein, damit diese anschließend selbstständig weiterarbeiten können (ebd., S. 74 f.; Leiss 2007, S. 42).

Scaffolding wird hinsichtlich einer Makro- und einer Mikroebene unterschieden: Das *macro ‚designed-in' level* bildet die **bewusst geplante** Ebene von Lehrerinterventionen, die unter anderem in der Identifizierung von (individuellen) Unterrichtszielen, der Organisation des Unterrichts, der Selektion und Sequenzierung von Aufgaben zum Ausdruck kommt. *Macro-scaffolding* betrachtet somit übergreifende, längerfristig geplante Unterstützungsmaßnahmen seitens der Lehrkraft, während Scaffolding auf dem *micro level* durch **spontane und ungeplante Interventionen** der Lehrkraft **auf individuelle Interaktionen** mit einzelnen Schülerinnen und Schülern reagiert, ebenso auf spontane Lerngelegenheiten einzelner

Kleingruppen oder der gesamten Lerngruppe (Hammond & Gibbons 2005, S. 12 f.; Leiss & Tropper 2014, S. 15) Makroadaptionen liegen Diagnosen auf der Basis von Tests zugrunde, schriftlichen Aufzeichnungen oder gezielten Untersuchungen der Anwendung. Mikroadaptionen hingegen sind als subjektive Einschätzung der Lehrkraft auf Grundlage vorangegangener Gespräche oder Beobachtungen zu verstehen. Die Entscheidung zu intervenieren, erfolgt auf beiden Ebenen bewusst (Leiss 2007, S. 66 f.) Aufgrund der besonderen intellektuellen Herausforderung auf dem *micro level* bezeichnen Hammond und Gibbons (2005, S. 20) das *micro-scaffolding* auch als „wahre" Stufe des Scaffolding. Ihrer Auffassung nach ist *macro-scaffolding* als Vorstufe anzusehen, die ein adaptives Lehrerhandeln auf dem *micro-level* – also in der Unterrichtssituation selbst – erst ermöglicht und somit wiederum Lehrkräfte und Lernende befähigt, innerhalb der ZPD zu arbeiten (ebd.).

Durch **empirische Untersuchungen** ergaben sich im Bereich des mathematischen Modellierens jedoch vielfach Hinweise dafür, dass Lehrerinterventionen in Bezug auf ein spezifisches Problem **wenig diagnostisch** sind, sondern ihr Einsatz vor allem auf ein mögliches Weiterarbeiten der Lernenden abzielt (Tropper, Leiss & Hänze 2015, S. 1237 f.). Zudem konnte Leiss (2007, S. 280) empirisch herausstellen, dass Lehrkräfte in ihren Interventionen primär der eigenen Lehrgewohnheit und einem eigenen Anspruch folgen. Ergänzend identifizierten Tropper, Leiss und Hänze (2015, S. 1237 f.) zudem mehrfach Lehrerinterventionen zur Durchsetzung eigener Präferenzen anstelle von Unterstützungsmaßnahmen, die ausschließlich aufgrund von auftretenden Schwierigkeiten bei den Schülerprozessen eingesetzt werden sollten. Leiss (2007, S. 167 f.) konnte zudem kaum responsive Interventionen identifizieren und ebenso selten wurden invasive Interventionen in der Lehrerhandlung als Reaktion auf auftretende Probleme genutzt.

Auf inhaltliche Schwierigkeiten reagierten Lehrkräfte außerdem mit **inhaltlichen Interventionen** derselben Ebene und boten als selbstständigkeitsorientierte Hilfen nur solche an, die ein **geringes Maß an Selbstständigkeit** von den Schülerinnen und Schülern erforderte. Auch wenn in empirischen Studien gezeigt wurde, dass **strategische Interventionen** für das **eigenständige Bearbeiten** einer Aufgabe besonders hilfreich sind (Link 2011, S. 213), ist durch die Studie von Leiss (2007, S. 281) belegt, dass Lehrkräfte nur in geringem Maß **strategische Interventionen** implementieren. Problematisch ist dies insbesondere, weil aus dieser Untersuchung auch hervorgeht, dass der Einsatz strategischer Interventionen Lernende dabei unterstützt, ihre Gedanken neu zu formulieren und sie dazu anregt, ihre Lösungswege genau vorzustellen und zu argumentieren. Indem Schülerinnen und Schüler so den Impuls erhalten, ihre Lösungswege zu begründen und ggf. zu verteidigen, wird zugleich die Diagnose und die Beurteilung des Lösungsweges durch die Lehrkraft erleichtert.[18]

Tropper, Leiss und Hänze (2015, S. 1237 f.) konnten insgesamt feststellen, dass die teilnehmenden Lehrkräfte ihrer Studie eher nicht-adaptive Interventionen nutzten. Die Autorengruppe folgert, dass die Lehrkräfte nicht oder nur in geringem Umfang auf ihr Interventionsrepertoire zugreifen konnten, um Schülerinnen und Schüler beim mathematischen Modellieren adaptiv zu unterstützen. Dies bestärkt die oben bereits postulierte Notwendigkeit, Lehrkräfte hinsichtlich einer adaptiven Unterstützung von Schülerinnen und Schülern beim mathematischen Modellieren zu sensibilisieren.

Der idealtypische Interventionsprozess nach Leiss (2007)

Der idealtypische Interventionsprozess beginnt nach Leiss (2007, S. 78) nach der Wahrnehmung eines Problems im Lösungsprozess mit der Herstellung einer **Erkenntnisgrundlage zur Problemsituation**, anhand derer die Auswahl geeigneter Interventionen erfolgt oder die Entscheidung getroffen wird, bewusst nicht zu intervenieren. Dabei erfolgt zunächst eine Situationsanalyse, die das Problem selbst, die Leistungen der Schülerinnen und Schüler sowie ihr Vorwissen in Bezug zur Aufgabe, zeitliche Faktoren und gegebenenfalls bereits durchgeführte Interventionen sowie den aktuellen Stand der Bearbeitung berücksichtigt.

Überdies gilt die Problemanalyse der Frage, inwieweit das vorliegende Problem aufgabenspezifischen Charakter hat, zudem werden die Ebene des aktuellen Problems und dessen mögliche Ursache(n) lokalisiert. Des Weiteren ist es Teil der Analyse, zu überlegen, inwieweit das Problem abstrahiert und auf einer Metaebene in einem theoretischen Modell verortet werden kann. Beim mathematischen Modellieren bedeutet dies, dass hier der Teilschritt des Modellierungsprozesses zu identifizieren ist. Auf Basis dieser komplexen Erkenntnisgrundlage wird eine Entscheidung über den Eingriff in den Lösungsprozess getroffen. Diese kann demnach auch zu einem bewussten Nicht-Intervenieren führen, unter der Annahme, dass die Schülerinnen und Schüler das wahrgenommene Problem eigenständig überwinden können und dass eine Intervention auch in einer späteren Phase der Bearbeitung möglich und sinnvoll ist. Die Entscheidung zur Nicht-Intervention zielt sicherlich

---

[18] Zudem konnten empirische Kategorien strategischer Interventionsmuster generiert werden: *„Gespräche zeitlich strukturieren, zum Reflektieren anregen, potenzielle Fehler thematisieren, zum Validieren anregen und zum Aufschreiben anregen."* (Link 2011, S. 217), wobei Link hervorhebt, dass diese Interventionen wiederum die Anwendung heuristischer Strategien anregen können (ebd., S. 218).

auch darauf, den Lernenden das eigenständige Überwinden von Hürden tendenziell immer zu ermöglichen, wobei in diesem Fall der weitere Bearbeitungsprozess
weiterhin genau zu diagnostizieren ist (ebd.).

**Klassifikation von Lehrerinterventionen beim mathematischen Modellieren
nach Leiss (2007)**
Die im Rahmen des beschriebenen Interventionsprozesses eingesetzten Interventionen hat Leiss (2007, S. 79 ff.) wie folgt ausdifferenziert:

- **organisatorische Interventionen** (zur Organisation des Bearbeitungsprozesses
  für einen reibungslosen Ablauf als grundlegende Voraussetzung für das Gelingen
  von selbstständigkeitsorientierten Gruppenarbeitsphasen),
- **affektive Interventionen** (zur extrinsischen Beeinflussung emotionaler Aspekte
  durch positive oder negative Impulse; hier ist der komplexe Zusammenhang
  zwischen der Impulsart und der erzielten Wirkung zu beachten, da beispielsweise
  eine affektive Lehrer-intervention eine intrinsische Motivation schwächen kann,
  sofern diese als kontrollierend empfunden wird),
- **strategische Interventionen** (Hilfestellungen auf der Metaebene bezogen auf
  den Einsatz metakognitiver Strategien; hier erscheint es als besonders effektiv,
  wenn die Schülerinnen und Schüler gezielt metakognitives Wissen über Strategien und deren Nützlichkeit generieren können, indem im Unterrichtsgespräch
  konkret erörtert wird, welche strategische Hilfe bei der Überwindung einer Hürde
  hilfreich war. Ergänzend zu Leiss (2007, S. 80) sollte auch das konditionale Wissen über den zeitlichen und kausalen Strategieeinsatz im Fokus stehen, um einen
  Strategieeinsatz maximal zu unterstützen),
- **inhaltliche Interventionen** (d. h. Interventionen mit konkretem Bezug zu den
  Inhalten des Problems, z. B. durch die Erläuterung von Fachbegriffen oder
  hilfreichen fachlichen Verfahren, um Resignation und Frustration zu vermeiden).

Die einzelnen Interventionen werden zudem durch weitere Aspekte näher charakterisiert, sowohl durch den jeweiligen Auslöser als auch die Absicht einer Intervention
oder des bewussten Nicht-Intervenierens. Dabei werden die formale und die prozessbezogene Äußerungsabsicht unterschieden, die auf einer konkreten Aussage,
Frage oder Aufforderung seitens der Lernenden, auf einer Äußerung zur Diagnose
oder Bewertung beruhen oder in Form eines Hinweises erfolgen kann. Eine Intervention wird zudem durch ihren Umfang und ihre Dauer bestimmt, sie kann aus
einem einzelnen Wort bestehen und bis zu einer *mini-lesson* reichen als Beispiel für
eine umfassende Unterstützung. Die Bezugsebene einer Intervention bestimmt, ob
diese z. B. verbal oder non-verbal erfolgt, ikonisch oder materialgebunden. Näher

beschrieben wird die Intervention zudem durch den Adressaten bzw. die Adressatin der Hilfestellung. Wie im Zusammenhang des *micro-scaffoldings* expliziert, kann sie sich an Einzelpersonen, eine Gruppe oder die gesamte Klasse richten. Schließlich ist nach Leiss (2007, S. 81) die Häufigkeit des Einsatzes von Interventionen relevant, d. h. die Frage, ob eine Intervention einmalig erfolgt oder in Form mehrerer Interventionsimpulse gesetzt wird. In Ermangelung empirischer Erkenntnisse zu diesen Aspekten fordert Leiss (ebd., S. 82) weitere Untersuchungen in diesen Bereichen.

Die Taxonomie möglicher Lernhilfen nach Zech (2002) als Orientierungshilfe für Lehrkräfte beim mathematischen Modellieren

Als weitere Klassifikation von Lehrerinterventionen wird für die vorliegende Studie die Taxonomie von Zech (2002, S. 315) herangezogen, die im Gegensatz zur Klassifikation von Leiss (2007) jedoch rein theoretisch konzeptualisiert wurde. Sie eignet sich vor allem, um die Intensität der Steuerung durch die jeweiligen Interventionen zu beurteilen, da hier die diversen Hilfen hinsichtlich ihrer Stärke hierarchisiert werden. Im Hinblick auf eine adaptive Unterstützung der Schülerinnen und Schüler beim mathematischen Modellieren erscheint es als sinnvolle Option, dass sich Lehrerinnen und Lehrer an dieser Taxonomie orientieren, um die Lernenden nach dem Prinzip der minimalen Hilfe zu unterstützen. Dabei sollten sie zunächst auf der ersten Stufe motivierend intervenieren und nur wenn sie die Notwendigkeit diagnostisch erkennen, die Interventionen der nächsthöheren Stufen implementieren:

1) Motivationshilfen;
2) Rückmeldungshilfen;
3) Allgemein-strategische Hilfen;
4) Inhaltsorientierte strategische Hilfen;
5) Inhaltliche Hilfen

Auf der Stufe der geringsten Intensität der Lehrerintervention stehen hier die **Motivationshilfen**. Diese sind darauf ausgerichtet, die Schülerinnen und Schüler zur weiteren Arbeit zu ermutigen und einen möglichen Abbruch des Bearbeitungsprozesses zu verhindern. Als Beispiel nennt Zech (2002, S. 316) die Intervention *„Du wirst es schon schaffen!"*. Auf der zweiten Stufe zielen die **Rückmeldungshilfen** darauf ab, die Schülerinnen und Schüler über den Stand ihrer Bearbeitung zu informieren, d. h. sie darüber in Kenntnis zu setzen, ob sie auf dem richtigen Weg sind. **Allgemein-strategische** Interventionen bilden die dritte Stufe, beziehen fächerübergreifende und allgemein fachliche Problemlösemethoden mit ein und können somit als allgemein-strategische Hinweise zum Lösungsprozess gelten (Beispiel: *„Lies dir* *die Aufgabe genau durch!"*) (ebd., S. 319). Auf der vierten Stufe werden **inhaltsorientierte strategische Hilfen** mit Bezug zu Inhaltsbereichen des Faches Mathematik eingesetzt, beispielsweise in Form eines Hinweises auf eine bestimmte fachliche Lösungsmöglichkeit (ebd., S. 316 f.)

Schließlich erfolgt auf der höchsten Stufe eine **inhaltliche Intervention** durch einen konkreten inhaltlichen Hinweis auf bestimmte fachliche Begriffe oder andere Faktoren. Ein solcher Impuls ist etwa ein konkreter Hinweis auf ein zu nutzendes fachliches Verfahren wie *„Man kann hier den Kathetensatz anwenden"* (Zech 2002, S. 317). Durch eine inhaltliche Hilfe wird den Lernenden somit die Entscheidung über den Lösungsweg abgenommen. Der Einsatz einer inhaltlichen Hilfe beim mathematischen Modellieren sollte somit stets reflektiert erfolgen.

Erfolgreiche vs. nicht-erfolgreiche Interventionen
Im Rahmen seiner Dissertation konnte Stender (2016) Interventionsformen identifizieren, die sich in empirischen Studien als erfolgreich erwiesen haben. Zudem präsentiert er eine Strukturierung von erfolgreichen und nicht-erfolgreichen strategischen Interventionen, wobei sich im Rahmen der Analyse Hinweise auf Gründe für das Gelingen bzw. Nicht-Gelingen von Interventionen ergaben. Als Gründe für die 37 rekonstruierten nicht erfolgreichen strategischen oder inhaltlich strategischen Interventionen resultierten beispielsweise eine zu große Offenheit in den Interventionen, unklare Prüfaufträge, unbewältigter Motivationsmangel oder unzureichende bis hin zu fehlenden Diagnosen (ebd., S. 206 ff.). Oftmals erfolgte nach einem diagnostischen Gespräch mit den Lernenden keine weitere Intervention der Lehrkraft, da das Gespräch selbst bereits erkenntnisfördernd und somit erfolgreich war, indem es die Lernenden metakognitiv anregte (ebd., S. 223). Zu erfolgreichen strategischen Interventionen gehören neben dem Erkundigen nach dem Arbeitsstand auch explizite Bezüge zum Modellierungskreislauf, bei denen die Lehrkräfte unterschiedliche Aspekte des Kreislaufs ansprechen. Stender (ebd., S. 224) formuliert beispielsweise die Empfehlungen *„(…) zu Beginn der Modellierung sollte zunächst stark vereinfacht werden, um dann später weitere Aspekte einzubeziehen"* und *„[f]ür die Modellierung der Situation müssen Annahmen getroffen werden"*, daneben sollte es auch Anregungen geben, *„die getroffenen Annahmen auch zu nutzen"*. Auch in seiner Studie hat sich der Verweis auf den Modellierungskreislauf als hilfreiches Mittel zur Strukturierung des Modellierungsprozesses seitens der Schülerinnen und Schüler erwiesen.

Als geeignete Interventionen sieht Stender (2016, 2018) darüber hinaus vor allem Heurismen. Basierend auf heuristischen Strategien empfiehlt er Interventionen zur Unterstützung von Schülerinnen und Schülern beim mathematischen Modellieren ohne einen spezifischen inhaltlichen Bezug, die er beispielhaft vorstellt:

- **Organisieren von Material**

„Sammelt zunächst einmal alle möglichen Einflüsse, die mit der Fragestellung zu tun haben.“ Oder: *„Wählt aus der Sammlung diejenigen Aspekte aus, die Euch am wichtigsten erscheinen. Nehmt zunächst möglichst wenige Aspekte, so dass die Situation möglichst einfach wird.“*

- **Systematisches Probieren**

„Ihr könnt auch das Ergebnis erstmal festlegen (...) und dann überlegen, was ihr dann ausrechnen könntet.“ Oder: *„Was geschieht, wenn ihre (sic!) eure festgelegten Werte verändert? Wie verändert sich die Rechnung? Wie verändert sich das Ergebnis?“*

- **Nutze Symmetrien**

„Macht euch klar, welche Aspekte in dieser Situation symmetrisch sein könnten und verwendet diese Symmetrien!“

- **Zerlege dein Problem in Teilprobleme**

„Führt die Umrechnung nicht in einem Schritt durch, sondern in zweien!“

- **Repräsentationswechsel**

„Versucht, die Situation auf eine andere Weise darzustellen!“ (Stender 2018, S. 114 ff.)

Für den Einsatz strategischer Interventionen auf Basis von Heurismen ist es nach Stender (2019, S. 137) zunächst notwendig, den eigenen Lösungsprozess für ein Explizieren der dabei verwendeten Strategien zu reflektieren. Seiner Argumentation folgend erscheint es sinnvoll, dass sich Lehrkräfte auf das Intervenieren während der Modellierungsaktivitäten mit den Lernenden vorbereiten, indem sie geeignete potenzielle strategische Interventionen antizipieren (ebd., S. 149).

3.5.2 Das Lehrerhandeln auf einer Meta-Metaebene

Das Unterrichten mathematischer Modellierungsprozesse stellt für die verantwortliche Lehrkraft eine komplexe Herausforderung dar. Die Lehrperson nimmt eine

Schlüsselrolle ein, da sie die Bearbeitungsprozesse von häufig mehreren Lerngruppen gleichzeitig überwachen muss (Stillman & Galbraith 2012, S. 101 f.). Damit ist sie gefordert, auf einer **Meta-Metaebene** zu reflektieren, inwieweit ihre Schülerinnen und Schüler angemessen metakognitiv arbeiten. Sie überwacht also den metakognitiven Arbeitsprozess der Lernenden und agiert dabei selbst metakognitiv, indem sie zu beurteilen hat, inwieweit die wahrgenommenen metakognitiven Aktivitäten durch strategische Hinweise zwingend zu steuern bzw. zu verbessern sind oder auch optimiert werden könnten (Stillman 2011, S. 169; Stillman & Galbraith 2012, S. 101 f.). Die Komplexität dieser Herausforderung wird durch das in Abbildung 3.6 dargestellte Modell[19] des Einsatzes metakognitiver Strategien von Schülerinnen und Schülern visualisiert (Vorhölter (unveröffentlicht)):

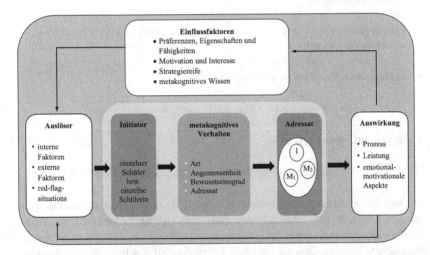

Abbildung 3.6 Modell des Einsatzes metakognitiver Strategien in Gruppenarbeitsprozessen (Vorhölter (unveröffentlicht)). (I steht für Initiator, M1 und M2 für weitere Mitglieder der Gruppe)

Der Einsatz metakognitiver Strategien von Schülerinnen und Schülern kann in Gruppenarbeitsprozessen von verschiedenen Personen initiiert werden, wiederum ausgelöst von internen oder externen Faktoren. Hinzuweisen ist an dieser Stelle auf das interessante Themenfeld der Auslöser, das ebenso wie die Auswirkungen

---

[19] Das Prozessmodell ist im Rahmen des Forschungsprojektes MeMo dieser Studie entstanden (vgl. Abschnitt 6.2.1 zur Vorstellung des Forschungsprojektes MeMo).

von metakognitiven Aktivitäten im Rahmen der Dissertation von Krüger (2021) umfassend erforscht wurde. Initiator kann dabei entweder ein Individuum aus der Gruppe oder die Lehrkraft selbst sein. Dies bedeutet für Lehrerinnen und Lehrer,

- dass sie entweder in der Lage sein müssen, zu erkennen, ob einzelne Gruppenmitglieder als Initiator für metakognitive Aktivitäten wirken, um entsprechende Metakognitionen beurteilen und ggf. stärken zu können; dabei kann es möglicherweise auch sinnvoll sein, sie für antizipierte interne oder externe Faktoren zu sensibilisieren, die bestimmte metakognitive Prozesse auslösen könnten oder sollten
- oder dass sie selbst die Anwendung entsprechender metakognitiver Strategien in einer Lerngruppe anregen, wenn zuvor bestimmte Probleme oder Hürden im Bearbeitungs- und Lernprozess wahrgenommen wurden bzw. wenn sie diese diagnostiziert haben.

Darüber hinaus sollte der weitere Analyseprozess der Lehrkraft auf der Meta-Metaebene initiieren, dass sie die wahrgenommenen metakognitiven Aktivitäten einer Schülergruppe hinterfragt. Hierbei sollte sie zunächst betrachten, welche Art von Metakognition vorliegt (Strategiebereiche der Planung, Überwachung und Regulation oder der Evaluation). Des Weiteren ist seitens der Lehrkraft zu reflektieren, ob der identifizierte Strategiebereich produktiv umgesetzt wurde oder nicht (vgl. Darstellung der Reaktionen in Abbildung 3.3). Schließlich kann die metakognitive Aktivität auch hinsichtlich des Bewusstseinsgrades beurteilt werden, indem reflektiert wird, ob die Schülerinnen und Schüler eine bestimmte Strategie bewusst oder unbewusst anwenden bzw. angewendet haben. Je nach Situation kann es sinnvoll sein, als Lehrkraft die bewusste Anwendung einer Strategie zu stimulieren, da insbesondere das explizite Betonen der Nützlichkeit metakognitiver Strategien nachhaltig wirksam sein kann. Dies belegen Erkenntnisse verschiedener Trainingssettings zur Metakognition, die in dem nachstehenden Kapitel näher vorgestellt werden.

Um die Produktivität der Anwendung von metakognitiven Strategien beurteilen zu können, muss die Lehrkraft zudem beachten, auf wen die zu beurteilende metakognitive Aktivität gerichtet ist: Richtet sie sich auf den Initiator des Prozesses oder eher auf ein anderes Gruppenmitglied (z. B. im Falle einer Überwachung der aktiven Mitarbeit durch ein Gruppenmitglied von einem anderen Gruppenmitglied) oder auf die gesamte Gruppe.

Schließlich wird für die Beurteilung einer eingesetzten metakognitiven Strategie auch die Bewertung ihrer Auswirkung(en) relevant. Lehrerinnen und Lehrer können dabei u. a. die Auswirkung auf den weiteren Prozess der Lernenden reflektieren oder auf ihre Leistung oder emotional-motivationale Aspekte (vgl. auch hier Krüger 2021).

Insgesamt wird Folgendes deutlich: Bei dem modellhaft dargestellten Einsatz metakognitiver Strategien in Gruppenarbeitsprozessen handelt es sich um komplexe Prozesse der Wahrnehmung und Interpretation von metakognitiven Aktivitäten der Schülerinnen und Schüler. Noch deutlicher wird die damit verbundene hohe Anforderung an die Lehrkräfte vor allem unter Berücksichtigung der sehr kurzen Zeitspanne, die ihnen im Unterrichtsgeschehen für ihre Reflexionen zur Verfügung steht. Basierend auf ihren Wahrnehmungen und Interpretationen müssen sie häufig innerhalb weniger Sekunden Entscheidungen treffen, wobei die Facetten der pro-fessionellen Unterrichtswahrnehmung (Wahrnehmen, Interpretieren und Entscheiden) zum Tragen kommen (zur Vertiefung des Themas vgl. Kapitel 4). Dabei ist für die Lehrkräfte und ihre Professionalität nicht nur die zielführende Reflexion über die Aktivitäten der Lernenden entscheidend, sondern auch ihre Kompetenz, aus den wahrgenommenen Prozessen wiederum zielführende Lehrerhandlungen abzuleiten. Die Handlungen der Lehrkraft auf der Meta-Metaebene werden dabei auf zwei unterschiedlichen Ebenen betrachtet:

Unter der Makroebene wird im Allgemeinen gefasst, wie die Lehrkraft generell auf der Meta-Metaebene handelt. Das Handeln der Lehrkraft auf der Mikroebene hingegen meint Interventionen bezüglich metakognitiver Aktivitäten auf einer engeren situativen Ebene. Dabei wird beispielsweise betrachtet, durch welche konkrete metakognitive Strategie in einem spezifischen Kontext eine mögliche Blockade überwunden werden kann. Denkbar ist auch zu hinterfragen, wie bestimmte Phasenübergänge im Bearbeitungsprozess der Schülerinnen und Schüler durch die Anwendung metakognitiver Strategien effizienter gestaltet werden können. Ein weiteres Beispiel ist die Frage, wie vorgegangen werden kann, wenn die Lehrkraft im Unterrichtsverlauf erkennt, dass die Bearbeitung des gewählten mathematischen Modells in der vorgegebenen Zeit nicht zu realisieren ist. In diesem Fall bietet sich eine kurze Planungsphase an mit der Einigung auf ein arbeitsteiliges Vorgehen. (Stillman & Galbraith 2012, S. 101 f.)

3.5.3 Förderung von (metakognitiver) Modellierungskompetenz von Schülerinnen und Schülern

Bei der Förderung mathematischer Modellierungskompetenzen von Schülerinnen und Schülern werden im Allgemeinen zwei Ansätze unterschieden. Der holistische Ansatz folgt der Auffassung, dass Schülerinnen und Schüler für den Aufbau von Modellierungskompetenzen vollständige Modellierungsprozesse durchführen müssen, der atomistische Ansatz hingegen der fokussierten Förderung von Teilkompetenzen. Hierbei werden die Teilschritte des Modellierungsprozesses separat thematisiert und bearbeitet (Blomhøj & Jensen 2003, S. 128 f.; Brand 2014, S. 36 ff.).

Brand (2014) untersuchte die Effektivität dieser beiden Ansätze in einer empirischen Studie. Sie entwickelte für jeden Ansatz zwei Modellierungsprobleme und ließ diese von 377 Schülerinnen und Schülern der Klasse 9 an 17 Gymnasien und Stadtteilschulen in Hamburg und Schleswig-Holstein bearbeiten. Die Modellierungskompetenzen der Schülerinnen und Schüler wurden in einem Pre-Post-Design mithilfe eines Kompetenztests[20] gemessen. Brand (ebd., S. 298 ff.) konnte zeigen, dass die Schülerinnen und Schüler ihre Leistungen in beiden Gruppen signifikant steigern konnten, sowohl in der holistischen als auch in der atomistischen Gruppe. Die von ihr verwendeten Modellierungsprobleme, die zum Teil auch in der vorliegenden Studie eingesetzt wurden, haben sich somit als geeignet erwiesen, um die Modellierungskompetenzen von Schülerinnen und Schülern zu fördern. Bezüglich der Frage nach der Effektivität der divergierenden Ansätze konnte Brand (ebd.) die Hypothese bestätigen, dass die Kompetenz „Gesamtmodellieren" im Rahmen des holistischen Ansatzes effektiver gefördert werden kann. Darüber hinaus konnte sie den Nachweis erbringen, dass der holistische Ansatz für die Förderung der Modellierungskompetenzen leistungsschwächerer Schülerinnen und Schüler eher geeignet ist, dass grundsätzlich aber beide Ansätze Stärken und Schwächen aufweisen. Schlüssig erscheint hier die frühere Empfehlung von Blomhøj und Jensen (2003, S. 137), beide Ansätze auszubalancieren durch eine Kombination von Modellierungsproblemen zur Förderung von einzelnen Teilkompetenzen und solchen, die das vollständige Durchführen des Modellierungskreislaufs erfordern. In ihrem Trainingsprojekt für Lehrkräfte propagieren Blomhøj und Kjeldsen (2006, S. 167) dabei vor allem die regelmäßige Einbindung ganzheitlicher Modellierungsprozesse. Da Modellierungskompetenzen nur dann generiert und vertieft werden, wenn die Lernenden selbstständig modellieren (ebd., S. 166), empfiehlt sich das mehrmalige Modellieren in einer langfristig angelegten Unterrichtseinheit,

---

[20] Der entwickelte Test berücksichtigte Items zu den Teilprozessen des mathematischen Modellierens wie auch Items, die auf die Durchführung des gesamten Modellierungsprozesses bezogen waren und Überblickskompetenzen erforderten. Ein weiteres Ergebnis der Studie von Brand (2014) ist der von ihr entwickelte Modellierungskompetenztest, der als ein reliables Messinstrument betrachtet werden kann. Die Entwicklung der Modellierungskompetenzen wurde auf Basis von 204 Schülertests untersucht, da nur bei diesen Teilnehmenden die Daten zu allen drei Messzeitpunkten vorlagen.

um einen nachhaltigen Kompetenzzuwachs zu ermöglichen. Entsprechend sollten die Schülerinnen und Schüler mehrere unterschiedliche Aufgaben bearbeiten, bei denen sowohl die Teilkompetenzen des Modellierens einzeln gefördert wie auch ganzheitliche Modellierungsprozesse durchgeführt werden (Blømhoj & Kjeldsen 2006, S. 166 f.; Blum 2006, S. 19 f.). Bearbeitungsprozesse sollten dabei auch den Wechsel der Sozialform in Einzel- und Gruppenarbeitsphasen sowie Unterrichtsgespräche im Plenum berücksichtigen (Blum 2006, S. 19).

Aufgrund der Fokussierung des Forschungsinteresses auf die metakognitive Komponente der Modellierungskompetenzen konzentriere ich mich im Folgenden darauf, wie diese gefördert werden können. Im Fokus steht somit zunächst die Frage, inwieweit Metakognitionen im Allgemeinen entwickelt oder weiterentwickelt werden können und welche Instruktionen sich dafür insbesondere eignen.

Empirische Forschungsergebnisse deuten darauf hin, dass Schülerinnen und Schüler metakognitive Strategien bereits im Grundschulalter erwerben können (Stillman & Mevarech 2010, S. 146; Veenman 2011, S. 203). In der Studie von Leutwyler (2009, S. 117 ff.) konnte bei höheren Schulklassen (Jahrgang 10 bis 12) kein weiterer allgemeiner Anstieg selbstberichteter metakognitiver Lernstrategien gefunden werden. Hinsichtlich genderspezifischer Unterschiede wurde festgestellt, dass weibliche Lernende häufiger als männliche Lernende über eingesetzte Strategien zur Planung, Überwachung und Evaluation berichteten. Der Erwerb metakognitiver Strategien erfolgt aufgaben- oder objektspezifisch. Schülerinnen und Schüler müssen somit die Zielsetzungen einer Aufgabe verstehen, um unter den verfügbaren Strategien solche auswählen zu können, die zur Bearbeitung der Aufgabe hilfreich oder notwendig sind (Kuhn et al. 2010, S. 502 f.). Da nicht alle Schülerinnen und Schüler vollkommen eigenständig metakognitives Wissen (weiter-)entwickeln können, ist für ihren Kompetenzzuwachs die Anregung metakognitiver Aktivitäten durch Lehrkräfte entscheidend. Optionen sind hier die Stimulierung von Reflexionen über Lerngelegenheiten oder explizites Feedback, das ausgehend von der bearbeiteten Aufgabe auf die Planung zukünftiger Lernsituationen ausgerichtet ist (Baten et al. 2017, S. 614). Empirische Studien haben darüber hinaus deutlich gemacht, dass metakognitives Wissen erworben, aber auch die exekutive Facette der Metakognition gestärkt werden kann (Bannert 2007, S. 103; Schraw 1998, S. 113). Somit folgt auch diese Arbeit der Annahme, dass auch der Einsatz metakognitiver Strategien vermittelbar ist. So konnte Maaß (2004, S. 161 f.) in ihrer Studie mit Schülerinnen und Schülern aus den Klassen 7 und 8 angemessene metakognitive Modellierungskompetenzen rekonstruieren und zudem feststellen, dass die Teilnehmenden bei Abschluss der Studie über ein *„vernetztes, tiefergehendes Wissen über den Modellierungs-prozess [verfügten] (...), das Kenntnisse über die Subjektivität des Prozesses, Fehlerfortpflanzung und die Überprüfung des Modells einschloss"* (Maaß 2004, S. 162).

In den vergangenen Jahrzehnten fanden in der Metakognitionsforschung vor allem zwei Ansätze zur Förderung von Metakognition Berücksichtigung: die Förderung durch Strategietrainings mit direkten Instruktionen (wie z. B. das Reciprocal Teaching nach Palincsar und Brown (1984) oder das Programm IMPROVE (u. a. Kramarski & Mevarech 2003)) sowie die Förderung durch soziale Lernumgebungen (u. a. Lin 2001, S. 33 ff.).

Das „Reziproke Lehren" von Palincsar und Brown (1984) zielt auf die Ver-besserung des Leseverständnisses und die Überwachung des Verstehens durch die gezielte Implementierung von Gesprächen zwischen der Lehrkraft und den einzelnen Lernenden über zentrale Aspekte eines Textes. Das Training ist dabei so angelegt, dass ein Text schrittweise durch die Anwendung folgender Stra-tegien näher untersucht wird: *Identifizieren von Fragen zum Text, Erstellen von Zusammenfassungen, Aufdecken unklarer Textstellen* und *Erörterung wahrschein-licher Fortsetzungen* (Palincsar & Brown 1984, S. 118). Eine Besonderheit des Trainings besteht darin, dass die Schülerin bzw. der Schüler abwechselnd mit der Lehrkraft die Lehrerrolle einnimmt. Die Gespräche sollten dabei so natürlich wie möglich gehalten werden, indem sich die Teilnehmenden einander Feedback geben (ebd., S. 125 f.). In ihren empirischen Studien zeigten sich bei Schüle-rinnen und Schülern der Klassen 7 und 8 überwiegend deutliche Verbesserungen des Textverständnisses und der Dialoge über die Textstellen (ebd., S. 167). Palin-csar und Brown (ebd., S. 168) folgern aus den Ergebnissen, dass das Reziproke Lehren geeignet ist, um das Textverständnis und dessen Überwachung zu fördern.

Das israelische Programm IMPROVE[21] (Kramarski & Mevarech 2003; Meva-rech, Tabuk & Sinai 2006; Mevarech & Kramarski 1997) fokussiert die Sti-mulierung von Lernenden, sich selbst metakognitive Fragen zu stellen. Dies geschieht im Rahmen eines vierstufigen Problemlöseprozesses mit den drei Pha-sen Orientierung und Problemidentifikation, Organisation sowie Ausführung und Evaluation (Mevarech & Kramarski 1997, S. 370). Das Programm beruht auf der Annahme, dass Schülerinnen und Schüler die Fähigkeit haben, metakognitive Prozesse eigenständig zu aktivieren. Ziel ist es, dadurch die Kompetenz mathe-matisch zu begründen und die mathematischen Leistungen insgesamt zu steigern

---

[21] IMPROVE steht für *„Introducing the new material, Meta-cognitive questioning, Practi-cing, Reviewing, Obtailing mastery on higher and lower cognitive processes, Verification and Enrichment and remedial"* (Mevarech, Tabuk & Sinai 2006, S. 75).

(Mevarech, Tabuk & Sinai 2006, S. 75). Die Fragen in Form metakognitiver Prompts sind strukturiert in Fragen zum Verstehen des Problems, Fragen zur Anknüpfung an Vorwissen, Fragen zu Planung der Lösungsschritte und Fragen zur abschließenden Evaluation. Dabei werden vier verschiedene Arten von Fragen genutzt: Wiederholungs- und Anknüpfungsfragen, Fragen zur Strategie sowie Fragen zur Reflexion (ebd., S. 75 f.; Mevarech & Kramarski 1997, S. 269). Erreicht wurden durch das individualisierte IMPROVE-Training bessere mathematische Leistungen im Bereich des Argumentierens. Diese konnten nicht nur unmittelbar nach dem Training nachgewiesen werden, sondern auch als Langzeiteffekt in der Messung ein Jahr nach dem Abschluss der Studie (Mevarech & Kramarski 2003). In der aktuelleren Studie von Mevarech, Tabuk & Sinai (2006, S. 79) mit 100 Schülerinnen und Schülern konnte das Potenzial des IMPROVE-Programms zudem belegt werden durch Verbesserungen in folgenden Teilprozessen: Verstehen des Problems, Planung des Lösungsprozesses sowie Reflexion des Problems und der gefundenen Lösung. Der Bereich der Überwachung wurde in dieses Förderprogramm somit nicht integriert, fand aber beispielsweise in Studien von Veenman und anderen Berücksichtigung.[22] Auch sie konnten eine verbesserte mathematische Leistung und signifikant bessere metakognitive Fähigkeiten zeigen (Veenman 2011, S. 211).

Der zweite angesprochene Bereich des metakognitiven Trainings betrifft die sozialen Lernumgebungen, die beispielsweise in der Untersuchung von Lin (2001) thematisiert werden. Für die Gestaltung einer geeigneten Lernumgebung nennt Lin (2001, S. 34) mehrere einzuhaltende Prinzipien. Zum einen sollte den Lernenden regelmäßig die Gelegenheit gegeben werden, ihr eigenes Wissen einzuschätzen und ihre Gedanken zu verbalisieren. Zum anderen sollte nach Lin ein gemeinsames Verständnis davon angestrebt werden, welche Ziele mit den metakognitiven Aktivitäten verbunden sein sollen.

Neben den beiden genannten Trainingsprogrammen beschäftigt sich die Forschung damit, welche grundsätzlichen Aspekte zu berücksichtigen sind, um metakognitive Aktivitäten zu stärken. Diesbezüglich wird vielfach die Ansicht vertreten, dass die Schülerinnen und Schüler über den Nutzen und die Bedeutsamkeit der Anwendung metakognitiver Strategien informiert werden sollten. Hierbei wird angenommen, dass sie nur dann bereit sind, die anfänglich notwendigen Bemühungen für den Einsatz metakognitiver Strategien aufzuwenden (Bannert 2003, S. 15; Hasselhorn 1992, S. 52 f.; Veenman 2011, S. 209),

---

[22] Sie verglichen die Bearbeitungsprozesse von zwei Gruppen mit 12- bis 13-jährigen Schülerinnen und Schülern. In der ersten Gruppe sollten die Lernenden die Aufgaben ohne Unterstützung bearbeiten, in der zweiten Gruppe wurden Prompts zur Zielsetzung, Informationsfilterung, Planung, Überwachung und anschließender Überprüfung der Ergebnisse und Interpretation der Schlussfolgerungen im Hinblick auf die Aufgabenstellung eingesetzt.

wenn sie deren Nutzen und Bedeutung verstehen. Dieses Wissen erleichtert wiederum den Aufbau des allgemeinen Strategiewissens und kann nach Hasselhorn (1992, S. 52 f.) dazu führen, dass die Schülerinnen und Schüler bewusster über einen möglichen Strategieeinsatz reflektieren. Abgesehen davon sollten die Lernenden auch erfahren, wann sie welche Strategien warum und wie im Kontext einer bestimmten Aufgabe anwenden können. Veenman (2011, S. 210) spricht hier von der *WWW&H rule* (*„when to apply what skill, why and how in the context of a task"*). Damit die Schülerinnen und Schüler lernen, wie sie metakognitive Strategien in Bezug auf eine bestimmte Aufgabenstellung oder einen bestimmten Bereich einsetzen können, sollte die Förderung darüber hinaus aufgaben- oder bereichsbezogen ausgerichtet sein (ebd., S. 209 f.; Bannert 2003, S. 23). Auf diese Weise kann auch eine stärkere Verknüpfung der verschiedenen Facetten metakognitiven Wissens erreicht werden. Ergänzend nennt Hasselhorn (1992, S. 52 f.) als weiteren bedeutsamen Aspekt das explizite Auffordern der Schülerinnen und Schüler zur Überwachung der eigenen Bearbeitung durch die Lehrkraft. Schon die Studie von Charles und Lester (1984) konnte verstärkte Verstehensprozesse mathematischer Probleme, intensivierte Entwicklungen von Lösungsideen wie auch geringere Fehlerquoten beim Bearbeiten mathematischer Textaufgaben durch diese Intervention nachweisen. Metakognitive Überwachungs- und Kontrollprozesse können dabei offensichtlich insbesondere durch geeignete Fragestellungen – oder eine Reihung aus Fragen oder Schlüsselwörtern – sensibilisiert werden (Hasselhorn 1992, S. 55; Veenman 2011, S. 210). Diese Fragestellungen sollten zunächst die genaue Bestimmung und Lokalisation des Problems ansprechen, um hierdurch mögliche Lösungswege anzubahnen. Erste Lösungsideen sollten zur Findung der am ehesten geeigneten Lösungsmöglichkeit anhand weiterer Fragen überprüft und miteinander verglichen werden. Abschließend sollte mit Blick auf das gewählte Vorgehen hinterfragt werden, ob das Problem tatsächlich auf diese Weise gelöst werden konnte (Hasselhorn 1992, S. 55). Schließlich besteht dahingehend Konsens, dass eine Förderung über einen längeren Zeitraum anzulegen ist, wobei hinsichtlich der Mindestdauer einer Lernumgebung zur Förderung metakognitiver Strategien Differenzen bestehen. Veenman (2011, S. 209 f.) empfiehlt eine Dauer von etwa einem Jahr.

Mit den Ausführungen bis hierhin ist deutlich geworden, dass mittlerweile vielseitige theoretische wie auch empirische Erkenntnisse zu der Frage vorliegen, wie metakognitive Aktivitäten von Schülerinnen und Schülern angeregt und trainiert werden können. Bezogen auf metakognitive Aktivitäten im Rahmen von Modellierungsprozessen gibt es bislang jedoch kaum empirische Ergebnisse,

aus denen abgeleitet werden kann, wie metakognitive Modellierungskompetenzen effektiv gefördert werden können. Es existieren lediglich Erkenntnisse zu
einzelnen Aspekten und Kriterien, die eine Unterrichtseinheit zur Förderung
metakognitiver Modellierungskompetenzen berücksichtigen sollte. Von Interesse
ist dabei unter anderem die Studie *Multima* von Schukajlow und Krug (2013,
S. 180 ff.). In einem Pre-Post-Design wurde untersucht, inwieweit Lernende
der Klasse 9, die explizit aufgefordert wurden, multiple Lösungswege und
Lösungen zu erzeugen, verstärkt Planungs- und Überwachungsprozesse durch-
führten. An diesem Projekt haben insgesamt 138 Lernende teilgenommen, die auf
zwei Gruppen („Entwickelt multiple Lösungen!" vs. „Entwickelt eine Lösung!")
aufgeteilt wurden. Beide Gruppen haben jeweils fünf Modellierungsprobleme
bearbeitet. Die Teilnehmenden der Untersuchungsgruppe mit der Intervention
zeigten insgesamt intensivere Planungs- und Überwachungsprozesse. Weitere
Analysen hinsichtlich der Anzahl von Lösungsmöglichkeiten ergaben zudem,
dass nicht alle Schülergruppen multiple Lösungen erarbeiten konnten. So fanden 42 % der Schülerinnen und Schüler keine oder nur eine mögliche Lösung
des Modellierungsproblems. Für die Förderung metakognitiver Aktivitäten beim
mathematischen Modellieren scheint es somit sinnvoll zu sein, die Lernenden
dazu anzuregen, mehrere Lösungen zu erarbeiten.

Abgesehen davon konnte Stender (2016, S. 223) durch die bereits in
Abschnitt 3.5.1 vorgestellte Studie zeigen, dass eine genaue Diagnose der
Arbeitsprozesse mithilfe der Intervention „Arbeitsstand vorstellen lassen" dazu
beitragen kann, dass die Schülerinnen und Schüler metakognitiv aktiviert werden. In dieser Studie konnten die Lernenden auf diese Weise Schwierigkeiten
eigenständig überwinden und ohne sonstige Unterstützung seitens der Lehrkraft
weiterarbeiten. Als hilfreich für die Anregung metakognitiver Aktivitäten nennt er
darüber hinaus den Modellierungskreislauf als metakognitives Hilfsmittel (für die
weiteren Studienergebnisse zu metakognitiven Hilfsmitteln beim mathematischen
Modellieren vgl. Abschnitt 3.4.2).

Professionelle Unterrichtswahrnehmung und Reflexion von Unterricht

4

4.1 Professionelle Unterrichtswahrnehmung

Auf Basis der Arbeiten von Shulman (1986, S. 9; 1987, S. 8), auf welche die Unterscheidung der drei Dimensionen des Lehrerprofessionswissens *pedagogical content knowledge* (PCK), *content knowledge* (CK), *pedagogical knowledge* (PK) zurückgeht[1], wurden unter einer kognitiven Perspektive unterschiedliche

---

[1] *"[C]ontent knowledge (...) refers to the amount and organization of knowledge per se in the mind of the teacher"* (Shulman 1986, S. 9). Lehrkräfte sollten dabei nicht nur Kenntnisse über Definitionen haben, sondern darüber hinaus fähig sein, diese hinsichtlich ihrer Gültigkeit, Bedeutsamkeit und Beziehung zu anderen Bereichen zu erklären, bezogen auf die Theorie wie auch die Praxis (ebd.). Pedagogical content knowledge *„goes beyond knowledge of subject matter per se to the dimension of subject matter knowledge for teaching"* (ebd.). Einbezogen wird dabei das Wissen über Möglichkeiten der Repräsentation und Formulierung von Subjekten, um darüber zu kommunizieren, beispielsweise durch Kenntnisse über geeignete Formen der Repräsentation bestimmter Aspekte, die wichtigsten Analogien, Veranschaulichungen, Beispiele oder Erklärungen. Abgesehen davon sind Kenntnisse notwendig über die lernspezifischen Eigenschaften bestimmter Themen, d. h. insbesondere Einsichten darüber, durch welche Aspekte ein Thema für Lerngruppen unterschiedlicher Altersstufen leichter oder schwieriger zu verstehen ist. In Shulmans Arbeit von 1986 wird zudem curriculares Wissen unterschieden. Erst ein Jahr später ergänzt Shulman (1987, S. 8) den Begriff *general pedagogical knowledge* und bezieht dieses vor allem auf allgemeine Prinzipien und Strategien des Classroom Managements und die Organisation von außerfachlichen Aspekten.

© Der/die Autor(en), exklusiv lizenziert durch Springer Fachmedien Wiesbaden GmbH, ein Teil von Springer Nature 2021
L. Wendt, *Reflexionsfähigkeit von Lehrkräften Über metakognitive Schülerprozesse beim mathematischen Modellieren*, Perspektiven der Mathematikdidaktik, https://doi.org/10.1007/978-3-658-36040-5_4

Konzeptualisierungen analytisch unterscheidbarer Facetten des **Professionswis-sen von Lehrkräften**[2] entwickelt. Andere Forschungen hingegen beleuchten eine situative Perspektive auf das Professionswissen von Lehrkräften und adaptieren vor allem theoretische und methodische Arbeiten aus der Expertiseforschung. In empirischen Studien erfolgte die Erhebung vor allem anhand von Videobeobach-tungen oder Videovignetten (Stahnke et al. 2016, S. 1 f., auch für einen Überblick über aktuelle Studien).

> *„Linking these two perspectives on teachers' professional knowledge, can contribute to a more comprehensive understanding."* (Stahnke et al. 2016, S. 2)

Das Modell des Übergangs von Kompetenz in Performanz („competence as a continuum") (vgl. Abbildung 4.1) zur holistischen Untersuchung professionel-ler Kompetenz von Blömeke, Gustafsson und Shavelson (2015, S. 7) setzt an diesem Punkt an und plädiert dafür, die Dichotomie zwischen Performanz und Disposition aufzulösen und den Zusammenhang stattdessen als Kontinuum zu betrachten.

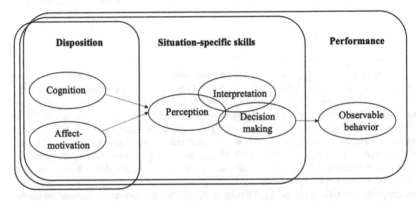

Abbildung 4.1 Competence as a continuum nach Blömeke et al. (2015, S. 7)

---

[2] Nach Bromme (1992, S. 10) bezeichnet professionelles Wissen *„die einmal bewußt gelern-ten Fakten Theorien und Regeln, sowie die Erfahrungen und Einstellungen des Lehrers. Der Begriff umfaßt also auch Wertvorstellungen, nicht nur deskriptives und erklärendes Wissen."* Er unterscheidet fachliches Wissen über Mathematik als Disziplin, schulmathematisches Wissen, die Philosophie der Schulmathematik, pädagogisches Wissen und fachspezifisch-pädagogisches Wissen (ebd., S. 96 f.).

Nach dem Modell von Blömeke, Gustafsson und Shavelson (2015, S. 7) werden als Dispositionen einer Lehrkraft vorwiegend Kognitionen verstanden, ergänzt durch affektiv-motivationale Aspekte. Diese werden über die situationsspezifischen Fähigkeiten **wahrnehmen** (*perception*), **interpretieren** (*interpretation*) und **entscheiden** (*decision making*) vermittelt und äußern sich in dem beobachtbaren Verhalten der Lehrkraft, der Performanz (Blömeke, Gustafsson & Shavelson 2015, S. 7). Der Umgang mit den Prozessen und Informationen, mit denen Lehrkräfte während des Unterrichts konfrontiert werden, wird im internationalen Diskurs als *teacher noticing* bezeichnet (Sherin et al. 2011, S. 4 f.). Im deutschsprachigen Raum wird der Begriff der professionellen Unterrichtswahrnehmung mit Bezug auf Jahn et al. (2014, S. 172 f.) verwendet. Diese gilt als Schlüsselkomponente der Lehrerexpertise (van Es & Sherin 2002, S. 572; van Es & Sherin 2010, S. 156). *Noticing* wird dabei als **professionelle Linse** gesehen, durch die Lehrkräfte den Unterricht betrachten (Santagata & Yeh 2015, S. 154).

Die diesbezügliche Forschung ist maßgeblich durch die Arbeiten von van Es und Sherin (2002, 2006, 2010; Sherin & van Es 2009) geprägt. Sie definieren folgende drei Hauptaspekte des Konstrukts *noticing*:

> *„(a) identifying what is important or noteworthy about a classroom situation;*
> *(b) making connections between the specifics of classroom interactions and the broader principles of teaching and learning they represent; and*
> *(c) using what one knows about the context to reason about classroom interactions.“* (van Es & Sherin 2002, S. 573)

Die Komplexität des Unterrichtsgeschehens erfordert von den Lehrkräften somit ein **Filtern jener wahrgenommenen Prozesse**, deren Relevanz es verlangt, auf sie näher einzugehen bzw. sie im Weiteren zu berücksichtigen (van Es & Sherin 2002, S. 573). Ebenso bedeutsam wie das Wahrnehmen ist die **Interpretation der Wahrnehmung**. Der Prozess des Interpretierens bedeutet dabei das Nachvollziehen einer Unterrichtssituation unter Berücksichtigung dessen, was die Schülerinnen und Schüler über den Lerngegenstand denken und wie die Lehrkraft die Denkprozesse der Lernenden beeinflusst, um daraufhin kritisch prüfen oder handeln zu können (ebd., S. 575). Die Konzeptualisierung von van Es und Sherin (ebd.) wurde vielfach aufgegriffen, nach Stahnke, Schueler & Roesken-Winter (2016, S. 6) in 26 Studien im Zeitraum von 1995 bis 2016, was zu einer großen Heterogenität der Begrifflichkeiten und Konzeptualisierungen führte, insbesondere der situationsspezifischen Fähigkeiten. Star und Strickland (2008, S. 111) beispielsweise sehen das Wahrnehmen wichtiger Unterrichtssituationen als die zentrale Komponente des *noticing* an und fokussieren diese Facette separiert in ihren Untersuchungen. Sherin (2017, S. 403) macht jedoch deutlich, dass eine Trennung zwischen dem Wahrnehmen (bzw. nach ihrer Definition: *identifying*) und dem Interpretieren in einer empirischen Erhebung und Auswertung kaum möglich ist, da beide Prozesse häufig miteinander einhergehen. Jacobs, Lamb und Philipps (2010, S. 191) hingegen erweitern die von van Es und Sherin (2002, S. 573) explizierten Facetten um die Facette des Entscheidens und fassen die situationsspezifischen Fähigkeiten als *attending, interpreting* und *deciding how to respond* (Jacobs, Lamb & Philipps 2010, S. 191). Das Entscheiden erfolgt ihrer Ansicht nach *in-the-moment* (ebd., S. 173) und nicht nachträglich im Rahmen einer Vor- und Nachbereitung des Unterrichts. Die Debatte darüber, ob sich die situationsspezifischen Fähigkeiten entsprechend ausweiten lassen oder nicht, ist aktuell Untersuchungsgegenstand der internationalen Forschung. Choy, Thomas und Yoon (2017, S. 446 f.) beispielsweise beziehen die situationsspezifischen Fähigkeiten auf die Planung, Durchführung und Reflexion von Unterricht.

Für meine Untersuchung folge ich dem theoretischen Rahmen der professionellen Unterrichtswahrnehmung von Kaiser et al. (2015b). Sie differenzieren die situationsspezifischen Fähigkeiten in Wahrnehmen, Interpretieren und Entscheiden:

> „*Teachers selectively perceive events that take place and then draw on their existing knowledge to interpret these events. Interpretation represents thus the second skill where experts have advantages compared to novices. Finally, based on perception and interpretation, a teacher has to make a decision as the third skill. (...)*
>
> *[Therefore,] we distinguish – apart from the knowledge-based facets of teacher competence, namely MCK, MPCK and GPK – three situated facets linked to the concept of noticing, which take up a strong action-oriented or instrumental point of view, the so-called PID-model:*
>
> *(a) **Perceiving** particular events in an instructional setting*
>
> *(b) **Interpreting** the perceived activities in the classroom and*
>
> *(c) **Decision-making**, either as anticipating a response to students' activities or as proposing alternative instructional strategies.*" (Kaiser et al. 2015b, S. 374; Hervorhebung im Original)

Empirische Studien zur professionellen Unterrichtswahrnehmung

Die systematische Recherche nach empirischen Studien zu den situationsspezifischen Fähigkeiten von Lehrkräften von 1995 bis 2016 durch Stahnke, Schueler & Roesken-Winter (2016, S. 5 f.) ergab, dass in den meisten Studien die Facette Interpretation der professionellen Unterrichtswahrnehmung untersucht wurden. Sie stand in 78,3 % aller Studien im Fokus, gefolgt von Studien zum Wahrnehmen und Studien zum Entscheiden, wobei Letztere häufig zugleich das Wahrnehmen mitberücksichtigten (19 von 60 Studien). Bei 15 Studien wurden alle drei Facetten untersucht. Im Ergebnis wurde unter anderem festgestellt, dass **angehende Lehrkräfte Schwierigkeiten beim Wahrnehmen oder Interpretieren von Schülerprozessen** haben und dass für **alle Lehrkräfte das Entscheiden höchst herausfordernd** ist (Stahnke, Schueler & Roesken-Winter 2016, S. 23). Im Bereich des Wahrnehmens gibt es zahlreiche Forschungen zur *inattentional blindness* und *change blindness*, d. h. darüber, dass wir etwas nicht sehen, wenn wir unsere Aufmerksamkeit nicht bewusst darauf richten (Jacobs, Lamb & Philipp 2010, S. 169 f.). Als prominentes Beispiel dieser Arbeiten nennen Jacobs, Lamb und Philipp (ebd.) die Studie von Simons (2000), die zeigt, dass die Mehrheit der Betrachter, die bei dem Anschauen eines Videos von einem Basketballspiel die Pässe zählen sollen, nicht wahrnehmen, dass ein Mensch im Gorillakostüm durch das Bild läuft. Es ist jedoch erwiesen, dass die Aufmerksamkeit im Zusammenhang der professionellen Unterrichtswahrnehmung gestärkt werden und dass dies vor allem über videobasierte Programme erfolgen kann (Stahnke, Schueler & Roesken-Winter 2016, S. 23; Star & Strickland 2008, S. 109; Sherin & van Es 2009, S. 33): *„We found that video clubs can foster the development of teacher's professional vision, and more specifically, can be an effective forum for learning to attend to and reason about student thinking"* (Sherin & van Es 2009, S. 33).

In den Studien von van Es und Sherin (u. a. 2006, S. 129 f.; 2009, S. 25 ff.) wurde zudem deutlich, dass die professionelle Unterrichtswahrnehmung verbessert werden kann, indem der **Fokus der Wahrnehmung verändert wird.**[3] Zudem konnte herausgearbeitet werden, dass die **Art der Reflexion über Unterrichtssituationen verändert werden kann** (van Es & Sherin 2006, S. 129 f.; 2009, S. 25 ff.). Sherin und Dyer (2017, S. 490) untersuchten darüber hinaus die Wahrnehmung von Lehrkräften anhand von Äußerungen im Anschluss an die Videografie ihres Unterrichts und identifizierten zwei gegensätzliche Typen: *focused noticing* und *reflective noticing*, aufgefasst als

---

[3] In ihrer Interviewstudie stellten van Es und Sherin (2006, S. 130) unter anderem eine Veränderung der Rangfolge in der Berücksichtigung angesprochener Aspekte fest. In einem Fall veränderte sich diese wie folgt: *mathematical thinking* wurde im Pre-Interview zu 50 % angesprochen, im Post-Interview zu 16 %, *pedagogy* anfangs zu 28 %, am Ende der Studie zu 30 % sowie *climate* anfangs zu 11 %, am Ende zu 46 %. Anhand der Post-Interviews konnte somit konstatiert werden, dass den wahrgenommenen Aspekten eine andere Bedeutung zugewiesen wurde.

„As opposed to focused noticing which took place in the moment of instruction, reflec-
tive noticing occurred after instruction and involved teachers recognizing that an event
or interaction that was not videotaped would have been interesting to capture on video.
(...) it is a response to classroom events that was triggered, at least in part, by recent
recording activity. " (Sherin & Dyer 2017, S. 490)

In Kenntnis dieser gegensätzlichen Typen des *noticing* hinterfragen die Autorinnen
die mögliche Korrelation von Videoanalysen und der Reflexion von Unterrichtssituationen und fordern weitere empirische Untersuchungen. Insgesamt wird durch
die bisherigen empirischen Erkenntnisse deutlich, dass **das Wahrnehmen von
Lehrkräften gestärkt und dass zudem auch die Art der Kommunikation bzw.
Reflexion über das Wahrgenommene verändert werden kann.**

**Die professionelle Unterrichtswahrnehmung bezogen auf metakognitive Pro-
zesse**
Im Folgenden soll das Prozessmodell der Projektgruppe um Vorhölter, Krüger und
Wendt (Vorhölter (unveröffentlicht)) zum Einsatz metakognitiver Strategien von
Schülerinnen und Schülern in Gruppenarbeitsphasen herangezogen und mit Blick
auf die professionelle Unterrichtswahrnehmung fokussiert betrachtet werden. Mit
diesem Ansatz wird das Modell hinsichtlich der Wahrnehmung des metakognitiven
Strategieeinsatzes der Lernenden durch Lehrerinnen und Lehrer unter verschiedenen
Aspekten weiterentwickelt (vgl. Abbildung 4.2).

Dabei werden alle Facetten der professionellen Unterrichtswahrnehmung
berücksichtigt, die Teil des Wahrnehmungsprozesses sein *können*: Lehrende filtern im Rahmen ihrer professionellen Unterrichtswahrnehmung zunächst relevante
Situationen und nehmen dabei bestimmte metakognitive Aktivitäten (oder fehlende
metakognitive Aktivitäten) ihrer Lernenden fokussiert wahr. Diese Wahrnehmung
kann bewusst oder unbewusst erfolgen. Bei diesem Wahrnehmungsprozess wird
die metakognitive Aktivität der Schülerinnen und Schüler hinsichtlich der bereits
erläuterten Aspekte *Art der metakognitiven Aktivität, Angemessenheit* und *Bewusstseinsgrad der Lernenden,* aber auch bezüglich der *Adressaten* der metakognitiven
Aktivität sowie ihrer Auswirkung(en) interpretiert. Die Lehrkräfte interpretieren
demnach, inwieweit die metakognitiven Prozesse ihrer Lernenden zur Bewältigung
eines Problems oder zur weiteren Lösung des Bearbeitungsprozesses sinnvoll und
ausreichend eingesetzt wurden oder ob die Lernenden zum Beispiel möglicherweise umfassender überwachen müssten. Ebenso denkbar ist, dass die Lehrkraft
eine red flag situation wahrgenommen hat, d. h. eine Situation, in welcher sich der
Einsatz metakognitiver Strategien anbieten würde. Gleichzeitig interpretieren die

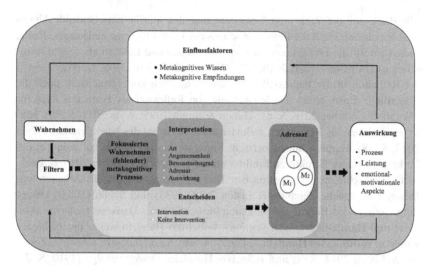

Abbildung 4.2 Prozess der professionellen Unterrichtswahrnehmung bezogen auf metakognitive Prozesse

Lehrkräfte den Bewusstseinsgrad der eingesetzten metakognitiven Strategien (oder der wahrgenommenen red flag situation) durch die Schülerinnen und Schüler.

Basierend auf der Interpretation entscheidet die Lehrkraft, ob und wie sie auf wahrgenommene und interpretierte Situationen hin handelnd reagiert. Die Entscheidung kann sich wiederum auf einzelne Personen der Lerngruppe (z. B. den Initiator des wahrgenommenen Prozesses) oder auf die gesamte Gruppe beziehen und hat bestimmte Auswirkungen metakognitiver Art hinsichtlich des Bearbeitungsprozesses der Gruppe (etwa durch eine Neuplanung), ihrer Leistung oder hinsichtlich emotional-motivationaler Aspekte.

4.2 Reflexionsfähigkeit von Lehrkräften

„[T]eachers must now be prepared to engage with the entirety of the holy trinity for teachers: know your content and how to teach it, know your students and how they learn and know yourself, your values and your capacity for reflection and ethical decision making." (Sellars 2012, S. 462)

Mit Blick auf die Ziele von Unterricht und das hierfür entscheidende Unterrichtsgeschehen spielt die Reflexion seitens der Lehrkräfte eine bedeutsame Rolle, sodass sie für die Professionalität von Lehrerinnen und Lehrern als zentral anzusehen ist (Borromeo Ferri 2018, S. 3; Wyss 2013, S. 37). Dabei wird der Begriff der Reflexion in der Pädagogik zwar unterschiedlich konzeptualisiert, doch die einheitliche Basis bildet das Verständnis von Reflexion als Form des Denkens (Aeppli & Lötscher 2016, S. 81; Hatton & Smith 1995; Wyss 2013, S. 38), häufig beschrieben als **bewusster, zielorientierter Prozess des Nachdenkens** (Wyss 2013, S. 38). Darüber hinaus herrscht Konsens, dass Reflexion auf mentale, das Verhalten leitende Strukturen Einfluss nimmt (Aeppli & Lötscher 2016, S. 81).

Den einschlägigen pädagogischen Diskurs geprägt haben die Arbeiten von Dewey (1910 siehe Zeichner & Liston 2014, 1933) und Schön (1983). Dewey differenzierte den Begriff der Reflexion hinsichtlich des **Denkens** (*reflective thinking*) **und Handelns** (*reflective action*), wobei das Handeln weiter unterschieden wurde in **routiniertes Handeln** (*„This is the way we do things at school"*) (Zeichner & Liston 2014, S. 9) **und reflexives Handeln**. Dewey zufolge (1910, S. 72; zitiert nach Zeichner & Liston 2014, S. 9) beginnt die Reflexion seitens der Lehrkräfte mit ihrer Begegnung mit einer problemhaltigen Situation oder Erfahrung, die nicht sofort gelöst werden kann. Die Reflexion kann dann in fünf aufeinander folgenden Schritten erfolgen: Auf das Wahrnehmen einer problemhaltigen Situation folgt das Bestimmen der Schwierigkeit und ihrer Ursache, sodann ein Vorschlag für eine mögliche Problemlösung, das Entwickeln von Begründungen für die weitere Bedeutung des Lösungsvorschlags und schließlich die weitere Beobachtung und das Ausprobieren des Lösungsvorschlags mit dem Ziel der Akzeptanz oder Verwerfung. Lehren ohne Reflexion scheint kaum vorstellbar. Handelt eine Lehrkraft, ohne sich die Ziele und Werte ihrer Lehrtätigkeit zu vergegenwärtigen und diese kritisch zu hinterfragen, also ohne die Kontexte des Lehrens zu berücksichtigen und die eigenen Annahmen zu kontrollieren, wird dieses Lehren nicht als reflexiv gewertet (Zeichner & Liston 2014, S. 1, S. 6 f.) Bezeichnend für eine solche unreflektierte Lehrkraft (*unreflective teacher*) ist auch, dass sie nicht hinterfragt, ob in der Beurteilung einer Unterrichtssituation verschiedene Perspektiven zu berücksichtigen sind (ebd., S. 10). Unterschieden wird demnach ein **fachlich-fokussiertes Unterrichten ohne Reflexion** (*teacher as Technician*) **und ein reflexives Unterrichten** (*teacher as Reflective Practitioner*) (Zeichner & Liston 2014, S. 6 f.; Schön 1983, 1987).

Ziel des *reflective thinking* einer Lehrkraft ist nach Dewey (1933) die zukunftsorientierte Erkenntnisgenerierung bzw. die Entwicklung von Schlussfolgerungen. Als ***reflective teacher*** gilt dabei eine Lehrkraft, deren reflexives Denken sich äußert in

- **einer aufgeschlossenen Haltung** (*openmindedness*), die impliziert, dass verschiedene Perspektiven und Quellen kontinuierlich einbezogen, Alternativmöglichkeiten berücksichtigt und mögliche Fehlerquellen erkannt werden;
- **Ernsthaftigkeit** (*responsibility*), die bedeutet, dass sämtliche Konsequenzen einer Handlung (persönliche, akademische, politische und soziale Konsequenzen) bedacht werden und somit Handlungen hinterfragt und evaluiert werden;
- **Aufrichtigkeit** (*wholeheartedness*), in der sich die aufgeschlossene Haltung und Ernsthaftigkeit als zentrale Komponenten der Professionalität eines reflective teachers vereinen.
- (Dewey 1933, zitiert nach Zeichner & Liston 2014, S. 11)

Die Lehrkraft als *reflective practitioner* ist dabei **Experte** in einem bestimmten Fachgebiet, kann auf Erfahrungswissen aufbauen, ist kritisch und **arbeitet kooperativ** (Marcos, Sanches & Tillema 2011, S. 23). Zur weiteren Analyse bezüglich der Reflexion in Handlungen werden im Folgenden die Arbeiten von Schön (1983) näher betrachtet, um unter Rekurs auf Schön die für diese Arbeit geltende Definition von Reflexion und Reflexionsfähigkeit zu entwickeln.

4.2.1 Reflection-in-action und reflection-on-action nach Schön (1983)

Der Prozess der Reflexion wird von Schön (1983; vgl. auch Altrichter et al. 2000) differenziert in die **Reflexion während einer Handlung** (*reflection-in-action*) und die **nachträgliche Reflexion über die Handlung** (*reflection-on-action*).

Dabei wird zunächst angenommen, dass die spontane, intuitive Performanz im alltäglichen Leben geprägt ist durch einen bestimmten Grad von Bewusstheit über die eigene Klugheit. Grundlegend geht Schön (1983, S. 21 f.) von der Hypothese aus, dass der Mensch wissenschaftlich rational geleitet agiert, da er bestrebt ist, Probleme und Handlungen mittels wissenschaftlicher Theorien zu reduzieren und zu erklären (*technical rationality*). Nach Schön (ebd., S. 49 ff.) bleibt unser professionelles Wissen unausgesprochen, ist implizit in unseren Handlungen und Gefühlen im Umgang mit den Phänomenen, mit denen wir zu tun haben. Er fasst diesen Zusammenhang in dem Begriff *knowing-in-action*: Erst wenn der Mensch sein *knowing-in-action* wahrnimmt, kann er des Weiteren auch erkennen, dass er über die Handlungen nachdenkt (ebd., S. 54).

„When someone reflects-in-action, he becomes a researcher in the practice context. He is not dependent on the categories of established theory and technique, but constructs a new theory of the unique case. His inquiry is not limited to a deliberation about means which depends on a prior agreement about ends. He does not keep means and ends separate, but defines them interactively as he frames a problematic situation. He does not separate thinking from doing, ratiocinating his way to a decision which he must later convert to action. Because his experimenting is a kind of action, implementation is built into his inquiry. Thus reflection-in-action can proceed, even in situations of uncertainty or uniqueness, because it is not bound by the dichotomies of Technical Rationality." (Schön 1983, S. 68 f.)

Der Prozess der *reflection-in-action* verläuft in den Phasen:

- Identifikation einer problemhaltigen Situation,
- Problemdefinition,
- Ableitung praktischer Konsequenzen aus der ersten Problemdefinition und deren Implementierung als Rahmenexperiment und
- gleichzeitig ein Formen der gegebenen Situation als Rahmenexperiment unter Berücksichtigung der Offenheit für unerwartete Konsequenzen (Schön 1983, S. 164); d. h. die reflektierenden Praktikerinnen und Praktiker stehen in dem Versuch, der gegebenen Situation eine Ordnung aufzuerlegen, die ständig auf ihre Passung zu beobachten und zu prüfen ist (Altrichter 2000, S. 206),
- Evaluation des Rahmenexperimentes im Sinne einer ganzheitlichen Bewertung der erzielten Situation (ebd.).

Während *reflection-in-action* nicht zwangsweise verbalisiert werden muss, gibt es für die Notwendigkeit der expliziten *reflection-on-action* zwei bedeutende Gründe: Erst wenn das Wissen expliziert wird, kann es auch analysiert werden und es besteht in der Folge die Möglichkeit, das Wissen zum Umgehen mit gravierenden Handlungsproblemen zu reorganisieren. Außerdem ist nur expliziertes professionelles Wissen transparent und mitteilbar und ermöglicht es, darüber kritisch zu kommunizieren, nicht zuletzt, um seine unabdingbare (Weiter-)Entwicklung zu erlauben (Altrichter 2000, S. 208).

Bei *reflection-on-action* erfolgt eine Distanzierung und Vergegenständlichung der Handlungen, d. h. der primäre Handlungsfluss wird unterbrochen und daraufhin als statisch betrachtet und als Gegenstand der Reflexion angenommen (ebd., S. 209). *„Diese Vergegenständlichung kann kognitiv in Form einer begrifflichen, bildhaften usw. Fassung und gedächtnismäßigen Speicherung geschehen"* (ebd.), wobei ein zeitliches Zurückziehen und Vergegenständlichen nicht immer möglich ist. Der im alltäglichen Sprachgebrauch und auch in der Wissenschaftssprache häufig genutzte Begriff der Reflexion meint ebendiese *reflection-on-action* (ebd., S. 210).

Kritik an Schöns Reflective Practitioner
Auch wenn Schöns' Arbeiten zunächst stark positive Resonanz fanden und sich seine Überlegungen rasch verbreiteten, gibt es auch zahlreiche kritische Stimmen. Dabei werden vor allem ein mangelnder Bezug zur Forschung, unnötige Polarisierungen und die unzulängliche Unterscheidung der verschiedenen Formen der Reflexion in den Beispielen postuliert. Hinzu kommt Kritik an spezifischen Aspekten wie etwa an der Annahme, dass auch Impulse wie die eigene Neugier oder eigene Wünsche als Auslöser für Reflexion betrachtet werden können (Altrichter 2000, S. 216 ff.) Hatton und Smith (1995, S. 34) äußern zudem Bedenken zur Umsetzbarkeit der Konzeptualisierung nach Schön, da eine parallel zur Handlung angelegte Reflexion mit der sofortigen Umsetzung von Konsequenzen höchster kognitiver Kompetenzen und Leistungsfähigkeit bedürfte.

Ungeachtet dieser kritischen Positionen haben die Begrifflichkeiten und die Konzeptualisierung von Schön (1983, 1987) nach wie vor in der Pädagogik Bestand. Insbesondere die grundlegende Dichotomie der Reflexion in *reflection-in-action* und *reflection-on-action* ist daher auch für diese Arbeit von Bedeutung. Im Unterrichtsgeschehen sind Lehrkräfte häufig gefordert, Situationen mit Handlungs- oder gar Interventionsbedarf sehr schnell wahrzunehmen. Zeit für intensivere Reflexionen ist selten gegeben, sodass vielfach vor allem die nachträgliche Reflexion über die Handlung zentral ist, um ihre Angemessenheit und Wirksamkeit zu überprüfen. Ziel muss es sein, den Erkenntnisgewinn auf vergleichbare Situationen zu übertragen, um zukünftig gegebenenfalls anders oder angemessener handeln zu können.

Definition von Reflexion und Reflexionsfähigkeit
Bevor im Folgenden unterschiedliche Stufenmodelle der Reflexion vorgestellt werden, wird zunächst auch die für diese Arbeit grundlegende Definition von Reflexionsfähigkeit erläutert. Sie beruht auf den Darstellungen von Dewey (1933) und Schön (1983) und zudem auf Definitionen aus den Didaktiken der Mathematik und den Naturwissenschaften von Borromeo Ferri (2018, S. 13) und Abels (2010, S. 56). Abels (2010, S. 56) vereint die Begriffe Didaktik und Reflexion und definiert die didaktische Reflexionskompetenz vorwiegend basierend auf den theoretischen Arbeiten von Dewey und Schön als

„(...) die Kompetenz, das eigene didaktische Handeln und die eigenen didaktischen Entscheidungen im Kontext einer pädagogischen Situation im Nachhinein zu überdenken und explizit zu begründen, um bewusst daraus zu lernen, mit dem Ziel

eines persönlichkeitswirksamen Bildungsprozesses. Dafür sollte rückblickend Bezug genommen werden auf die eigenen Erfahrungen im didaktischen Feld, die Kommunikation mit Dritten (Schüler, Kommilitonen, Seminarleitung), das eigene Vorwissen und Faktenwissen aus der Literatur im Sinne einer Theorie-Praxis-Relationierung. "

Dabei fordert sie vor allem angesichts der fehlenden einheitlichen Definition, die empirische Forschung zur theoretischen Begrifflichkeit der Reflexionskompetenz und darüber hinaus zum Lehren und Lernen reflexiver Fähigkeiten zu intensivieren (ebd., S. 48 f.).

In der Mathematikdidaktik definiert Borromeo Ferri (2018, S. 13) Reflexion als

„(…) die kritische Auseinandersetzung mit dem eigenen Handeln/ Verhalten in zurückliegenden pädagogischen Situationen mit dem Ziel, aus diesen Situationen zu lernen und alternative Verhaltensweisen zu entwickeln. (...) [und Reflexionskompetenz als die] Fähigkeit eines (angehenden) Lehrers, das eigene didaktische Handeln in pädagogischen Situationen rückblickend zu überdenken und kritisch zu analysieren, um bewusst daraus zu lernen. "

Für diese Studie wurde somit die folgende Definition formuliert: Als Reflexionsfähigkeit von Lehrkräften wird die Fähigkeit zum **bewussten** und **zielorientierten Nachdenken** über die **Aktivitäten der Schülerinnen und Schüler** wie auch über die **eigenen didaktischen Handlungen** und **Entscheidungen** betrachtet. Dies impliziert das nachträgliche, kritische Nachdenken über die genannten Bereiche mit dem Ziel, **zukunftsorientiert** aus diesen Situationen zu lernen und **alternative Verhaltens- (bzw. Handlungs-)weisen zu entwickeln**. Dies schließt die Fähigkeit ein, den Prozess unter **Einbezug eigener didaktischer Erfahrungen** und **metakognitiven Wissens** durchzuführen. Reflexionsfähigkeit wird damit in dieser Arbeit als **Teil der professionellen Unterrichtswahrnehmung** betrachtet.

Die Relevanz der Reflexion zeigt sich vor allem beim Problemlösen, da das eigene Handlungswissen strukturiert und erweitert werden muss. Als grundlegender Faktor unterstützt die Reflexion zudem die unterschiedlichen Phasen einer Problemlösung (Wyss 2013, S. 38 f.). Reflexion zielt dabei auf die Verbesserung und Weiterentwicklung (Copeland et al. 1993, S. 349 ff.; Wyss 2013, S. 39).

Die Struktur der Reflexionen von Lehrkräften im Zusammenhang mit Metakognition wurde bereits von Artzt (1999, S. 145) konzeptualisiert. Das Konzept bezieht sich auf die Struktur der Reflexion der eigenen Person, nicht auf die Reflexion der metakognitiven Prozesse von Schülerinnen und Schülern. Das Modell von Artzt veranschaulicht die wechselseitigen Beeinflussungen der Reflexionen, Wissensfacetten und Performanz der einzelnen Lehrkraft. Nach Artzt (1999, S. 144) nehmen das jeweilige Wissen der Lehrerinnen und Lehrer, ihre *beliefs* und ihre individuellen

Ziele unmittelbaren Einfluss auf ihre Unterrichtspraxis. Die zentrale Wirkung von Orientierungen und dem Wissen einer Lehrkraft auf ihre Wahrnehmung und ihre Analyse von Unterrichtsgeschehen konnte auch Lazarevic herausarbeiten (2017, S. 260 f.). Durch ihre empirische Untersuchung wurde deutlich, dass die Analysepraxis einer Lehrkraft maßgeblich durch ihre Orientierungen und ihr Wissen determiniert wird. Lazarevic (ebd., S. 258) konnte empirisch drei Typen bezüglich ihrer Analysepraxis identifizieren: *wissensbasiert, orientierungsbasiert* und *unterrichtspraktisch*. Neben den Orientierungen und dem Wissen einer Lehrkraft erwiesen sich auch unterrichtspraktische Situationen selbst als einflussnehmend auf die Analysepraxis.

Nach Artzt (1999, S. 144) sind das Wissen, die *beliefs* und die Ziele wiederum beeinflusst durch die Qualität der Reflexionen und Handlungen vor, während und nach einer Unterrichtssituation. Reflexionen vor einer Unterrichtsstunde können dabei zum Beispiel auf die Zielsetzungen oder das Vorwissen der Schülerinnen und Schüler bezogen sein oder aus der Antizipation von Schwierigkeiten hervorgehen. Nach einer Unterrichtsstunde kann eine Reflexion etwa in Form einer Nachbesprechung mit einem Supervisor oder als schriftliche Reflexion erfolgen (ebd., S. 147 ff.). Das Reflektieren wiederum wirkt sich nach Artzt (ebd., S. 145) auf die Performanz einer Lehrkraft aus und auch auf ihre metakognitiven Prozesse, speziell die Planung des Unterrichts, seine Überwachung und Regulation wie auch die Evaluation am Ende.

Dies bestätigt nochmals, wie komplex das Reflektieren und Handeln für Lehrkräfte ist. Sie handeln nicht nur selbst metakognitiv hinsichtlich der eigenen Person und des eigenen Unterrichts, sondern auch bezogen auf die Prozesse der Schülerinnen und Schüler. Durch die dargestellten wechselseitigen Einflussfaktoren scheint ein Kreislauf aus Reflexionen, der Stärkung des eigenen Wissens und Handelns und wiederum intensiveren Reflexionen möglich. Daher liegt die Überlegung nahe, dass Reflexionen auf unterschiedlichen Stufen ablaufen und somit hinsichtlich ihrer Qualität zu unterscheiden sind. Tatsächlich wurden in den vergangenen Jahrzehnten bereits mehrere **Stufenmodelle der Reflexion** entwickelt, die im Folgenden vorgestellt werden. Ziel dieser Taxonomien ist es, die empirisch erhobene Reflexion auf der Basis einer qualitativen Zuordnung zu analysieren. Abels (2011, S. 64) unterscheidet dabei die Begriffe **Reflexionsart und Reflexionsstufe**: Während der Begriff Reflexionsart sich deskriptiv darauf bezieht, was eine Person macht, die reflektiert, versteht sie die Reflexionsstufen als normative Systematisierung behaftet. Ihr Begriffsverständnis soll auch in dieser Studie gelten.

4.2.2 First, higher and highest level of reflectivity nach van Manen (1977)

Ein normatives Stufenmodell der Reflexion, auf das im Diskurs häufig Bezug genommen wird, findet sich bei van Manen (1977, S. 226 f.). Er bezeichnet die erste Stufe *empirical-analytic* als eine Stufe, auf der analog zur *technical rationality* pädagogisches Wissen rein technisch, aber zielorientiert angewendet wird. Auf dieser Stufe werden weder die Kontexte noch die Ziele kritisch hinterfragt. Ist sich die handelnde Person dieser Einschränkung der Reflexion auf dieser ersten Stufe bewusst, erlangt die Reflexion die nächsthöhere Stufe. Auf dieser als *hermeneutic-phenomenological* bezeichneten Stufe werden pädagogische Entscheidungen auf Basis einer „Wertevereinbarung" getroffen. Sie unterliegen einem analytischen Prozess, der individuelle und kulturelle Erfahrungen, Wahrnehmungen, Vorurteile und auch Vorannahmen mit Blick auf praktische Handlungen einbezieht. Pädagogische Entscheidungen werden nun hinsichtlich ihres Nutzens und ihrer Auswirkungen hinterfragt. Die Beurteilung pädagogischer Ziele und bereits gemachter Erfahrungen ist wiederum erst auf der nächsthöheren Stufe möglich, der höchsten Stufe des Stufenmodells der Reflexion. Entsprechend diesem höchsten Grad der Reflexion können unter anderem auch politische und ethische Kriterien in den Entscheidungen einbezogen werden:[4]

> *„On this level, the practical addresses itself, reflectively, to the question of the worth of knowledge and to the nature of the social conditions necessary for raising the question of worthwhileness in the first place. The practical involves a constant critique of domination, of institutions, and of repressive forms of authority. "* (van Manen 1977, S. 227)

---

[4] Neben diesem Stufenmodell ist auch van Manens Unterscheidung zwischen *reflection on experiences* und *reflection on the conditions that shape our pedagogical experiences* (1991, S. 511) bekannt sowie seine Klassifikationen unterschiedlicher Formen von Reflexion: (a) *anticipatory reflection* (die Überlegungen über mögliche Alternativen anleitet, zukünftige Schritte plant sowie Erfahrungen antizipiert, die in Folge dieser Überlegungen und Planungen eintreten werden (restriktive können), (b) *active or interactive reflection* (entspricht der Reflexion-in-der-Handlung nach Schön (1983)), (c) recollective reflection (reflektiert darüber, welchen Sinn frühere Erfahrungen haben, um diesen tiefere Bedeutung zu verleiten), (d) *mindfulness* (wird als weiterer Typ der Reflexion gesehen, da Achtsamkeit Interaktionen von Lehrenden prägt (z. B. bezüglich eines Taktgefühls bei Interaktionen); während des Handelns ist gewöhnlich zu wenig Zeit, um intensiv zu reflektieren. Somit sind viele der pädagogischen Interaktionen mit Schülerinnen und Schülern durch sofortiges Handeln und nicht durch eine (intensive) Reflexion bestimmt. Die Fähigkeit, achtsam zu handeln, wird als *pedagogical tact* (van Manen 1991, S. 519) bezeichnet.

4.2.3 Phasen der Reflexion nach Hatton und Smith (1995)

Reflektieren wird häufig klassifiziert in drei Ebenen: fachspezifisches (technisches) Reflektieren, praktisches Reflektieren und kritisches Reflektieren. Auf der ersten Ebene wird nach Hatton und Smith (1995, S. 35) über die Effizienz und die Effektivität bestimmter zu erreichender Aspekte (die aber selbst nicht offen sind für Kritik oder Modifikation) reflektiert. Beim praktischen Reflektieren hingegen ist die Prüfung der Mittel und Ziele erlaubt, ebenso wie die Prüfung der Annahmen und Lösungen. Auf der dritten Ebene kommen beim Reflektieren zusätzlich moralische und ethische Überlegungen zum Ausdruck und es wird beispielsweise auch über die Fairness einer professionellen Handlung und darüber geurteilt, inwieweit diese Handlung von Respekt gegenüber anderen Personen getragen ist. Zudem werden persönliche Handlungen auf Basis erweiterter sozio-historischer und politisch-kultureller Kontexte analysiert (ebd.). In ihren Analysen identifizierten Hatton und Smith (1995, S. 40 f., S. 48 f.) vier Typen schriftlicher Reflexion, wobei der erste Typus nur beschreibt und noch nicht wirklich reflexiv vorgeht:

(1) **descriptive writing:** keine Reflexion, Ereignisse werden deskriptiv beschrieben oder es werden Erkenntnisse aus der Literatur wiedergegeben;

(2) **descriptive reflection:** reflexive Beschreibung von (eigenen) Handlungen mit Begründungen und Rechtfertigungen, aber dennoch in einer wiedergebenden, beschreibenden Art und Weise, z. B. *„I chose this problem-solving activity because I believe that students should be active rather than passive learners"* (ebd., S. 48); in der Forschung diskutierte alternative Perspektiven werden berücksichtigt; es wird unterschieden in zwei Unterformen:

- Reflexionen auf allgemeiner Basis einer bestimmten Perspektive oder auf Basis rationaler Faktoren
- Reflexionen unter Berücksichtigung verschiedener Faktoren und Perspektiven;

(3) **dialogic reflection:** eine übergreifende Betrachtung (*stepping back*), bei welcher Ereignisse und Handlungen auf verschiedenen Ebenen der Überlegungen herangezogen werden, ein Diskurs zur eigenen Perspektive eröffnet wird, mögliche Alternativen zur Erklärung gegeben werden und eine Hypothesenbildung erfolgt.

(4) **critical reflection:** erfolgt in dem Bewusstsein, dass Ereignisse und Handlungen sich nicht nur in mehreren Perspektiven realisieren und durch diese

expliziert werden, sondern dass sie auch durch verschiedene historische und sozio-politische Kontexte beeinflusst sind.

Als kritische Reflexion (*critical reflection*) wird dabei die konstruktive Selbstkritik eigener Handlungen mit dem Ziel von Verbesserungen betrachtet (ebd., S. 35).

Festzustellen ist, dass Reflexionsebenen bislang meist anhand schriftlicher Reflexionen untersucht wurden. In der Analyse schriftlicher Aufsätze von Lehramtsstudierenden im Abschlussjahr identifizierten Hatton und Smith (1995, S. 48 f.) eine Mehrheit der kodierten Einheiten an deskriptiver Reflexion (60– 70 %), wobei deutlich wurde, dass Studierende häufig mit einer deskriptiven Reflexion begannen und diese in eine dialogische Reflexion überging, während die deskriptive Phase zu Beginn Kontexte bereitstellte als Basis für die weitere Analyse.

4.2.4 Modell der Reflexionskompetenz nach Borromeo Ferri (2018) aufbauend auf Hatton und Smith (1995)

In der Studie zur Untersuchung der Reflexionskompetenz von Studierenden von Borromeo Ferri (2018, S. 14 f.) wurde ein nach Hatton und Smith (1995) modifiziertes Modell der Reflexionskompetenz entwickelt. Die **Reflexionstiefe**[5] wird dabei in fünf Reflexionsstufen unterteilt, beginnend bei Stufe 0, auf der die reine Beschreibung einer Situation ohne Theoriebezüge erfolgt. Diese wird bezeichnet als **deskriptives Schreiben**. Es folgen die Stufe 1 **begründete Reflexion** (die eigenen Handlungen werden reflektiert), Stufe 2 **abwägende Reflexion** (das eigene Verhalten wird unter Angabe alternativer Handlungsoptionen und Selbstkritik gerechtfertigt), Stufe 3 **theoriebasierte Reflexion** (die Reflexion erfolgt auf der Grundlage fachwissenschaftlicher Theoriekonzepte) und schließlich Stufe 4 **perspektivische Reflexion** (verschiedene Perspektiven werden eingenommen und Handlungsalternativen werden gezielt entwickelt) (Borromeo Ferri 2018, S. 14). Der Großteil der schriftlichen Reflexionen der Studierenden (73,1 %) war den Stufen 1 und 2 zuzuordnen, da seitens der Studierenden Situationen zumeist deskriptiv wiedergegeben und keine Handlungsalternativen formuliert oder Theorien einbezogen wurden. Ergänzend unterschied Borromeo Ferri eine hohe (Stufen 3 bis 5), eine mittlere (Stufe 2) und eine niedrigstufige Reflexion

---

[5] „*Die Reflexionstiefe beschreibt das Niveau der kritischen Auseinandersetzung mit dem eigenen Handeln/ Verhalten anhand verschiedener ‚Reflexionsstufen'*" (Borromeo Ferri 2018, S. 13).

(Stufen 0 und 1). 15,3 % der kodierten Passagen wurden der mittleren, zweiten Stufe der abwägenden Reflexion zugeordnet, 6,2 % der kodierten Passagen über alle Ausarbeitungen konnten der dritten und 5,4 % der vierten Stufe zugeordnet werden. (ebd., S. 15 ff.).

Borromeo Ferri (ebd., S. 18) konnte zudem nachweisen, dass die Schulung von Reflexion und die Fokussierung der Reflexionskompetenz zu einer höheren Selbstwahrnehmung der eigenen Handlungen im Unterricht führen kann.

4.2.5 Reflective cycle nach Gibbs (1988)

Gibbs (1988, S. 49 f.) entwickelte den Ansatz einer zyklischen Reflexion. Im Rahmen von Reflexionen kritischer Situationen oder Handlungen während Lerngelegenheiten empfiehlt er die Nutzung des *reflective cycle* als Hilfsmittel zur Reflexion (insbesondere für Lernende mit wenig Erfahrung beim Reflektieren). Als ursprüngliche Intention der Nutzung des Kreislaufs betonte Gibbs (ebd.) die Förderung von Reflexionen bei Studierenden. Um den *reflective cycle* als Hilfsmittel der Reflexion auf den gegebenen Kontext zu übertragen, sollen im Folgenden die einzelnen Phasen des Kreislaufs vorgestellt und hinsichtlich möglicher Reflexionen von Lehrkräften bezogen auf Schülerprozesse im Mathematikunterricht im Rahmen der professionellen Unterrichtswahrnehmung ergänzt werden.

Während der zyklischen Reflexion sollten die einzelnen Phasen separat durchlaufen werden. In der ersten Phase der **Beschreibung** (*description*) gibt die reflektierende Person in Kürze die als problematisch wahrgenommene Situation rein deskriptiv wieder. Die Beschreibung gilt dabei nur den relevanten Informationen, welche die Situation und die beteiligten Personen (einschließlich der Involvierung der eigenen Person) betreffen. In dieser Phase sollen noch keine Urteile gefällt oder Schlussfolgerungen gezogen werden (Gibbs 1988, S. 49).

Für eine Lehrkraft, die ein Problem bei einer Schülergruppe wahrnimmt, bedeutet dies, dass die Lehrperson ihre Wahrnehmungen rein deskriptiv wiedergibt, keine Bewertungen der Situation oder ihrer Teilaspekte vornimmt und auch nicht darüber reflektiert, wie auf die Situation reagiert werden sollte oder wie die Schülerinnen und Schüler handeln sollten, um das Problem zu lösen. Im Rahmen der professionellen Unterrichtswahrnehmung entspricht diese Phase somit der rein deskriptiven Wiedergabe der eigenen **Wahrnehmung** eines Schülerprozesses.

Im Anschluss stehen die **Gedanken und Gefühle** (*feelings*) im Mittelpunkt, die während des Wahrnehmens der Situation empfunden wurden (ebd.). Im

Rahmen einer Diagnose im Unterricht wird dies vermutlich meist die Reflexion über die eigenen Gedanken bzw. das eigene Erleben in dieser Situation implizieren. Denn auch das Nachdenken über die empfundenen Gefühle ist möglich wie beispielsweise das Nachdenken über die empfundene Unsicherheit bei dem Festlegen einer adäquaten, adaptiven Intervention als Folge auf eine festgestellte Unstimmigkeit der Schülerbearbeitungen. In Abgrenzung zur ersten Phase bezieht eine Lehrkraft eine wahrgenommene Schülerschwierigkeit somit in dieser Phase auf sich selbst, indem nicht nur rein deskriptiv wiedergegeben wird, was Schülerinnen und Schüler in einer Bearbeitung getan haben, sondern darüberhinausgehend reflektiert wird, was die Lehrkraft selbst in dieser Situation gedacht und empfunden hat.

Die dritte Phase ist eine erste **Evaluation** (*evaluation*) über positive und negative Aspekte des wahrgenommenen Problems. Aufbauend auf dieses Abwägen sollte ein Urteil erfolgen (ebd.). Die Lehrkraft reflektiert somit in dieser Phase darüber, was die Lernenden ihrer Einschätzung nach in der wahrgenommenen Situation bereits gut gemacht haben, welche Aspekte verbesserungswürdig wären und kommt somit zu einer Bewertung der Situation.

Die folgenden Phasen des Zyklus sind zwar weiterhin durch die problemhaltige Situation geprägt, betrachten diese jedoch eher als Phänomen, um daraus Schlüsse für zukünftige (problemhaltige) Situationen ziehen zu können (Gibbs 1988, S. 49 f.).

So soll in der vierten Phase, der **Analyse** (*analysis*), reflektiert werden, was aus der Situation gelernt werden kann. Dafür sollte die Situation von außen betrachtet und aus einer distanzierten Perspektive überlegt werden, worin tatsächlich die Problematik der Situation bestand. Zur Klärung einbezogen werden sollten dabei Ideen außerhalb dieser spezifischen Erfahrung. Sinnvoll kann es außerdem sein, die eigene Erfahrung mit denen anderer Menschen zu vergleichen und zu analysieren, inwieweit Ähnlichkeiten oder Unterschiede bestehen (ebd., S. 49). Um die Situation möglichst angemessen analysieren zu können, eignet es sich für Lehrkräfte auf die Forschungsliteratur oder praktische Erfahrungen anderer Lehrkräfte im eigenen Praxisumfeld zurückzugreifen, da auch diese bei der distanzierten Betrachtung der Situation hilfreich sein können. Verglichen werden könnte die problematische Unterrichtssituation mit anderen Situationen derselben Klasse, derselben Lerngruppe oder anderer Lernender oder auch klassenübergreifend mit ähnlichen Kontexten oder Aufgabenbereichen. In der Analyse ist es grundsätzlich sinnvoll, die oben genannten Aspekte separat aufzugreifen und nacheinander tiefergehend zu analysieren.

Ergebnis der Analyse sollten **Schlussfolgerungen** (*conclusions*) darüber sein, was aus den Erfahrungen und ihren Analysen in die zukünftige Unterrichtspraxis überführt werden kann. Diese Schlussfolgerungen sollten auf einer allgemeinen und einer spezifischen Ebene stattfinden, d. h. es sollte nicht nur reflektiert werden, was im Allgemeinen aus der Situation oder Erfahrung gelernt werden kann, sondern auch, was diese im Speziellen für die eigene Person (das eigene Handeln, die eigene Arbeitsweise etc.) bedeutet (ebd., S. 50). Lehrkräfte sollten also zu einer Handlungsempfehlung kommen und nun eine Vorstellung entwickelt haben, wie sie auf das wahrgenommene Problem im Unterricht reagieren können. Dabei sollten sie nach Bedarf auch weitgehende Konsequenzen ziehen, insbesondere wenn sie festgestellt haben, dass es sich um eine umfassendere Problematik handelt. Die Schlussfolgerung betrifft somit sowohl allgemeine als auch persönliche Konsequenzen.

Die Phasen der Evaluation, der Analyse und der Schlussfolgerung entsprechen dem Prozess der **Interpretation** von Schülerhandlungen in Unterrichtssituationen. Darauf aufbauend werden im Folgenden in der Phase der Planung der zu implementierenden Interventionen **Entscheidungen (*personal action plans*)** getroffen. Diese beziehen sich auf konkrete Umsetzungsideen in der Zukunft beim Auftreten ähnlicher Situationen oder Kontexte. Einbezogen wird dabei, welche Schritte unternommen werden müssen, um die Entscheidung umsetzen zu können (ebd.). In Bezug auf eine konkrete Unterrichtssituation kann sich die Entscheidung auf eine Intervention beziehen, die unmittelbar auf ein wahrgenommenes Problem folgt; in diesem Fall wäre der beschriebene Prozess der Reflexion vergleichsweise kurz. Oder sie bezieht sich auf langfristig zu implementierende Interventionen, etwa im Sinne des Scaffolding (vgl. Abschnitt 3.5.1). In beiden Fällen geht es um die Planung zukünftiger Handlungen auf Basis der Analyse, welche persönlichen Entscheidungen, Verhaltensweisen oder Handlungen künftig beibehalten werden können oder verändert werden sollten.

Die Prozesselemente des *reflective cycle* von Gibbs (1988) wurden unter anderem von Aeppli und Lötscher (2016, S. 83) in ihrem Rahmenmodell EDAMA (s. u.) aufgenommen und adaptiert, um mithilfe ihres Modells Diagnosen stärken und reflexive Auseinandersetzungen fördern zu können. Abgesehen davon verfolgen sie mit ihrem Modell das Ziel, die Qualität der Reflexion von Reflexionsprodukten Studierender zu beurteilen. Erste Ergebnisse deuten darauf hin, dass sich das Modell EDAMA dazu eignet.

„Die analytische Ausrichtung ermöglicht es, eine Reflexion nicht nur holistisch zu beurteilen, sondern reflexive Momente in einer Reflexion zu identifizieren, zu kategorisieren und zu beurteilen (…). Dabei können Reflexionskategorien, die nicht beachtet werden (‚blinde Flecken‘) gezielt angesprochen werden." (Aeppli & Lötscher 2016, S. 92).

Unterschieden werden bei EDAMA die folgenden fünf Reflexionsphasen: (1) *„Erleben – eine Erfahrung machen*, (2) *Darstellen – Rückblick*, (3) *Analysieren – vertiefte Auseinandersetzung*, (4) *Massnahmen entwickeln, planen – Handlungsmöglichkeiten entwickeln, Konsequenzen ziehen*, (5) *Anwenden – Massnahmen umsetzen, erproben"* (Aeppli & Lötscher 2016, S. 83). Die Phase der *feelings* im Prozess der Reflexion nach Gibbs (1988) wird in diesem Rahmenmodell als sogenannte „Blickrichtung" berücksichtigt und nicht als Reflexionsphase aufgenommen. Reflexion wird als nicht-rationale Analyse aufgefasst, die unter anderem durch Einstellungen, Gefühle und Bedürfnisse beeinflusst wird. Das Rahmenmodell ist charakterisiert durch zwei Denkaspekte: Unter dem Aspekt der Konstruktion von Bedeutung wird davon ausgegangen, dass Reflexion in Anlehnung an Dewey der Sinnkonstruktion dient und somit Erfahrungen erweiterte oder vertiefte Bedeutungen verleihen kann; unter dem zweiten Denkaspekt des kritischen Prüfens wird Reflexion als besondere Form des Denkens gesehen, bei der zukunftsgerichtet kritisch geprüfte Schlussfolgerungen gezogen und Maßnahmen ergriffen werden. Jede Reflexionskategorie kann hinsichtlich der Blickrichtungen (nach innen und außen) betrachtet werden.

Die vorherigen Ausführungen zeigen, dass bereits unterschiedliche Stufenmodelle der Reflexion von Lehrkräften entwickelt wurden, die zum Teil (wie beispielsweise im Falle des zuletzt vorgestellten Rahmenmodells EDAMA) auf die Beurteilung von Reflexionen oder speziell auf die Förderung der Reflexionsfähigkeiten von (angehenden) Lehrerinnen und Lehrern zielen. Auffallend ist, dass in den meisten Strukturmodellen eine Stufe 0 berücksichtigt ist, auf der lediglich die deskriptive Wiedergabe einer wahrgenommenen Situation, Handlung oder auch nur eines Aspektes einer Situation erfolgt oder auf welcher rein fachlich-rational berichtet wird. Im Zusammenhang der Mathematikdidaktik wurde das Modell der Reflexionskompetenz von Borromeo Ferri (2018) vorgestellt, das zur Schulung der allgemeinen Reflexionskompetenz von angehenden Lehrkräften im Mathematikunterricht eingesetzt wurde.

Speziell für den Mathematikunterricht gibt es bislang kaum empirische Erkenntnisse zur Relevanz von Reflexion im Mathematikunterricht bezogen auf das professionelle Unterrichten. Wie der nachstehende Hinweis von Sellars verdeutlicht, liegt es im persönlichen Interesse der Lehrkräfte, ihre Reflexionskompetenz zur Verbesserung ihrer professionellen Praxis zu stärken:

„However, as reflection is, of necessity, a metacognitive undertaking and as such is an intensely personal pursuit, especially when undertaken to improve professional practice. Even the act of describing an incident or occurrence which triggers (...) the reflective cycle itself relies for its accuracy on personal interpretation and perhaps

is not as rational, scientific and able to be 'objectified' as Dewey (1933) initially suggests." (Sellars 2012, S. 463)

Angesichts der Tatsache, dass beim mathematischen Modellieren komplexe Anforderungen an alle Beteiligte bestehen, stellt sich die Frage, inwieweit die Reflexionen von Lehrkräften über die Modellierungsprozesse ihrer Schülerinnen und Schüler und speziell über metakognitive Prozesse beim mathematischen Modellieren von Reflexionen über Prozesse abweichen, in denen nicht mathematisch modelliert wird. In den theoriefundierten Ausführungen dieser Arbeit wurde deutlich, dass die Entwicklung metakognitiver Kompetenzen als Bestandteil von Modellierungskompetenz von größter Bedeutsamkeit beim mathematischen Modellieren ist und dass insbesondere die metakognitive Aktivierung die eigenständige Bearbeitung von Modellierungsproblemen unterstützt. Zudem agieren Lehrkräfte beim mathematischen Modellieren auf einer Meta-Metaebene, indem sie im Zuge ihrer professionellen Unterrichtswahrnehmung metakognitive Prozesse wahrnehmen, über die metakognitiven Prozesse ihrer Lernenden reflektieren und diese überwachen. Daher sollen die bisherigen Ausführungen des theoretischen Rahmens dieser Arbeit im nachfolgenden Kapitel 5 zusammengefasst und darauf aufbauend die Forschungsfragen dieser Arbeit präzisiert werden.

Forschungsfragen 5

Wie in Abschnitt 2.1.2 erläutert, ist aus empirischen Untersuchungen bekannt, dass Schülerinnen und Schüler als Teil ihres metakognitiven Wissens auch Wissen über mathematische Strategien haben und darüber hinaus auch mehr oder minder in der Lage sind, es gezielt einzusetzen (Garofalo & Lester 1985). Zudem ist hinlänglich durch Studien bestätigt, dass sich die Nutzung metakognitiver Strategien positiv auf die Bearbeitung problemhaltiger Aufgaben und insgesamt auf die Lernleistung auswirkt (u. a. Kuhn et al. 2010, S. 496). Hierin liegt einer der Gründe für die Bedeutsamkeit von Metakognition bei der Bearbeitung mathematischer Modellierungsprobleme. Besonders deutlich erscheint dies vor dem Hintergrund, dass grundsätzlich in jedem Teilschritt des Modellierungsprozesses kognitive Hürden auftreten können. Für deren Überwindung ist der Einsatz metakognitiver Strategien zielführend. Dass die Nutzung metakognitiver Strategien von Schülerinnen und Schülern und das Einbringen eines umfassenden metakognitiven Wissens für ihren Lernerfolg höchst relevant ist, ist durch die vorgestellten theoretischen und empirischen Erkenntnisse deutlich geworden.

Zur Förderung von Modellierungskompetenz ist folglich auch die Förderung metakognitiver Modellierungskompetenzen erforderlich. Die vielfältigen Verbindungen der unterschiedlichen Facetten der Metakognition zeigen außerdem, dass die Aneignung aller Bereiche des metakognitiven Wissens (Personen-, Aufgaben- und Strategiewissen) ermöglicht werden sollte, um den Einsatz metakognitiver Strategien bei Schülerinnen und Schülern zu stärken. Zugleich deuten verschiedenste Erkenntnisse (u. a. aus unterschiedlichen erprobten Trainingsprogrammen) darauf hin, dass die reine Vermittlung von Informationen zum metakognitiven Wissen nicht ausreichend ist. Darüber hinaus sollten Schülerinnen und Schüler verstehen, wie bedeutsam und nützlich der metakognitive Strategieeinsatz und

© Der/die Autor(en), exklusiv lizenziert durch Springer Fachmedien Wiesbaden GmbH, ein Teil von Springer Nature 2021
L. Wendt, *Reflexionsfähigkeit von Lehrkräften über metakognitive Schülerprozesse beim mathematischen Modellieren*, Perspektiven der Mathematikdidaktik, https://doi.org/10.1007/978-3-658-36040-5_5

der Aufbau metakognitiven Wissens sind. Die empirischen Ergebnisse von Stillman und Galbraith (1998, S. 180 f.) lassen erkennen, dass sich Schülerinnen und
Schüler ihrer metakognitiven Aktivitäten häufig nicht bewusst sind. In diesem
Zusammenhang sind somit weitere empirische Studien erforderlich, um die Förderung metakognitiver Kompetenzen optimal gestalten zu können. Auch wurde
oben begründet dargelegt (vgl. Abschnitt 2.1.2), dass der fehlende Einsatz metakognitiver Strategien Schwierigkeiten verursachen kann, bis hin zum Scheitern
von Bearbeitungsprozessen (Artzt & Armour-Thomas 1992, S. 161 f.). So konnte
das Scheitern unter anderem in der Studie von Artzt & Armour-Thomas (ebd.) auf
die fehlende Überwachung der Planung des Bearbeitungsprozesses zurückgeführt
werden. Dass die Schülerinnen und Schüler dieser Studie nicht erkannten, dass
ihr geplantes Vorgehen nicht zu den gewünschten Lösungen führen würde, ist
außerdem ein Beispiel dafür, dass Lernende die Auswirkungen ihrer Annahmen
und Planungsschritte vielfach zu wenig reflektieren. Ein Anregen dieser metakognitiven Prozesse durch die betreuenden Lehrkräfte wird daher umso wichtiger,
um Hürden im Bearbeitungsprozess oder gar einem Scheitern vorzubeugen.

Welche Formen der Anregung metakognitiver Prozesse von Schülerinnen und
Schülern durch Lehrkräfte sich am ehesten eignen, ist nach wie vor nicht ausreichend erforscht. Bekannt ist aber, dass insbesondere strategische Interventionen
die Selbstständigkeit von Schülerinnen und Schülern fördern und zudem dazu
beitragen, dass Lernende über ihre einzelnen Schritte im Prozess stärker reflektieren (Link 2011, S. 213 ff.). Ungeachtet dessen verfügen Lehrkräfte kaum über
strategische Interventionen (Leiss 2007, S. 281). Hinzu kommt, dass sie entge-
gen der allgemeingültigen Forderung nach Adaptivität ihrer Interventionen häufig
entsprechend ihrem eigenen Anspruch und ihrer Lehrgewohnheit intervenieren.
Problematisch ist außerdem, dass Lehrerinnen und Lehrer auf inhaltliche Schü-
lerschwierigkeiten tendenziell mit inhaltlichen Hilfen reagieren, obwohl bekannt
ist, dass sie die Lernenden besser mit strategischen Hilfen unterstützen könnten,
orientiert an dem Prinzip der minimalen Hilfe. Wichtig sind diese vor allem, weil
strategische Interventionen dazu beitragen können, die metakognitiven Aktivitäten
bei Schülerinnen und Schülern zu unterstützen. Folglich erscheint es zentral, zu
untersuchen, warum kaum strategische Interventionen bei der Unterstützung von
Schülerinnen und Schülern beim mathematischen Modellieren eingesetzt werden.
Stender (2016) konnte bereits Ergebnisse dazu beitragen, wie der Einsatz strategischer Interventionen gelingen kann bzw. wann er erfahrungsgemäß misslingen
wird. Bislang fehlen jedoch Studien zu der konkreten Frage, wie Lehrkräfte
den Einsatz metakognitiver Strategien beim mathematischen Modellieren gezielt
initiieren und fördern können. Naheliegend ist, dass dafür zunächst Erkenntnisse benötigt werden, erstens inwieweit Lehrkräfte metakognitive Prozesse ihrer

Schülerinnen und Schüler während Modellierungsaktivitäten wahrnehmen und zweitens inwieweit sie hinsichtlich der Förderung metakognitiver Kompetenzen ihrer Schülerinnen und Schüler reflektieren.

Hieraus resultieren für die vorliegende Untersuchung folgende Forschungsfragen:

- Inwiefern lassen sich die Komponenten der professionellen Reflexionsfähigkeit von Lehrkräften über die metakognitiven Prozesse ihrer Lernenden bei der Bearbeitung mathematischer Modellierungsprobleme empirisch ausdifferenzieren?
- Inwieweit lassen sich Veränderungen der Reflexionsarten der Lehrkräfte in einer längerfristig angelegten Modellierungseinheit rekonstruieren?
- Inwieweit berücksichtigen die Lehrkräfte bei der Reflexion metakognitiver Schülerprozesse beim mathematischen Modellieren die eigene Handlungsposition und fokussieren die Förderung metakognitiver Prozesse bei Schülerinnen und Schülern beim mathematischen Modellieren?
- Inwiefern lassen sich die rekonstruierten Reflexionsarten typologisieren?
- Inwieweit lassen sich in einer langfristig angelegten Modellierungseinheit Wirkungsfaktoren bezüglich der Stärkung der Reflexionsfähigkeit dieser Lehrenden rekonstruieren?

Teil II
Methodologie und methodisches Vorgehen

Methodologie und methodisches Vorgehen

Im Folgenden wird zunächst der Forschungsansatz dieser Studie als Beitrag der qualitativen Empirie erläutert. Dafür wird in einem ersten Schritt auf Zielsetzungen und Qualitätskriterien qualitativer Forschung eingegangen. Es folgt eine Vorstellung des Forschungsprojektes, in das die vorliegende Studie eingebettet ist, eine Charakterisierung aller auf die Datenerhebung einflussnehmenden Faktoren wie auch eine differenzierte Beschreibung der Daten selbst. Dabei stehen die im Projekt integrierte Lehrerfortbildung und das den Teilnehmerinnen und Teilnehmern seitens der Forschungsgruppe zur Verfügung gestellte Material im Fokus. Basierend auf dieser Darstellung werden anschließend die Instrumente der Datenerhebung, die Stichprobe der Studie sowie die Instrumente der Datenauswertung vorgestellt.

6.1 Methodologische Grundorientierung

Die Planung eines empirischen Forschungsvorhabens erfordert die kritisch reflektierte Wahl des geeigneten Erhebungsinstruments und Auswertungsverfahrens. Die Verortung in der qualitativen und/ oder quantitativen Methodologie wird durch die mit der Studie verfolgten Fragestellungen bestimmt und hängt mit dem jeweiligen Ausgangspunkt und der spezifischen Zielsetzung zusammen, wobei dahingehend Konsens besteht, dass beide Ansätze auf eigene Weise nützlich sind. Während die quantitative Forschung auf eine theorie- und hypothesengeleitete Quantifizierung von bestimmten Daten zielt, ist die qualitative Forschung auf die Erhebung ganzheitlicher, kontextgebundener Eigenschaften gerichtet. Mit Hopf

L. Wendt, *Reflexionsfähigkeit von Lehrkräften Über metakognitive Schülerprozesse beim mathematischen Modellieren*, Perspektiven der Mathematikdidaktik, https://doi.org/10.1007/978-3-658-36040-5_6

(2016, S. 16) ist diesbezüglich anzumerken, dass auch qualitativ erhobene Daten unter Beachtung bestimmter Aspekte quantifiziert werden können.

Allgemein ist die quantitative Forschung dadurch gekennzeichnet, mithilfe standardisierter Messinstrumente beispielsweise eine große Anzahl an Personen befragen zu können. Typisch ist für diese Art der Forschung auch die Erhebung numerischer Messwerte unter kontrollierten Bedingungen, etwa anhand einer Fragebogenerhebung. Geprüft werden dabei meist theoretisch begründete Hypothesen. Dank hinreichend großer und somit repräsentativer Stichproben können Ergebnisse verallgemeinert und die gewonnenen Erkenntnisse auf Personen(gruppen) außerhalb der Stichprobe übertragen werden (Döring & Bortz 2016, S. 23 ff.). Dem gegenüber steht die qualitative Forschung mit dem *„Anspruch, Lebenswelten ,von innen heraus' aus der Sicht der handelnden Menschen zu beschreiben"* (Flick, Kardorff & Steinke 2013, S. 14). Hier wird das Ziel verfolgt, noch unbekannte Abläufe, Muster und Strukturen zu entdecken, um zu einem besseren Verständnis sozialer Wirklichkeiten zu gelangen (ebd.). Bei diesem Ansatz geht es somit primär um die Hypothesenfindung und im Weiteren um die Theoriebildung zu aktuell relevanten Phänomenen. Im Vergleich mit der quantitativen Sozialforschung werden hierfür geringe Fallzahlen erhobener verbaler und/ oder (audio-)visueller Daten interpretativ ausgewertet (Döring & Bortz 2016, S. 25 f.). Da keine standardisierten Instrumente verwendet werden können, unterliegt die qualitative Analyse besonderen Kriterien, um die Verlässlichkeit der Ergebnisse sicherzustellen.

Verortung der Studie in der qualitativen Forschung
In der vorliegenden Studie wird die Reflexionsfähigkeit von Lehrerinnen und Lehrern über metakognitive Schülerprozesse beim mathematischen Modellieren untersucht. Da dieser Bereich der professionellen Unterrichtswahrnehmung von Lehrkräften bisher kaum erforscht ist, erscheint der qualitative Forschungsansatz besonders geeignet, um einen Zugang zum Gegenstand zu ermöglichen. Das Erkenntnisinteresse der vorliegenden Studie bedingt daher die Anwendung qualitativer Methoden mit dem Ziel, Strukturen und Zusammenhänge zu erschließen und eine Theorie bzw. Theorien zum Gegenstand zu generieren. Die gebotene Offenheit der Forschung wird in mehreren Phasen des Forschungsprozesses sichtbar: Die Akteure der Datenerhebung können bei Bedarf flexibel auf Situationsveränderungen reagieren, bei interessanten oder fragwürdigen Stellen im Falle von Interviews nachfragen und dadurch möglicherweise auch detailliertere Informationen gewinnen (Döring & Bortz 2016, S. 26). Mit der Offenheit als zentralem Ausgangspunkt für eine gegenstandsbegründete Theoriebildung liefern qualitative Erhebungsmethoden nach Flick, Kardorff & Steinke (2013, S. 17)

häufig detailliertere und plastischere Erkenntnisse, als dies durch standardisierte Befragungen möglich wäre. Wie auch Mayring (2002, S. 27 f.) betont, sollte der Forschungsprozess daher nicht durch bestehende theoretische Strukturierungen und Hypothesen eingeschränkt sein. Wenn Hypothesen bestehen, sollten diese veränderbar und losgelöst sein von fixierten Erwartungen oder Vermutungen über die bevorstehende Untersuchung und von vorhandenen theoretischen Überzeugungen. Ebenso sollte offen geforscht werden hinsichtlich der verwendeten Methoden. Falls beispielsweise während eines Auswertungsprozesses deutlich wird, dass bestimmte Anteile des Datenmaterials mit dem vorgesehenen Instrument nicht erfasst werden können, muss die Methode zur Auswertung verändert oder erweitert werden. Neben dieser methodologischen Offenheit ist eine verhältnismäßig restriktive Form der Steuerung und Begrenzung zentral (Hopf 2016, S. 17; Mayring 2002, S. 27 f.). Damit einhergehend verzichtet die qualitative Forschung auf die Bildung von Hypothesen vor Beginn der Auswertung (Hoffmann-Riem 1994, S. 31 f.).

Kennzeichnend ist darüber hinaus ein methodisches Spektrum, aus dem für den jeweiligen Gegenstand und Ansatz das geeignete Vorgehen ausgewählt werden kann. Insgesamt ist die Gegenstandsangemessenheit ein zentrales Charakteristikum der qualitativen Empirie: Zu jeder Forschungsmethode lässt sich rekonstruieren, für welchen Gegenstand sie entwickelt wurde. Vielfach am Alltagsgeschehen oder Alltagswissen der befragten Personen orientiert und in natürlichen Kontexten erhoben und im sozialen Gesamtzusammenhang betrachtet, berücksichtigt die qualitative Forschung unterschiedliche Perspektiven. Die Reflexivität des Forschenden über sich selbst ist dabei als inhärenter Bestandteil des Forschungsprozesses zu verstehen (Flick, Kardorff & Steinke 2013, S. 22 ff.).

Die beschriebenen Kennzeichen qualitativer Forschung sind in der vorliegenden Studie grundlegend. Zentrales Charakteristikum des Forschungsprozesses ist die Offenheit, die vor allem in adaptiven Nachfragen in den Interviews als Erhebungsinstrument zum Ausdruck kommt. Insgesamt wurde strikt darauf geachtet, die kontextbezogene und alltagsorientierte Erhebung nicht zu stark zu steuern, um die Qualität des Prozesses zu sichern.

Gütekriterien qualitativer Forschung
Auch in der qualitativen Sozialforschung besteht Konsens über die Notwendigkeit der Berücksichtigung von Gütekriterien, die oben unter Bezug auf das methodische Vorgehen bereits angedeutet wurden. In der Auseinandersetzung mit den bekannten Gütekriterien quantitativer Forschung (Validität, Reliabilität und Objektivität) wurde die Forderung erhoben, dass für die qualitative Forschung eigene Kriterien aufgestellt werden müssen. Dies wiederum führte jedoch zu

einer übergroßen Vielfalt unterschiedlicher Kriterien und Systematiken (Döring & Bortz 2016, S. 107 f.; für einen Überblick der Kriterienkataloge vgl. S. 106 ff.). Daher orientiert sich diese Arbeit an den Gütekriterien nach Kuckartz (2016, S. 203), der ausgehend von der Diskussion der allgemeinen Standards qualitativer Forschung Gütekriterien speziell für die qualitative Inhaltsanalyse aufgestellt hat. Diese wurden unter der Annahme entwickelt, dass die klassischen Kriterien nur modifiziert und erweitert auf die Forschung anhand der qualitativen Inhaltsanalyse übertragen werden können. Diese Auffassung wird von mehreren Forscherinnen und Forschern vertreten. Schon Steinke[1] (1999, S. 206) rief zur Vorsicht im Umgang mit den üblichen Begrifflichkeiten auf, da sie mit Erwartungen und Assoziationen verknüpft seien. Tatsächlich erscheint die Kritik berechtigt, dass Gütekriterien standardisierter Verfahren nicht anwendbar sind, weil qualitative Forschung nie identisch wiederholt werden kann, sondern immer dem Kontext entsprechend variiert (Helfferich 2011, S. 154 f.).

Dies begründet die Beachtung der Gütekriterien nach Kuckartz (2016, S. 203), zumal diese bereits angepasst auf die qualitative Inhaltsanalyse vorliegen, die in dieser Studie als Analyseverfahren dient. Kuckartz unterscheidet in seiner Systematik die interne und externe Studiengüte, wobei erstere als Vorbedingung der externen Studiengüte zu betrachten ist. Die **interne Studiengüte** nach Kuckartz (ebd.) gilt den Aspekten

- Zuverlässigkeit,
- Glaubwürdigkeit,
- Verlässlichkeit,
- Regelgeleitetheit,
- intersubjektive Nachvollziehbarkeit und
- Auditierbarkeit

als die den gesamten Forschungsprozess betreffenden Gütekriterien. Um in der Praxis die Einhaltung dieser Kriterien sicherzustellen, hat Kuckartz (2016, S. 204 f.) einen konkretisierten Fragenkatalog entwickelt, mit dem die Einhaltung in Form einer Checkliste geprüft werden kann. Demnach ist im Zusammenhang mit der Datenerhebung und Transkription zu entscheiden, auf welche Weise die Daten festgehalten werden, inwieweit auch Besonderheiten des Prozesses dokumentiert und Transkriptionen durchgeführt werden sollen. Dabei ist es von zentraler Bedeutung, die verwendeten Transkriptionsregeln offen zu legen und

---

[1] vgl. Steinke (1999, S. 207 ff.) für eine Übersicht allgemeiner Qualitätskriterien qualitativer Forschung.

ebenfalls zu kennzeichnen, wie und von wem die Transkription durchgeführt wurde. Auch eine Überprüfung der Transkription sollte berücksichtigt werden (ebd., S. 204). Im Rahmen dieses Forschungsprozesses wurde die Checkliste nach Kuckartz (2016) als Instrumentarium genutzt und hat sich als hilfreich erwiesen, um den gesamten Prozess entsprechend zu dokumentieren.

Weiterhin sollte bei einer Auswertung gemäß der qualitativen Inhaltsanalyse zunächst geprüft werden, ob das Material mit der gewählten inhaltsanalytischen Methode überhaupt ausgewertet werden kann, um die Fragestellung(en) zu beantworten. Die Wahl dieser Methode ist folglich entsprechend zu begründen. Überprüft werden muss außerdem die korrekte Anwendung der Auswertungsverfahren, wobei insbesondere relevant ist, inwieweit mehrere Codiererinnen und Codierer die Auswertung durchführen und gegebenenfalls der Aspekt der Intercoderreliabilität (Kuckartz 2016, S. 204 f.). Erreicht werden kann diese Verlässlichkeit unter anderem durch das Verfahren des konsensuellen Codierens: Dabei wird geprüft, ob bei zwei (oder mehr) unterschiedlichen Personen bei unabhängig voneinander durchgeführten Codierungen Unterschiede in den Codes festgestellt werden können. Auf Basis der Kategoriendefinitionen sollte in einer anschließenden Diskussion der Differenzen eine Einigung herbeigeführt oder ggf. eine Verbesserung der Definition vorgenommen werden. Im Falle eines bestehenden Konflikts in der Auffassung sollte eine dritte Person entscheiden, um den Konsens in der Auswertung sicherzustellen. In der quantitativen Forschung sind Berechnungen der Codierer-Übereinstimmung üblich und auch in der qualitativen Inhaltsanalyse ist ein Einbezug dieser Frage möglich und sinnvoll. Die prozentuale Übereinstimmung lässt sich auf Basis aller Codiereinheiten berechnen (Kuckartz 2016, S. 211 f.). Im Fall der vorliegenden Studie hat nur die Verfasserin selbst das Material codiert, sodass hier kein Abgleich erforderlich war. Um dennoch sicherzustellen, dass andere Codiererinnen und Codierer das Material anhand des entwickelten Kategoriensystems in gleicher Weise codieren würden, habe ich meine Codierungen regelmäßig in Expertengruppen vorgestellt. Zum Teil wurden Codierungen auch gemeinsam durchgeführt, um die Qualität der Codes zu überprüfen. Das gleiche Prüfverfahren wurde bei der Erstellung des Kategoriensystems implementiert. Zur Gewährleistung seiner Qualität ist es erstens von Bedeutung, dass das System in sich konsistent ist und zweitens, dass es auf der Ebene der Kategorien und Subkategorien kohärent erarbeitet ist, wobei die definitorische Abgrenzung eindeutig ist und durch Originalzitate belegt wird. Deren Auswahl wiederum muss nach festgelegten Kriterien erfolgen. Zur Klärung dieser Qualitätsaspekte habe ich daher das von mir entwickelte Kategoriensystem in Gruppendiskussionen vorgestellt und es anhand der kritischen Rückmeldungen modifiziert und optimiert. Abschließend bleibt zu prüfen und darzulegen, inwieweit das gesamte Material dem Analyseprozess unterzogen wird und wie oft dies erfolgt. In diese Entscheidung sind abweichende Fälle und Extremfälle einzubeziehen. Aufgrund des begrenzten Umfangs von 26 vorliegenden Interviews wurde hier entschieden, das gesamte Material zu codieren und diesen Prozess so oft zu wiederholen, bis sich keine neuen Codierungen ergaben. Insgesamt müssen jegliche Schlussfolgerungen in den Daten begründet sein (ebd., S. 204 f.).

Schließlich interessieren sich Forschende für die Übertragbarkeit und Verallgemeinerung der erhaltenen Ergebnisse, was Kuckartz als **externe Studiengüte** bezeichnet (ebd., S. 218). Sie können durch Expertendiskussionen gesichert werden, mit einem Austausch über die grundsätzliche Vorgehensweise, aber auch in der Phase des Forschungsprozesses, in der erste Ergebnisse aufgedeckt werden. Hier ist es Ziel der Diskussion, möglicherweise noch nicht berücksichtigte Aspekte zu identifizieren. Diskussionen der Ergebnisse mit den Forschungsteilnehmerinnen und -teilnehmern selbst können der kommunikativen Validierung dienen. Ebenso kann die Gewährleistung der externen Studiengüte dadurch verfolgt werden, dass der Aufenthalt im Feld verlängert wird, um vorschnelle Schlussfolgerungen zu vermeiden. Eine weitere Möglichkeit bildet die Datentriangulation und der Einsatz eines Mixed-Methods-Designs (ebd.). Im Kontext der vorliegenden Studie wurden auch zur Sicherung der externen Studiengüte Expertendiskussionen durchgeführt. Hier standen die Vorgehensweise der Auswertung und die ersten Ergebnisse der Analyse im Vordergrund, daneben wurden die Diskussionen insbesondere genutzt, um den geeigneten Merkmalsraum als Grundlage der Typenbildung zu bestimmen und schließlich die Typologie zu erörtern.

6.2 Das Design der Studie

Das Design der Arbeit wird durch die Einbettung der Studie in das Forschungsprojekt **MeMo** an der Universität Hamburg determiniert. Im Rahmen des Forschungsprojektes wurde ein Unterrichtsprojekt an Hamburger Gymnasien und Stadtteilschulen in den Jahrgängen 9 und 10 durchgeführt, das durch eine langfristig angelegte Modellierungseinheit mit begleitenden Fortbildungen für Lehrkräfte und bereitgestelltem Material gekennzeichnet ist. Die Lehrerfortbildungen wurden speziell für dieses Projekt konzipiert. Da die Fortbildung als Einflussfaktor auf die Performanz der Lehrkräfte in den Projektstunden zu betrachten ist, wird ihre Konzeption im Folgenden näher beschrieben. Hierbei wird auch darauf eingegangen, welche Gelingensbedingungen für die Wirksamkeit einer Lehrerfortbildung zu berücksichtigen waren. Dargestellt werden außerdem die eingesetzten Modellierungsprobleme sowie Schul- und Personenkontexte, die im Zusammenhang der Fortbildung als einzelne Faktoren möglicherweise wirksam geworden sind.

6.2.1 Das Projekt MeMo

Die vorliegende Studie ist verortet in dem Forschungsprojekt **MeMo** (Förderung **me**takognitiver **Mo**dellierungskompetenzen von Schülerinnen und Schülern). Die Datenerhebung wurde unter der Leitung von Katrin Vorhölter (Universität Hamburg) im Zeitraum Oktober 2016 bis Juli 2017 durchgeführt.

Das komplexe Design des Projektes beruht auf einer Kombination von quantitativen und qualitativen Forschungsansätzen. Als quantitative Erhebungen sind der Modellierungskompetenztest der Schülerinnen und Schüler am Anfang (vor der ersten Bearbeitung eines Modellierungsproblems in der Projektphase) und am Ende der Studie (nach der letzten Bearbeitung einer Modellierungsaufgabe) sowie die Erhebung der aufgabengebundenen metakognitiven Modellierungskompetenzen der Lernenden am Ende der ersten und der letzten Modellierungsstunde hervorzuheben (für einen Überblick vgl. Vorhölter (2018)). Darüber hinaus wurde neben der vorliegenden Studie eine weitere qualitative Studie zur Untersuchung der Schülerwahrnehmung hinsichtlich ihrer verwendeten metakognitiven Strategien beim mathematischen Modellieren durchgeführt (Krüger 2021). Pilotiert wurden die Lernumgebung und die quantitativen wie qualitativen Erhebungsinstrumente im Juni 2016.

MeMo ist charakterisiert durch zwei Vergleichsgruppen: Während in einer Gruppe die Förderung mathematischer Basiskompetenzen fokussiert wurde, stand in der anderen Gruppe die Förderung metakognitiver Kompetenzen im Mittelpunkt. Die erstgenannte Gruppe (kurz: die mathematische Vergleichsgruppe) diente dabei als Kontrollgruppe für die quantitative Untersuchung des metakognitiven Kompetenzerwerbs. In beiden Gruppen bearbeiteten die Schülerinnen und Schüler in der Projektphase in Kleingruppen dieselben sechs Modellierungsprobleme. Das Aufgabenmaterial inklusive didaktischer Aufbereitung, einer Übersicht antizipierter potenzieller Schwierigkeiten sowie adaptiver Lehrerinterventionen wurde den unterrichtenden Lehrkräften seitens der Projektgruppe bereitgestellt (vgl. Abschnitt 6.2.3) und in den integrierten Lehrerfortbildungen eingehend besprochen (in Abbildung 6.1 dargestellt als LF 1–3).

Die Einbettung der Studie in das Forschungsprojekt MeMo gibt die Lernumgebung für das Design der vorliegenden Studie vor, auf das im Folgenden näher eingegangen wird.

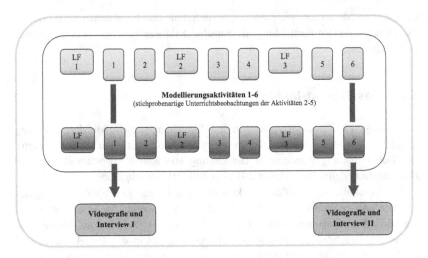

LF 1-3: Lehrerfortbildungen   1-6: Modellierungsaktivitäten
Die unterschiedliche Farbgebung kennzeichnet die beiden Vergleichsgruppen.

Abbildung 6.1 Forschungsdesign der Studie

Der Ablauf der Unterrichtsstunden zum mathematischen Modellieren war in beiden Vergleichsgruppen identisch aufgebaut (vgl. Abbildung 6.1). Die inhaltliche Durchführung variierte lediglich in der Gestaltung der Vertiefungsphase. So sollten die Lehrkräfte in den letzten 15 Minuten jeder Doppelstunde entweder metakognitive Strategien mit ihren Schülerinnen und Schülern explizit thematisieren oder durch die Modellierungsprobleme angesprochene mathematische Sachverhalte vertiefen.

In der **metakognitiven Vergleichsgruppe** wurde in dieser Phase **jeder** der drei metakognitiven Strategiebereiche (Planung, Überwachung und Regulation, Evaluation) **anhand von zwei Unterrichtsaktivitäten** vertieft (vgl. Tabelle 6.1). Wichtig war dabei, dass ein Strategiebereich über eine längere Zeitspanne angesprochen wird, um den Lerngegenstand möglichst zu verinnerlichen. Die Modellierungsaktivitäten 1 und 2 fokussierten die Strategien zur Evaluation, um die Schülerinnen und Schüler quasi zu verpflichten, ihren (meist) erstmaligen Modellierungsprozess unter ausführlicher Anleitung zu evaluieren. Dabei wurden sie aufgefordert, auf roten und grünen Karten zu vermerken, welche Aspekte sie im Vorgehen ihrer Gruppe als besonders gut oder als verbesserungswürdig bewerten, um daraus Erkenntnisse für die weiteren Modellierungsprozesse zu gewinnen.

Tabelle 6.1 Aufbau der Vertiefungsphase in den Vergleichsgruppen

	Metakognitive Vergleichsgruppe	Mathematische Vergleichsgruppe
Modellierungsproblem	**Vertiefte Metakognition**	**Vertiefte Mathematik**
(1) Heißluftballon (Herget, Jahnke & Kroll 2001)	Strategien zur Evaluation	Körperberechnung
(2) HighFlyer (Vorhölter & Kaiser 2019)	Strategien zur Evaluation	Trigonometrie im Dreieck, Satz des Pythagoras
(3) Erdöl (Maaß 2007; Busse 2009)	Strategien zur Planung	Terme und Gleichungen, Funktionen
(4) Der Fuß von Uwe Seeler (Vorhölter 2009)	Strategien zur Planung	Körperberechnung
(5) Windpark (Vorhölter & Kaiser 2019)	Strategien zur Überwachung	Trigonometrie im Dreieck, Satz des Pythagoras
(6) Regenwald (Leiss, Möller & Schukajlow 2006)	Strategien zur Überwachung	Terme und Gleichungen

In den Modellierungsaktivitäten 3 und 4 wurde der Schwerpunkt auf die Strategien zur Planung gelegt, bei der Bearbeitung der Modellierungsprobleme 5 und 6 auf die Strategien zur Überwachung und Regulation. Die Strategien zur Planung und Überwachung wurden fragegeleitet durch die Lehrkraft unterstützt. Hierfür war den Lehrkräften als Hilfe jeweils einen Fragenkatalog zur Verfügung gestellt worden.

In der **mathematischen Vergleichsgruppe** hingegen nutzten die Lehrkräfte von der Projektgruppe zur Verfügung gestellte Übungsaufgaben. Anhand dieser Aufgaben sollte in jeweils **zwei der Bearbeitungen** ein durch das Modellierungsproblem angesprochenes fachliches Thema wiederholt und geübt werden. Bei der Bearbeitung des zweiten Modellierungsproblems aus demselben Inhaltsbereich bestand somit die Möglichkeit, **Analogien** herzustellen. In der Planung dieser Vertiefungsphase wurde darauf geachtet, dass die fachlichen Themen über die Projektphase verteilt und **nicht direkt aufeinanderfolgend** wiederholt wurden: Anhand des Modellierungsproblems 1 und 3 konnte das Thema *Körperberechnung* wiederholt werden, anhand des Modellierungsproblems 2 und 5 das Thema *Trigonometrie im Dreieck* oder der *Satz des Pythagoras* und schließlich mit Modellierungsproblem 4 und 6 grundlegende Kenntnisse zum Umgang mit *Termen, Gleichungen* sowie *Funktionen*.

Abschließend ist anzumerken, dass die Lehrerinnen und Lehrer im Rahmen ihres regulären Fachunterrichtes am Forschungsprojekt teilgenommen haben.

6.2.2 Die integrierte Lehrerfortbildung

Die teilnehmenden Lehrkräfte der Studie wurden in der Projektphase umfangreich zur Durchführung der mathematischen Modellierungseinheit geschult. Da anzunehmen ist, dass die inhaltliche und strukturelle Konzeption der **Lehrerfortbildung einen zentralen Einflussfaktor auf die Performanz** der Lehrkräfte darstellt, wird im Folgenden genauer auf diesen Zusammenhang eingegangen.

Im deutschsprachigen Raum wurde sich bereits in mehreren empirischen Studien mit den Auswirkungen von Lehrerfortbildungen auf die Performanz von Lehrerinnen und Lehrern befasst. Lipowsky (2010) gibt einen Überblick zur Forschungslage und begründet die mögliche Wirksamkeit dieser Fortbildungen mit dem Zusammenspiel mehrerer Komponenten (ebd., S. 48 ff.). Einflussreich sind demnach

„(...) individuelle Determinanten, kontextuelle Bedingungen sowie strukturelle und didaktische Merkmale der Fortbildungen und deren Interaktionen (...). Die Variablenbündel beeinflussen die Art und Weise, wie Lehrpersonen die Lernangebote wahrnehmen, nutzen und verarbeiten, was sie von den Fortbildungen ‚mitnehmen', wie gut und intensiv sie die Anregungen in ihrem Unterrichtsalltag umsetzen und wie stark sie selbst und ihre Schüler/innen davon profitieren." (Lipowsky 2010, S. 50)

Liposky (ebd., S. 51) entwickelte ein erweitertes Angebots- und Nutzungsmodell, mit dem die Wirksamkeit von Fortbildungen erklärt und das zugleich als Handlungsempfehlung bei der Planung von Lehrerfortbildungen genutzt werden kann. Dieses Modell wurde auch für die Konzeption der Fortbildung dieser Studie herangezogen, weshalb nachstehend seine wichtigsten Komponenten vorgestellt werden. Zentral bei der Konzeption einer Fortbildung zu berücksichtigen sind:

- *Strukturelle Merkmale*
  - Dauer
  - Organisationsform
  - Einbezug von externen Experten
- *Inhaltliche Merkmale*
  - Curricularer Bezug
  - Domänenspezifität
  - Fokus auf das Lernen und Verstehen der Schüler

- Orientierung an evidenzbasierten Lernumgebungen
- *Aktivitäten*
  - Fallbasiertes und forschendes Lernen
  - Analyse von Lernprozessen und--ergebnissen der Schüler
  - Übungs- und Anwendungsgelegenheiten
  - Reflexion unterrichtlichen Handelns (z. B. über Unterrichtsvideos)
  - Feedback
- *Expertise der Referenten und Moderatoren*

Hinsichtlich der strukturellen Merkmale war demnach zu beachten, dass die Dauer einer Maßnahme ein entscheidender Bedingungsfaktor für das Gelingen der Fortbildung ist (Barzel & Selter 2015; Lipowsky 2010, S. 51 f.; Törner 2015, S. 223). Barzel und Selter (2015, S. 267) folgern aus den Ergebnissen diverser Studien, dass nur **langfristig angelegte** Fortbildungsmaßnahmen nachhaltig wirksam sein können, da nur sie Handlungsroutinen, Überzeugungen und subjektive Theorien verändern können. Daher seien Lehrerfortbildungen so anzulegen, dass die Lehrerinnen und Lehrer zwischen den einzelnen Sitzungen **Zeit für die Reflexion** und **Erprobung** der Inhalte im Schulalltag haben (ebd.). Im gegebenen Projektkontext wurde die Fortbildung daher in Form **mehrerer Workshops** organisiert: Jeweils vor zwei Modellierungsaktivitäten wurden die verantwortlichen Lehrkräfte der Vergleichsgruppen intensiv geschult hinsichtlich theoretischer Grundlagen, der didaktischen Aufbereitung der Modellierungsprobleme wie auch der jeweiligen Vertiefung in der Vergleichsgruppe. Insgesamt wurden somit jeweils drei Sitzungen in einem zeitlichen Umfang von je ca. drei Stunden angeboten. In jeder Sitzung wurden die wichtigsten theoretischen und empirischen Erkenntnisse zu Bereichen der mathematischen Modellierung vermittelt und dabei beispielsweise auch besprochen, wie Schülerinnen und Schüler beim Modellieren bestmöglich unterstützt werden können (vgl. Tabelle 6.2 für eine Übersicht über die Inhalte der drei Fortbildungssitzungen). Um die Fortbildung aktiv zu gestalten, wurde ausreichend Raum für den Austausch der Lehrkräfte untereinander geschaffen und insbesondere die Analyse von Unterrichtsvideos aus dem Bereich des mathematischen Modellierens inkludiert.[2] Zusätzlich wurden in den Fortbildungen am Ende der Projektphase auch erste Ergebnisse der quantitativen

---

[2] In dieser Studie ist neben den in der Fortbildung eingesetzten Videos auch insbesondere die Videoanalyse des eigenen Unterrichts im Interview als **Wirkungsfaktor auf die eigene Reflexionsfähigkeit und Performanz** der Lehrkräfte anzusehen.

Untersuchungen eingebracht, um den Lehrkräften die festgestellten Veränderungen in den metakognitiven Prozessen ihrer Schülerinnen und Schüler darzulegen (vgl. Barzel & Selter 2015, S. 266).

Insgesamt waren die drei Fortbildungen im Kontext von MeMo wie folgt aufgebaut:

Tabelle 6.2 Konzeption der Lehrerfortbildungen

	Inhalt	Zeitpunkt
Erste Sitzung	• Organisatorisches • Einarbeiten in das Modellierungsproblem *HighFlyer* • Vorstellen des Modellierungskreislaufs als Hilfsmittel und theoretische Einbettung des Modellierungsproblems; Grundwissen zum Modellieren, Lehrerhandeln • Vorstellung des Modellierungsproblems *Heißluftballon* und Stundenplanung des Projektes • Besprechung der Vertiefungsphase *(bei der metakognitiven Vertiefungsgruppe an dieser Stelle Einführung in das Konzept der Metakognition)*	Vor der 1. Modellierungsstunde
Zweite Sitzung	• Organisatorisches • Vertiefende Theorie • Bearbeiten und didaktische Analyse des dritten und vierten Modellierungsproblems • Diagnose von Schwierigkeiten und adaptives Lehrerhandeln anhand von Videoanalysen • Besprechung der Vertiefungsphase	Vor der 3. Modellierungsstunde
Dritte Sitzung	• Organisatorisches • Empirisches: erste Ergebnisse aus der quantitativen Untersuchung • Bearbeiten und didaktische Analyse der letzten beiden Modellierungsprobleme • Diagnose von Schwierigkeiten und adaptives Lehrerhandeln anhand von Videoanalysen	Vor der 5. Modellierungsstunde

6.2.3 Das Lehrerhandbuch

Den Teilnehmerinnen und Teilnehmern der Studie wurde ein von der Projektgruppe konzipiertes Lehrerhandbuch zur Verfügung gestellt, das aus drei Teilen besteht: Teil I ist ein Theoriekapitel zum mathematischen Modellieren und zum Lehrerhandeln bei Modellierungsprozessen. Die Lehrkräfte der metakognitiven Vergleichsgruppe erhielten zusätzlich einen theoretischen Überblick über das Konzept der Metakognition. In Teil II werden organisatorische Hinweise zu dem Ablauf und der Durchführung der Studie gegeben. Teil III bildet den Schwerpunkt des Handbuchs, hier werden die zu bearbeitenden sechs Modellierungsprobleme der Studie erläutert. Wie bereits erwähnt wurde den Lehrkräften zu jedem Modellierungsproblem umfangreiches Material zur Verfügung gestellt. Ziel war es nicht nur, ihnen die Vorbereitung auf die Modellierungsprozesse im Rahmen ihrer Unterrichtsplanung zu erleichtern. Im Kontext der Studie wurde ebenso das Anliegen verfolgt, möglichst eine gemeinsame Basis für alle Teilnehmerinnen und Teilnehmer zu schaffen. Abgesehen davon stand die Projektgruppe jederzeit bei Fragen beratend zur Verfügung. Die didaktische Aufbereitung der Modellierungsprobleme war für jedes der sechs Modellierungsprobleme wie folgt strukturiert:

- Aufgabenstellung des Modellierungsproblems,
- Einordnung der Aufgabe,
- Liste benötigter Materialien,
- Lösungsansätze,
- Stundenablauf,
- weitere Hinweise,
- Übersicht über mögliche Schwierigkeiten und passende Lehrerinterventionen,
- Hilfsmittel zur Anregung metakognitiver Strategien oder Übungsaufgaben zur Vertiefung mathematischer Basiskompetenzen (je nach Vergleichsgruppe).

Die Lehrkräfte erhielten somit neben vorbereiteten Aufgabenzetteln für ihre Schülerinnen und Schüler für die eigene Vorbereitung eine didaktische Aufbereitung aller Modellierungsprobleme mit einer Einordnung und Zielsetzung der Bearbeitung. Die Darstellung eines beispielhaften Lösungsansatzes erfolgte anhand der einzelnen Teilschritte des Modellierungsprozesses. Da im Sinne der angestrebten Modellierung die Modellierungsprobleme so offen zu wählen waren, dass bei jeder Problemstellung unterschiedliche Zugänge und Herangehensweisen denkbar sind, war es nicht möglich, im Lehrerhandbuch sämtliche potenzielle Lösungsansätze darzustellen. Es wurden aber für jedes Problem unterschiedliche Ansätze beschrieben. Die expliziten Hinweise auf weitere multiple Lösungen zielten darauf ab, bei den Lehrkräften eine offene Haltung gegenüber nicht antizipierten Lösungsansätzen anzuregen. Sie erhielten zudem einen Stundenverlaufsplan mit Zeitangaben, an dem sie sich orientieren konnten. Auch hier bestand das Ziel, möglichst eine Vergleichbarkeit der Gruppen zu gewährleisten. Tatsächlich sind die Lehrerinnen und Lehrer entsprechend dem Plan vorgegangen.

Bestandteil war außerdem für jedes Modellierungsproblem eine **Übersicht potenzieller Schwierigkeiten** der Lernenden und **adaptiver Unterstützungsmöglichkeiten** klassifiziert nach den Phasen des Modellierungsprozesses. Die dort aufgeführten Aspekte hatten sich in der Pilotierung in drei Schulklassen in Hamburg herauskristallisiert und waren in der langjährigen Durchführung der Modellierungstage in Hamburg deutlich geworden. Ebenso gingen sie auf Erfahrungen mit eingesetzten Modellierungsproblemen in zahlreichen Dissertationsprojekten der Arbeitsgruppe zurück oder waren Ergebnis theoretischer Überlegungen. Die anschließenden Hinweise bezüglich der Vertiefungsphase der letzten 15 Minuten einer jeden Stunde differierten je nach Untersuchungsgruppe der Studie. Im Folgenden werden die sechs durch die teilnehmenden Lehrkräfte verwendeten Modellierungsprobleme vorgestellt.

6.2.4 Die eingesetzten Modellierungsprobleme

In dieser Studie wurden erprobte Modellierungsprobleme eingesetzt, d. h. solche, die sich bereits in anderen Studien bewährt haben. Die Modellierungsprobleme 1 und 6 des Projektes sind dabei von besonderer Bedeutung, da in diesen beiden Modellierungsaktivitäten die qualitativen Daten der vorliegenden Studie erhoben wurden. Daher wurden diese Probleme bereits im theoretischen Teil dieser Arbeit detaillierter vorgestellt (vgl. Abschnitt 3.2 und Abschnitt 3.4.1). Die übrigen vier Modellierungsprobleme sollen an dieser Stelle nur kurz dargestellt werden, um die gewählten Modellierungsaufgaben 1 und 6 in den Gesamtzusammenhang besser einordnen zu können.

Modellierungsproblem 2: HighFlyer
Das Modellierungsproblem *HighFlyer* ist in Zusammenarbeit von Brand und Vorhölter entstanden und wurde erstmalig im Rahmen der Dissertation von Brandt (2014) publiziert. Neben Abbildungen des *HighFlyers* lautet die Aufgabenstellung (Abbildung 6.2):

Das Lernziel der Bearbeitung dieses Modellierungsproblems besteht darin, dass die Schülerinnen und Schüler erfahren, dass sie reale Fragestellungen aus

---

HighFlyer

Der HighFlyer Hamburg gehörte zu den weltweit größten
Fesselballons. Mit bis zu 30 Personen bot der Ballon einen
atemberaubenden Blick über Hamburgs City, Hafen und Alster.
Gefüllt mit Helium (nicht brennbar) hatte der Ballon einen Auftrieb
von ca. 4,5 Tonnen – mehr als genug, um das Eigengewicht von
Ballon und Gondel sowie 30 Personen in die Höhe zu befördern. Mit
dem Boden verbunden blieb der Ballon durch ein 150 m langes
Stahlseil mit 22 mm Durchmesser. Obwohl das Seil nur etwa die
Stärke eines Daumens hatte, war es auf zehnfache Sicherheit
ausgelegt, d.h. das Seil hielt bis zu 45 Tonnen Last aus.
Eine Fahrt mit dem HighFlyer dauerte ca. 15 min, gefahren wurde
alle Viertelstunde (bei Fahrwetter).

**Wie weit konnte man bei einer Fahrt
mit dem HighFlyer sehen?**
Konnte man Hamburgs Landesgrenzen sehen
oder sogar noch weiter?

Abbildung 6.2 Aufgabenstellung des Modellierungsproblems HighFlyer

ihrer Lebenswelt mithilfe von Mathematik beantworten können. Der *HighFlyer*
stellte seinerzeit eine reale Attraktion in Hamburg dar.[3]

Modellierungsproblem 3: Erdöl
Das Modellierungsproblem *Erdöl* ist eine Adaption des Modellierungsproblems
Erdgas, das unter anderem von Maaß (2007) und Busse (2009) erprobt wurde.
Ziel der Bearbeitung des Modellierungsproblems *Erdöl* ist es zunächst, dass die
Schülerinnen und Schüler lernen, unterschiedliche Annahmen zu treffen und
insbesondere deren verschiedene Auswirkungen zu diskutieren. Des Weiteren
sollen sie aufgrund der Sensibilisierung für Auswirkungen dazu angeregt wer-
den, reflektierte Handlungsalternativen für die Realität zu entwickeln. Bei diesem
Modellierungsproblem sind mehrmalige Durchläufe des Modellierungskreislaufs
sinnvoll und notwendig (Abbildung 6.3).

Modellierungsproblem 4: Der Fuß von Uwe Seeler
In dem Modellierungsproblem 4 wird eine in Bronze gegossene Nachbildung des
rechten Fußes des bekannten Fußballspielers Uwe Seeler betrachtet, die sich seit

---

[3] Seit 2014 ist der *HighFlyer* in Hamburg nicht mehr in Betrieb.

Erdöl

Ende 2014 wurden die weltweiten Erdölreserven auf ca. 239,8 Milliarden Tonnen geschätzt (Quelle: BP Statistical Review 2015). In den letzten Jahren hat sich der globale Verbrauch von Erdöl ständig erhöht, während er in Deutschland gesunken ist. Die Verbrauchswerte der Vergangenheit sind der untenstehenden Grafik zu entnehmen.

Überlegt, wie lange die Erdölreserven unter dieser Annahme noch reichen. Erstellt weitere Szenarien für die Entwicklung des weltweiten Erdölverbrauchs. Erstellt auch für die weiteren Szenarien jeweils eine mathematisch begründete Reichdauerprognose.

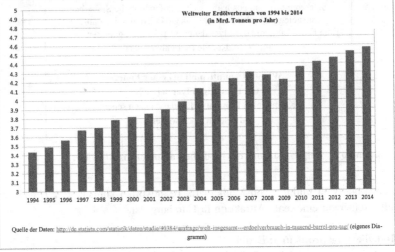

Quelle der Daten: http://de.statista.com/statistik/daten/studie/40384/umfrage/welt-insgesamt---erdoelverbrauch-in-tausend-barrel-pro-tag/ (eigenes Diagramm)

Abbildung 6.3 Aufgabenstellung des Modellierungsproblems Erdöl

2005 vor der Arena des Hamburger Sportvereins befindet. Die Bearbeitung dieses Modellierungsproblems zielt darauf, dass die Schülerinnen und Schüler in den Medien aufgestellte Behauptungen hinterfragen und stellt somit die Förderung ihrer Urteilskompetenz und Mündigkeit in den Mittelpunkt. Zudem eignet sich dieses Modellierungsproblem, um zu zeigen, dass Werte nicht exakt berechnet werden können und müssen, sondern möglichst genau approximiert werden müssen. Eine detaillierte Analyse dieses Problems, die metakognitive Prozesse bei der Bearbeitung dieses Modellierungsproblems zentriert, findet sich in Vorhölter und Kaiser (2014, S. 277 ff.) (Abbildung 6.4).

Abbildung 6.4
Aufgabenstellung des
Modellierungsproblems Der
Fuß von Uwe Seeler

> **Der Fuß von Uwe Seeler**
>
> Seit dem 24. August 2005 steht vor der Arena des HSV in Hamburg eine Nachbildung des rechten Fußes von Uwe Seeler aus Bronze. Das Hamburger Abendblatt schrieb am 25. August 2005: „Genau 3980mal würde Uwe Seelers rechter Fuß in das überdimensionale Abbild seines rechten Fußes passen."
>
> **Kann das stimmen?**
> Uwe Seeler hat Schuhgröße 42.

Neben dieser Aufgabenstellung haben die Schülerinnen und Schüler zwei Fotos der Skulptur erhalten (siehe Vorhölter & Kaiser 2014, S. 277 ff.). Zu erkennen ist auf den Fotos eine Person, welche aus unterschiedlichen Blickrichtungen vor der Skulptur steht. Wie schon bei dem Modellierungsproblem Heißluftballon können die Lernenden somit mit der Größe des Menschen als Maß arbeiten.

Modellierungsproblem 5: Windpark
Das Modellierungsproblem *Windpark* betrachtet aktuelle Offshore-Windparks vor deutschen Küsten und hinterfragt, inwieweit die Tourismusbranche von diesen beeinträchtigt werden könnte. Mit der Bearbeitung dieses Modellierungsproblems sollen Schülerinnen und Schüler ähnlich wie bei Modellierungsproblem 4 erkennen, dass sie durch eigene mathematische Berechnungen in den Medien getroffene Aussagen überprüfen können. Somit verfolgt auch diese Aufgabenstellung das Ziel, die Schülerinnen und Schüler zu mündigen Bürgerinnen und Bürgern unserer Gesellschaft zu erziehen (Abbildung 6.5).

6.3   Methoden der Datenerhebung

Um die Wahrnehmung von Lehrkräften und deren Reflexionen über metakognitive Schülerprozesse beim mathematischen Modellieren untersuchen zu können, eignen sich vor allem Online-Methoden wie das **Laute Denken**. Diese Methode geht unter anderem zurück auf die Gruppe um Weidle und Wagner (1982) und ist bei ähnlichem Vorgehen auch bekannt als *Stimulated Recall* (ebd., S. 82, vgl. Gass & Mackey (2000)). Indem Video- oder Audiodaten erhoben werden (Sandmann 2014, S. 181), ermöglicht die Methode *„wie kaum eine andere den Zugang*

Windpark

Vor unseren Küsten werden immer mehr sogenannte Offshore-Windparks errichtet. 2017 sollen die Arbeiten an einem Windpark 35km nördlich von Rügen beginnen, der rechnerisch rund 400.000 Haushalte mit Strom versorgen können soll. In der Tourismusbranche wird eine Verschandelung der Landschaft befürchtet.

Kann man die Windräder wirklich von der Küste aus sehen?

Ein Windrad, wie es im genannten Windpark gebaut wird, hat eine Nabenhöhe von ca. 93m über dem Meeresspiegel, einen Rotordurchmesser von ca. 154m und eine Gesamthöhe von ca. 170m über der Meeresoberfläche.

Abbildung 6.5 Aufgabenstellung des Modellierungsproblems Windpark

zu den kognitiven Prozessen (…), die während einer Handlung ablaufen" (ebd., S. 179). Dem Begriff nach erfordert sie das Verbalisieren der Gedanken in Bezug auf konkrete Handlungssituationen (König 2002, S. 60). Das Nachträgliche Laute Denken ermöglicht den Zugang zu Beschreibungen und Interpretationen eigener Handlungen und erlaubt es unter anderem Motivationen, Beweggründe und Einflussfaktoren für die Handlungen zu untersuchen (Sandmann 2014, S. 182 f.). Die Methode bietet demnach die Option, nicht nur zu erfassen, was Versuchspersonen über bestimmte Situationen denken, sondern auch **ihre Wahrnehmungen, Gefühle oder Empfindungen** (Weidle & Wagner 1982, S. 82).

„Genau genommen handelt es sich also bei der Methode des Lauten Denkens um die Aufforderung an die Befragten, das, was ihnen von den ablaufenden kognitiven Prozessen bewußt ist, auszusprechen. Die Methode des Nachträglichen Lauten Denkens öffnet den Zugang zu einer Fülle von inneren kognitiven Prozessen, die uns oft faszinieren, weil wir dabei erfahren, ‚was anderen durch den Kopf geht'." (ebd.)

Wird diese Methode angewendet, so wird sich somit immer für bewusst ablaufende Prozesse interessiert, bzw. speziell dafür, welche Kognitionen und mentale Operationen der Versuchsperson bewusst sind (ebd., S. 82 f.). Weidle und Wagner (1982, S. 94) konnten zudem durch ihre eigenen Untersuchungen zeigen, dass mittels dieser Methode Denkprozesse, Handlungsbeschreibungen, Beobachtungen wie auch situationsüberdauernde Annahmen und Beurteilungen gemessen werden können. Bei der Anwendung des Nachträglichen Lauten Denkens mit im Umgang mit der Methode unerfahrenen Versuchspersonen ist jedoch darauf zu achten, dass sie eine umfangreiche inhaltliche Anregung erhalten.

In dieser Studie wurde daher das Drei-Stufen-Design von Busse und Borromeo Ferri (2003) für das methodische Vorgehen der Datenerhebung herangezogen und das Nachträgliche Laute Denken in diesem Rahmen implementiert. Das Vorgehen nach dem Drei-Stufen-Design besteht aus einer Prozessbeobachtung, einem Nachträglichen Lauten Denken und einem fokussierten Interview. Dieses Modell bietet im gegebenen Kontext somit

(1) durch die Videografie des eigenen Unterrichts einen Bezug zur eigenen Person und zur eigenen Lernumgebung,
(2) einen geeigneten Stimulus in Form des Nachträglichen Lauten Denkens für die anschließende Reflexion über metakognitive Prozesse des eigenen Handelns oder der Schülerinnen und Schüler sowie
(3) durch die Nutzung eines fokussierten Interviews im Anschluss an die Videoanalyse eine Fokussierung auf metakognitive bzw. zielorientierte/ strategische Prozesse.

In einem ersten Schritt zur Erhebung der qualitativen Daten wurde eine reale Unterrichtssituation einer jeden teilnehmenden Lehrkraft gefilmt. Die Modellierungsprozesse erfolgten jeweils in Kleingruppen von drei bis vier Schülerinnen und Schülern. Die Lehrkräfte sollten die Gruppenzusammensetzung selbst bestimmen, da davon ausgegangen wurde, dass sie ihre Schülerinnen und Schüler am besten kennen. Dabei sollten sie vorrangig das Kriterium einer möglichst guten Zusammenarbeit berücksichtigen. Beeinflusst wurde die Gruppenzusammensetzung außerdem von organisatorischen Faktoren wie der Genehmigung zur Videografie seitens der Erziehungsberechtigten der beteiligten Schülerinnen und Schüler. Es wurden ausschließlich Gruppen gefilmt, in denen alle Schülerinnen und Schüler diese Erlaubnis vorgelegt hatten.[4] Die Videokameras wurden dabei so positioniert, dass jede Schülergruppe einzeln gefilmt wurde. Zusätzlich zu den

---

[4] Nicht gefilmte Schülergruppen wurden im vorderen Teil des Klassenraumes positioniert, um mögliche Wege aus dem Klassenraum freizuhalten und zu verhindern, dass sie im Hintergrund des Videos erscheinen. Zur Videografie wurden jeweils eine Standvideokamera und ein Diktiergerät pro Kleingruppe genutzt, um die Qualität des Videomaterials zu erhöhen und Hintergrundgeräusche aus anderen Gruppen zu minimieren. Bild- und Tonmaterial wurden im direkten Anschluss an die Filmaufnahmen geschnitten.

Bildaufnahmen wurden externe Audiogeräte auf jedem Gruppentisch genutzt, um die Tonqualität zu erhöhen. Die auf diese Weise entstandenen Kleingruppenvideos wurden im direkten Anschluss an die Aufzeichnung hinsichtlich der Sequenzen analysiert, die in Bezug auf metakognitive Schülerprozesse aufschlussreich waren. Alternativ hätte den teilnehmenden Lehrkräften auch der vollständige Bearbeitungsprozess einer Lerngruppe von ca. 70–80 Minuten gezeigt werden können. Dies hätte jedoch bedeutet, dass auch nur der Prozess einer Gruppe hätte betrachtet werden können. Mir war es jedoch wichtig, die Lehrkräfte mit unterschiedlichen Gruppen in unter-schiedlichen Phasen der Bearbeitung zu konfrontieren, weil genau dies die Betreuung von Gruppenarbeitsphasen im Unterrichtsalltag widerspiegelt und somit authentischer ist. Um die Authentizität des Materials darüber hinaus zu wahren, wurden Videosequenzen eines bestimmten metakognitiven Prozesses auch dann nicht geschnitten, wenn zwischendurch keine (metakognitiven) Aktivitäten enthalten sind. In der Folge sind manche der präsentierten Sequenzen bis zu fünf Minuten lang, während andere eine deutlich kürzere Dauer haben. In der Präsentation wurde auch darauf geachtet, eine Mischung unterschiedlich langer Videos auszuwählen. Zum Teil wurden dafür bewusst einzelne längere Sequenzen gewählt, um eine bestimmte metakognitive Aktivität nicht zu offensichtlich zu zeigen. Ziel war es hier, untersuchen zu können, welche Aspekte die teilnehmenden Lehrkräfte gefiltert wahrnehmen. Da im Schulkontext häufig mehrere Prozesse gleichzeitig ablaufen, können auch in einer Sequenz des videografierten Unterrichts mehrere metakognitive Prozesse enthalten sein.

Die Sequenzen wurden nach festgelegten Kriterien ausgewählt:

- Die Sequenz zeigt Prozesse eingesetzter metakognitiver Strategien (Strategien zur Planung, Überwachung und Regulation oder zur Evaluation).
- Die Sequenz zeigt Schwierigkeiten im Bearbeitungsprozess der Schülerinnen und Schüler. Diese sind von Bedeutung, da der Einsatz metakognitiver Strategien der Überwindung kognitiver Hürden dienen kann.
- Die Sequenz zeigt fehlende metakognitive Prozesse der Lernenden, um diese kognitiven Hürden zu überwinden.
- Die Sequenz zeigt Interventionen der Lehrkraft.

Im Rahmen des Nachträglichen Lauten Denkens[5] wurden jeweils fünf bis zehn Videosequenzen eingesetzt, wobei jeder Lehrkraft nur der eigene Unterricht

---

[5] Neben dem Nachträglichen Lauten Denken wird außerdem das Gleichzeitige Laute Denken unterschieden, also betrachtet, ob die befragte Person sich im Nachhinein zu videografierten Prozessen eigener Handlungen oder während einer Handlung äußert (König 2002, S. 60). Die

gezeigt wurde. Bei einem Nachträglichen Lauten Denken kann nach König (2002, S. 60) entschieden werden, ob die interviewende oder die befragte Person die Präsentation der Videoaufzeichnung unterbrechen darf. In diesem Fall habe ich mich durch die vorherige Auswahl der Sequenzen dazu entschieden, ihre Präsentation alleine zu bestimmen.

Da in einem Interview nur bewusst ablaufende Prozesse verbalisiert werden können (Sandmann 2014, S. 188; Weidle & Wagner 1982, S. 83 ff.), ist bei der Methode des Nachträglichen Lauten Denkens zu bedenken, dass später auch nur das Gesagte ausgewertet werden kann. Wird der gedankliche Prozess in einem Bereich nicht verbalisiert, kann jedoch nicht davon ausgegangen werden, dass sich dieser Bereich außerhalb des Bewusstseins befindet. Wenn es im Kontext der Studie wichtig war, dass ein Bereich angesprochen wurde, musste dies somit von mir initiiert bzw. explizit nach diesem Bereich gefragt werden. Anzumerken ist, dass in der mathematischen Vergleichsgruppe strikt darauf geachtet wurde, nicht nach metakognitiven Aktivitäten zu fragen.

Außerdem wurde das Prinzip eingehalten, die teilnehmenden Lehrkräfte zu Beginn jedes einzelnen Interviews darauf hinzuweisen, dass es für die Untersuchung von größter Bedeutung ist, dass sie ihre Gedanken immer ehrlich äußern und möglichst auch alle Gedanken verbalisieren. Anhand der Interviewtranskripte kann festgestellt werden, dass sie diesem Hinweis nachgekommen sind, da sie kaum Pausen gemacht und sehr ehrlich berichtet haben, ohne Scheu, sich selbst negativ darzustellen. Somit sind Beeinträchtigungen aufgrund der sozialen Erwünschtheit eher unwahrscheinlich, d. h. ein etwaiges „Verschleiern" der eigentlichen Gedanken aufgrund von Bestrebungen, sozial angemessen zu handeln und sich auszudrücken (vgl. Sandmann 2014, S. 188; Weidle & Wagner 1982, S. 83 ff.).

Zu berücksichtigen war außerdem, dass ein Nachträgliches Lautes Denken nur in einem bestimmten zeitlichen Abstand zur Situation durchgeführt werden darf, um Vergessens-Effekte auszuschließen. Sicherlich sollte es vor einer neuen Unterrichtssituation durchgeführt und nach Weidle und Wagner im Idealfall auf denselben Tag terminiert werden (Weidle & Wagner 1982, S. 98). In dieser Studie erfolgte die Erhebung im Allgemeinen einen Werktag nach der Durchführung der Modellierungsaktivität.

Methode des Lauten Denkens, ursprünglich aus der Denkpsychologie kommend (Weidle & Wagner 1982, S. 82), findet vorwiegend Verwendung in der Problemlöse- und Lernstrategieforschung, bei welcher sie eher als Gleichzeitiges Lautes Denken eingesetzt wird. Abgesehen davon kann es von Nutzen sein, die Methode bei der Testentwicklung einzusetzen, um Informationen über die Wahrnehmung der Testerinnen und Tester von Items zu erfassen. Dem gegenüber wird das Nachträgliche Laute Denken eher in der Unterrichtsanalyse eingesetzt.

Im Anschluss an das Nachträgliche Laute Denken wurde ein fokussiertes Interview durchgeführt. Die Entscheidung für die gewählte Interviewform erfolgte mit Blick auf die Variationen in der qualitativen Sozialforschung, die nach Beck und Maier (1993, S. 175) insbesondere in der mathematikdidaktischen Forschungspraxis vielfältig sind. Lamnek (2005) differenziert Formen von Interviews nach der Art ihrer Intention in das ermittelnde und das vermittelnde Interview. Das ermittelnde Interview kann demzufolge weiter unterschieden werden in das informatorische, das analytische und das diagnostische Interview. Ein informatorisches Interview dient der Abfrage reinen Fachwissens und kam somit für diese Studie nicht infrage. Der Einsatz eines diagnostischen Interviews hingegen kann dazu dienen, das Merkmalsprofil einer Person zu ermitteln und war daher im gegebenen Forschungskontext geeignet. Schließlich kann mit einem analytischen Interview das Ziel verfolgt werden, soziale Sachverhalte zu erfassen und diese in theoretische Überlegungen und Konzepte einzuordnen (Lamnek 2005, S. 333). Auf Grundlage dieser Überlegungen habe ich in dieser Studie ein ermittelndes Interview eingesetzt, hier genauer eine Synthese aus einem analytischen und einem diagnostischen Interview, um die Merkmalsprofile der teilnehmenden Lehrkräfte zu erheben. Bei dieser Erhebung standen ihre Wahrnehmung der metakognitiven Strategien ihrer Schülerinnen und Schüler sowie die Reflexion darüber im Fokus. Zugleich sollten die Lehrkräfte im Interview auch dazu angeregt werden, die von ihnen wahrgenommenen eigenen Prozesse zu bewerten und konzeptuell einzuordnen.

Um Daten mithilfe von Interviews zu erheben, ist die Durchführung der Interviews genau festzulegen. Insbesondere angesichts einer möglichen Beeinflussung der Befragten durch die interviewende Person aufgrund der Rollenverteilungen im Interview wird die Durchführung des Interviews anhand eines Leitfadens empfohlen (Hron 1982, S. 126). Marotzki fasst die Vorteile des leitfadengestützten Interviews prägnant zusammen:

> *„Der Vorteil eines Leitfadens gegenüber einem offenen narrativen Interview besteht also darin, sicherzustellen, dass die interessierenden Aspekte auch angesprochen werden und insofern eine Vergleichbarkeit mit anderen Interviews, denen der gleiche Leitfaden zugrunde lag, möglich ist."* (Marotzki 2010, S. 114)

Das leitfadengestützte Interview zeichnet sich dabei durch die Strukturierung anhand von fünf bis sieben Leitfragen aus, die möglichst offen formuliert werden, damit die befragte Person selbst Schwerpunkte setzen und eine eigene Sichtweise entwickeln kann. Der/ die Interviewer/in sollte durch unterstützende Äußerungen die freie Erzählphase der oder des Befragten begleiten und bei Bedarf durch gezielte Nachfragen oder auch Störfragen initiieren, dass die interviewte Person Aussagen vertieft, um so zu einem besseren Verständnis des Gesagten beizutragen. Als Störfragen werden zum Beispiel Problematisierungen oder Kontrastierungen von Erklärungen oder Begründungen des Interviewpartners aufgefasst. Gestellt werden diese mit dem Ziel, eine deutliche Positionierung zu provozieren (König 2002, S. 59).

Der in dieser Studie verwendete Leitfaden wurde sowohl für den Teil des Nachträglichen Lauten Denkens als auch für das fokussierte Interviews im Anschluss entwickelt. Dies hatte den Vorteil, dass im Vorfeld geprüft werden konnte, ob die Fragen zur Untersuchung der intendierten Inhalte führen (Stigler & Felbinger 2005, S. 130 ff.).[6] Die Leitfragen wurden dabei unter Berücksichtigung der im Folgenden aufgeführten Hinweise von Hopf (2016, S. 50 f. unter Rückgriff auf Merton, Fiske & Kendall) formuliert. Demnach sollten die Fragen so gestellt sein, dass

- die Interviewenden möglichst weitreichend auf Stimulus-Situationen reagieren können, indem die ausgewählten Sequenzen beispielsweise Prozesse ansprechen, die mehrfach und nicht nur einmalig zu beobachten sind oder indem Fragen zu allgemeinen Heran- oder Vorgehensweisen gestellt werden;
- die Ausführungen der befragten Person eine ausreichende Tiefe erreichen können, d. h., dass die Lehrkräfte die Möglichkeit haben, auf Affekte, Kognitionen und die Bedeutung der Themen für die eigene Person einzugehen;
- der personale Kontext erhoben wird, damit Kommunikationsinhalte mit persönlichen oder sozialen Aspekten korreliert werden können.

In der Konzeption eines fokussierten Interviews sollte darüber hinaus berücksichtigt werden, dass thematische Sprünge zu vermeiden sind. Die Reihenfolge der Fragen bzw. der Frageblöcke sollte somit in der Gesamtstruktur fest verankert werden. Gleiches gilt für die Art und das Repertoire der Fragen, die nach Fragen zum Gesprächseinstieg, Informations- und Filterfragen und Wiederholungsfragen zu differenzieren sind. Während sich zu Beginn des Interviews oder auch zur Eröffnung eines neuen Themenbereiches ein erzählgenerierender Fragestil eignet, sind Informations- und Filterfragen häufig weniger offen und können auch ausgegliedert werden (z. B. in Form eines Fragebogens zur Abfrage personenbezogener Daten). Wiederholungsfragen und Fragen zur Wiederaufnahme eines Themas zu einem späteren Zeitpunkt können dazu dienen, Präzisierungen vorzunehmen oder Widersprüchlichkeiten zu klären. Neben den formalen Fragetypen

---

[6] Dies erfolgte im Rahmen der Pilotierung dieser Studie.

sind auch Aufforderungen zu Erzählungen im Allgemeinen, zu Stellungnahmen (insbesondere, um Bewertungen und Handlungsorientierungen zu erfassen) oder zur Begründung im Leitfaden zu erfassen (Hopf 2016, S. 50 f.). Um das diesbezügliche Vorgehen in dieser Studie aufzuzeigen, wird im Folgenden der konkrete Ablauf der Interviews vorgestellt.

Die Durchführung der Interviews
Schon vor den Interviews hatte ich die Gelegenheit, die an meiner Studie teilnehmenden Lehrkräfte bei einer Unterrichtsbeobachtung und in einem ersten Gespräch kennenzulernen. Daher habe ich auf eine Kennenlernphase in den Interviews verzichtet, wie sie beispielsweise von Niebert und Gropengießer (2014, S. 122) empfohlen wird. Um die geforderte entspannte und offene Gesprächsatmosphäre im Interview zu gewährleisten, genügte die Anknüpfung an die erste Begegnung. Sodann begann jedes Interview direkt inhaltlich mit zwei **offenen Fragen, um Erzählungen zu generieren**: eine Frage bezüglich der **individuellen Wahrnehmung** der Modellierungsprozesse der Lernenden und eine Frage nach den **Unterstützungsmöglichkeiten** während der Modellierungsprozesse:

I. *Kannst du bitte zunächst einmal beschreiben, wie du die Bearbeitung des Modellierungsproblems durch deine Schülerinnen und Schüler wahrgenommen hast?*
II. *Kannst du bitte darauf eingehen, wie du deine Schülerinnen und Schüler bei der Bearbeitung des Modellierungsproblems unterstützen konntest?*

In der ersten Phase des Interviews wurde nur dann (erneut offen) nachgefragt, wenn in den Aussagen etwas unverständlich war (z. B. *Kannst du das bitte noch weiter ausführen?*). Zu diesem Zeitpunkt wurden noch keine konkreteren Nachfragen gestellt. Die Lehrkräfte wurden dann gebeten, die ihnen gezeigten Videosequenzen (in den Interviews als „Videoszenen" bezeichnet) zunächst **zu beschreiben** und das Wahrgenommene daraufhin zu **bewerten**. Je nach Ausführlichkeit der Antwort wurde auch hier zunächst noch offen um weitere Wahrnehmungen oder Bewertungen gebeten, bevor konkreter nachgefragt wurde. Bezüglich jeder der durchschnittlich sechs Sequenzen wurde somit immer gefragt:

III. *Kannst du bitte beschreiben, was du in dieser Videoszene wahrgenommen hast?*
IV. *Bitte bewerte, was du wahrgenommen hast.*
V.   *[...]*[7]

---

[7] Die Fragen III.-IV. wurden somit bei jeder Lehrkraft durchschnittlich sechsmal gestellt.

Im Anschluss wurde gegebenenfalls adaptiv tiefergehend nachgefragt. Falls die Lehrkraft andeutete, dass sie sich anders verhalten hätte, wenn sie die Szene schon im Unterrichtsgeschehen bewusst(er) wahrgenommen hätte, wurde gefragt, ob und wie sie in der Situation im Unterricht dann eingegriffen hätte. Wenn eine Lehrkraft den Wunsch äußerte, die gezeigte Sequenz ein zweites Mal anzuschauen, wurde dieser Bitte nachgekommen.[8] Generell wurde in diesem Teil des leitfadengestützten Interviews darauf geachtet, den Vorteil der qualitativen Forschung zu nutzen, auf mögliche Situationsveränderungen flexibel zu reagieren und an interessanten Stellen tiefergehend nachzufragen. Der Leitfaden stellte dabei eine zentrale strukturierende Hilfe dar. Anhand der Leitfragen und des komplexen Fragerepertoires war es möglich, die Erhebung trotz der unterschiedlichen Videosequenzen und damit individuellen Gesprächsentwicklung zumindest hinsichtlich der Themen ansatzweise zu standardisieren.

Auf diese Weise konnte in dem Teil des fokussierten Interviews im Anschluss an die bereits dargestellten Fragen zum Nachträglichen Lauten Denken abgesichert werden, dass alle Themenbereiche bei allen interviewten Personen angesprochen werden. Für diesen Teil des Leitfadens wurden die Fragen zunächst gesammelt, anschließend verdichtet und geordnet. In einer reflexiven Überarbeitung wurden detaillierte Fragen aus dem Katalog entfernt, um das Kriterium der Offenheit einzuhalten. Darüber hinaus wurden nicht nur Fragen berücksichtigt, sondern auch Impulse oder Aufforderungen zu Stellungnahmen. Anschließend wurde die Reihenfolge der Fragen festgelegt (Niebert & Gropengießer 2014, S. 126 f.). Der Leitfaden beinhaltete zudem zum Teil adaptive Validierungsfragen. Der Teil des fokussierten Interviews variierte je nach Vergleichsgruppe, thematisierte aber in beiden Gruppen den Bereich der metakognitiven Aktivitäten. Wie oben schon angemerkt wurde allerdings darauf geachtet, in der mathematischen Vergleichsgruppe nicht explizit von metakognitiven Strategien zu sprechen, um den Vergleich beider Gruppen für die quantitative Studie von Vorhölter zu gewährleisten. Stattdessen wurde in dieser Vergleichsgruppe in der ersten Interviewerhebung zu Beginn der Studie nur kurz nach strategischen Vorgehensweisen gefragt. Es folgten somit gezielte Nachfragen zur **Wahrnehmung von Schwierigkeiten** der Lernenden im Bearbeitungsprozess, **Wahrnehmung von metakognitiven Aktivitäten** in der Metakognitionsgruppe bzw. nach generellen **Vorgehensweisen** der Schülerinnen und Schüler sowie bezüglich der **Unterstützung** bei diesen Prozessen oder um diese anzuregen:

---

[8] Dies ist zwei Mal vorgekommen und resultierte aus akustischen Störfaktoren. Die Lehrkräfte waren in beiden Fällen abgelenkt durch äußere Geräusche und baten daher um ein erneutes Betrachten der Szene, um sich besser konzentrieren zu können.

VI. *Inwieweit konntest du Schwierigkeiten bei deinen Schülerinnen und Schülern im Bearbeitungsprozess wahrnehmen? (Wie haben die Lernenden auf diese reagiert?)*

VII. *Kannst du bitte näher ausführen, inwieweit du metakognitive Aktivitäten/ strategische Vorgehensweisen deiner Schülerinnen und Schüler wahrnehmen konntest? (ggf. gezieltes Nachfragen zu einzelnen Strategiebereichen in der metakognitiven und der mathematischen Vergleichsgruppe im letzten Interview)*

VIII. *Inwieweit konntest du deine Lernenden bei diesen Aktivitäten unterstützen?*

Am Ende der Interviews wurden zwei abschließende Fragen gestellt. Eine Frage galt dem Fokus der Lehrkraft sowie eine den relevanten Bereichen, die nach Auffassung der Befragten möglicherweise noch nicht ausreichend angesprochen wurden (Niebert & Gropengießer 2014, S. 129):

IX. *Was war dir bei den Modellierungsprozessen besonders wichtig?*

X. *Gibt es noch etwas, über das wir noch nicht gesprochen haben oder was du gerne noch ergänzen möchtest?*

Insgesamt wurde in jedem Interview darauf geachtet, nicht zu sehr bei den zuvor antizipierten Fragen zu bleiben (Hopf 2016, S. 53). Parallel stand bei jeder Äußerung der Interviewpartnerin oder des Interviewpartners im Vordergrund, flexibel zu reagieren mit dem Ziel, vertiefende Aussagen anzuregen. Dabei habe ich häufig Bezug auf Bereiche genommen, die die Lehrkräfte von sich aus angesprochen haben (beispielsweise *„du hast gerade Thema X angesprochen, kannst du beschreiben, was du darunter verstehst"*).

Die Erhebung der Daten wurde in einem **Pre-Post-Design** durchgeführt, um Veränderungen rekonstruieren zu können. Hierfür wurde die Bearbeitung des ersten wie auch des letzten Modellierungsproblems (Modellierungsprobleme 1 und 6) videografiert und entsprechend hierzu wurden die Lehrkräfte interviewt. Die Modellierungsprobleme 2 bis 5 wurden nicht videografiert, aber stichprobenartig zur Kontrolle des Projektdesigns beobachtet.

Alle Interviews wurden von mir selbst durchgeführt und durch Audioaufnahmen festgehalten. Für die Teilnahme an der Studie waren das Einverständnis zur auditiven Aufzeichnung des Interviews wie auch zur Videoaufzeichnung des Unterrichts verbindlich und wurde zuvor schriftlich eingeholt. Um Störungen während der Interviewerhebung zu vermeiden, wurden Ort und Zeit entsprechend gewählt. Es traten kaum Störungen auf, die in den Transkripten vermerkt werden mussten (zur Transkription vgl. Abschnitt 6.5.1). Dies gilt für leichte Störungen wie zum Beispiel das Läuten der Schulglocke bis hin zu einem einmalig erforderlichen Raumwechsel im Laufe eines Interviews. In diesem Fall habe ich die Aufzeichnung kurz unterbrochen und die letzte Frage bei Wiederaufnahme des

Interviews wiederholt. Das Interview konnte ohne Beeinträchtigung fortgesetzt werden.

Die Interviews im Rahmen der Pre-Erhebung zu Beginn der Studie wurden im November und Dezember 2016 durchgeführt. Zuvor hatten alle Lehrkräfte an der ersten Lehrerfortbildung des Projektes teilgenommen. Ein Teil der Teilnehmenden wurde bereits vorab in ihrem eigenen Mathematikunterricht besucht und hospitiert. Ich hatte mit den Teilnehmerinnen und Teilnehmern meiner Studie während der Projektphase mehrmals Kontakt, erstens im Rahmen der zweiten und dritten Lehrerfortbildung, zweitens während der Datenerhebung (Videografie und Interview), daneben in weiteren Unterrichtsbesuchen. Die Post-Erhebung der qualitativen Daten am Ende der Studie erfolgte in den Monaten April bis Juni 2017, je nachdem, wie zeitnah die Lehrkräfte die Modellierungsprozesse terminiert hatten. Dabei konnten die Lehrerinnen und Lehrer frei entscheiden, wann sie diese durchführen wollten, waren jedoch gehalten, die Projektgruppe für stichprobenartige Hospitationen über diese Termine zu informieren.

6.4   Die Stichprobe der Studie

Die Wahl der Teilnehmenden, üblicherweise festgelegt vor Studienbeginn durch bestimmte Merkmale oder als theoretisches Sampling (Merkens 2013, S. 291 f.), ergab sich für die vorliegende Studie in der Bereitschaft von 15 teilnehmenden Lehrkräften, sich in ihrem unterrichtlichen Handeln während der Projektphase filmen zu lassen. Die Akquirierung der Lehrerinnen und Lehrer als Teilnehmende dieser Studie erfolgte durch eine systematische Abfrage aller staatlichen Hamburger Stadtteilschulen und Gymnasien wie auch staatlich anerkannter Privatschulen. Angefragt wurden Lehrkräfte, die am Gymnasium in einer neunten Klasse und an der Stadtteilschule in einer zehnten Klasse unterrichten. Die unterschiedlichen Jahrgänge wurden angesichts vergleichbarer innermathematischer Themenbereiche gewählt. Insgesamt haben zu Beginn der Studie 15 Mathematiklehrkräfte an Hamburger Gymnasien und Stadtteilschulen an der qualitativen Studie teilgenommen, am Ende der Studie 14. Durch Ausschluss eines weiteren Falls ergibt sich eine Stichprobe von $N = 13$.

Die personenbezogenen Daten der Lehrkräfte wurden vor Beginn der Projektphase in Form eines kurzen Fragebogens abgefragt. Teil dessen waren Informationen über die Schulform, den Umfang der Berufserfahrung, Erfahrungen im Unterrichten von mathematischen Model-lierungsstunden seitens der Lehrkraft und auch seitens der Projektklasse. Die Geschlechterverteilung dieser Studie ist nahezu gleichverteilt: Von den 13 Teilnehmerinnen und Teilnehmern dieser Studie sind 6 männlich, 7 weiblich. Zum Zeitpunkt der Durchführung der Studie unterrichteten alle Lehrkräfte an Hamburger Gymnasien (9) oder Stadtteilschulen (4) das Fach Mathematik in Klasse 9 oder 10. Bei der Zuordnung der Lehrkräfte zu den Vergleichsgruppen wurde versucht, eine Gleichverteilung der Schulformen zu erreichen. Aufgrund der begrenzten Bereitschaft zur Videografie war es jedoch nicht möglich, weitere Lehrerinnen und Lehrer einer Stadtteilschule für diese Studie anzuwerben, weshalb sich hier ein Ungleichgewicht ergab (vgl. Tabelle 6.3). Da das Projekt MeMo den Vergleich zweier Gruppen anstrebte, bestand der Wunsch nach einer entsprechenden Zuordnung der Vergleichsgruppen. Bei der Zuteilung zu einer Gruppe wurde daher darauf geachtet, dass im Falle von Mehrfachteilnahmen einer Schule diese nur gemeinsam in einer Vergleichsgruppe teilnehmen konnte. Dieses Vorgehen war zwingend, da von einem Austausch der Kolleginnen und Kollegen untereinander auszugehen war. Die Zuteilung erfolgte daher überwiegend aus organisatorischen Gründen. Berücksichtigt wurde dabei auch, dass im Falle des Ausstiegs einer Schule möglichst kein Ungleichgewicht bezüglich der Gruppen erzeugt und gleichzeitig aber auch die Schulform beachtet würde. Trotz dieser Überlegungen wurde die Stichprobe in der ersten Phase des Projektes durch Rücktritte einzelner Teilnehmender leider so verringert, dass ein Ungleichgewicht der Stichprobe der vorliegenden qualitativen Studie entstanden ist. Insgesamt haben somit nur vier Lehrkräfte in der metakognitiven Vergleichsgruppe teilgenommen, denen neun Lehrkräfte in der mathematischen Vergleichsgruppe gegenüberstehen (vgl. Tabelle 6.3).

Die häufigste Fächerkombination war Mathematik und Biologie bei fünf der 13 Befragten. Eine der Lehrenden ist Sonderpädagogin mit dem Fach Mathematik an einer Hamburger Stadtteilschule. Alle Lehrkräfte haben ihre Berufsausbildung (inklusive des Referendariats) seit spätestens 2014 abgeschlossen. Die Berufserfahrung variiert zwischen einem eher geringen Umfang von zwei Jahren unterrichtlicher Tätigkeit bis zu einer umfangreichen Erfahrung durch 20 Jahre Unterrichtspraxis.

Wie oben ausgeführt ist unter anderem das theoretische und praktische Vorwissen der Lehrkräfte als bedeutender Einflussfaktor hinsichtlich der Lehrerhandlungen anzusehen. Daher wurde in dem Fragebogen vor Beginn der Studie abgefragt, inwieweit die Lehrkräfte bereits an einer Fortbildung zum mathematischen Modellieren teilgenommen und ob sie bereits Modellierungsprozesse unterrichtet haben. Bis zu dem Zeitpunkt hatten nur zwei der teilnehmenden Lehrkräfte an Fortbildungen zur mathematischen Modellierung teilgenommen. Insgesamt betrachtet ist somit festzustellen, dass sich rund 85 % der Teilnehmenden der Stichprobe nach dem Studium nicht mit den für die Studie

Tabelle 6.3 Überblick über die Teilnehmerinnen und Teilnehmer der Studie

Datensatz	Pseudonym	Schulform		Vergleichsgruppe	
		Stadtteilschule	Gymnasium	Metakognition	Mathematik
L01	Fr. Becker	X		x	
L02	Hr. Müller	x		x	
L03	Hr. Roth		x	x	
L04	Fr. Schmidt		x	x	
L05	Hr. Jonas		x		x
L06	Hr. Richter		x		x
L07	Fr. Winter	x			x
L08	Fr. Sommer	x			x
L09	Fr. Nadler		x		x
L10	Hr. Karsten		x		x
L11	Hr. Toch		x		x
L12	Fr. Schwabe		x		x
L13	Fr. Kies		x		x
		4	*9*	*4*	*9*

relevanten theoretischen Inhalten im Rahmen von Fortbildungen befasst haben. Nicht abgefragt wurden selbsterarbeitete Theorien während der Berufspraxis.

6.5 Methoden der Datenauswertung

Zur Untersuchung des Forschungsgegenstandes der vorliegenden Arbeit – der Reflexionsfähigkeit von Lehrkräften über metakognitive Prozesse von Schülerinnen und Schülern beim mathematischen Modellieren – dienten die per Interview erhobenen Daten als Grundlage. Bei der Wahl der Auswertungsmethode wurde nicht nur die Art der Fragestellung berücksichtigt, sondern auch die Überlegung, gegebenenfalls Methoden zu modifizieren oder Verfahren zu kombinieren (Stöber 2018, S. 16). Da es bei dieser Studie darum geht, neue Hypothesen und Theorien zum Gegenstand zu generieren, erschien es elementar, auch den Prozess der Datenauswertung offen zu gestalten. Das deduktiv-induktive Vorgehen der Datenauswertung wurde durch die offene Fragestellung vorgegeben, da der theoretische Rahmen des Konzeptes der Metakognition den Bereich des Untersuchungsgegenstandes eingrenzt. Gleichzeitig sollte ebendieser Bereich unter einem möglichst offenen Ansatz untersucht werden. Dabei werden in der qualitativen Forschung die Bereiche der Formalisierung und Standardisierung qualitativer Analysen häufig kontrovers und polarisierend diskutiert. Positionen reichen von der Vertretung einer minimalen Formalisierung bis zu der Anwendung bestehender deduktiv-theoriegeleiteter, teilstandardisierter Verfahren (Scheu 2018, S. 2). Ich vertrete in meinem Vorgehen keine extreme Position, sondern wähle eine Synthese mehrerer Möglichkeiten auf der Basis anhand der Theorie identifizierter deduktiver Hauptkategorien. Zur Analyse des Materials mit einem deduktiv-induktiven Vorgehen eignet sich besonders die qualitative Inhaltsanalyse. In Abgrenzung zur Methode der Grounded Theory nach Strauss und Corbin, die mit einem offenen Kodieren ohne vorherige deduktive Kategorienbildung beginnen würde, erlaubt diese Form der Inhaltsanalyse eine systematische Auswertung des Materials (Diekmann 2013, S. 576). Dabei wird (fixierte) Kommunikation systematisch und regelgeleitet (theoriegeleitet) analysiert, um *„Rückschlüsse auf bestimmte Aspekte der Kommunikation zu ziehen"* (Mayring 2010, S. 13). Bei einer qualitativen Inhaltsanalyse steht die kommunikationswissenschaftliche Verankerung im Fokus, indem das Material immer in Zusammenhang mit seinem Kommunikationszusammenhang betrachtet wird. Das konkrete Ablaufmodell des analytischen Prozesses ist stark wegweisend, zugleich aber nicht standardisierend, da das Material stets eng an den konkreten Gegenstand gebunden wird. Die festen Regeln ermöglichen eine Strukturierung und kontinuierliche Verdichtung der Ergebnisse durch Schritte der Reduktion und Spezifizierung (Mayring 2010, S. 48 f.).

Im deutschsprachigen Raum sind insbesondere Kuckartz (2016) und Mayring (2010) Vertreter der qualitativen Inhaltsanalyse, die sie in unterschiedlichen Ablaufmodellen präsentieren. Im Rahmen dieser Studie wurde das Vorgehen nach Kuckartz (2016) präferiert.[9] Während Mayring die qualitative Inhaltsanalyse vorwiegend theoriegeleitet anlegt, betont Kuckartz (2016) die induktive Entwicklung von Kategorien am Material als ideales Vorgehen, um das Datenmaterial zu erschließen. Diese Auffassung vertrete auch ich. Schreier (2014, S. 2) weist darauf hin, dass in jedem Forschungskontext darüber zu entscheiden ist, ob ein deduktives, induktives oder deduktiv-induktives Verfahren den besten Zugang bietet. In diesem Fall habe ich die theoriegeleiteten Oberkategorien im Rahmen eines induktiv-deduktiven Codiervorgangs am Material ausdifferenziert. Durchgeführt wurde dabei zunächst eine inhaltlich strukturierende qualitative

---

[9] Meine Wahl der Methode nach Kuckartz statt nach Mayring wurde auch dadurch beeinflusst, dass ich im Rahmen der Graduiertenschule der Universität Hamburg an zwei Workshops von Udo Kuckartz zur qualitativen Inhaltsanalyse teilnehmen konnte, in denen mit eigenem Material gearbeitet wurde. Dadurch ergab sich die Möglichkeit, Udo Kuckartz gezielt Fragen zum methodischen Vorgehen zu stellen.

Inhaltsanalyse, um das vorliegende Interviewmaterial zu systematisieren und die von den Teilnehmenden angesprochenen Inhalte zu ordnen. Anschließend wurde eine typenbildende qualitative Inhaltsanalyse nach Kuckartz (2016) durchgeführt. Typenbildungen als stetige Vergleiche und Fallkontrastierungen, durch die Muster erkennbar werden (Kuckartz 2016, S. 144), erschienen als erkenntnisversprechend, um die Reflexionsarten der Lehrkräfte systematisch einzuordnen. Ziel war es, anhand der Typenbildung eine Typologie zu generieren, die Reflexionstypen von Lehrkräften hinsichtlich metakognitiver Schülerprozesse beim mathematischen Modellieren unterscheidet. Als Typologie wurde dabei wie nach Scheufele und Schieb (2018, S. 45) ein Klassifikationsraster angesehen, in das empirisch auftretende Fälle eingeordnet werden können. Dabei ist anzumerken, dass Verstehensprozesse von sozialen Phänomenen aus dem alltäglichen Mathematikunterricht aufgrund ihrer Komplexität als problematisch gelten müssen. Erklärungsversuche erfolgen daher in empirischen Untersuchungen durch die Erfassung des Typischen, um davon ausgehend empirisch begründete Theorien zu entwickeln. Auf diese Weise werden neue Theoriebestandteile generiert (Bikner-Ahsbahs 2003, S. 210), die wiederum in empirischen Folgestudien diskutiert werden können. Diese Arbeit versteht sich somit als Beitrag zur Beantwortung der Frage, was die Reflexionsfähigkeit von Lehrkräften über metakognitive Schülerprozesse beim mathematischen Modellieren konstituiert.

Bevor näher auf den Prozess der Auswertung eingegangen wird, stehen zunächst die Aufbereitung der Daten und die Transkription der Interviews im Fokus. Darauf aufbauend werden die angewendeten Verfahren methodisch vorgestellt und dann auf das vorliegende Material bezogen, um das genaue Vorgehen des Auswertungsprozesses darzulegen. Der Auswertungsprozess erfolgte durch Nutzung der Computersoftware MAXQDA, d. h. alle Codierungen wurden mit diesem Programm vorgenommen. Ebenso wurde es zur Aufbereitung der äußeren Form aller Interviews genutzt, also zur Markierung bedeutsamer Textstellen in der ersten Phase des Prozesses und um Überlegungen in Form von Memos während des gesamten Prozesses festzuhalten. Auch die Funktion der Archivierung der (codierten) Daten wurde durch die Software ermöglicht. Neben MAXQDA wurden mit üblichen Textverarbeitungsprogrammen Fallzusammenfassungen erstellt sowie für die Visualisierung bestimmter Aspekte andere Tools aus dem Bereich Mindmapping genutzt. In diesem Kontext wurden beispielsweise Coding Clouds erstellt, um Zusammenhänge für die Diskussion in Expertengruppen zu veranschaulichen.

6.5.1 Transkription der Daten

Zur dauerhaften Speicherung und Archivierung von Wissen werden mündliche Kommunikationsprozesse als Dokumentationsgrundlage wissenschaftlicher Untersuchungen transkribiert. Transkription meint hier die Verschriftlichung eines gesprochenen Diskurses situativer Kontexte und stellt somit eine Art Transformation dar. Mittlerweile wird es als selbstverständlich angesehen, per Audio aufgezeichnete Kommunikationen vor der Analyse in einem ersten Schritt zu transkribieren. Die Transkription sollte dabei eine möglichst genaue Abbildung der realen Kommunikation gewährleisten (Dittmar 2004, S. 49 ff.; Fuß & Karbach 2014, S. 18; für eine Übersicht aller zu berücksichtigenden Faktoren vgl. Dittmar (2004, S. 52)). In dieser Studie wurden die erhobenen Interviewdaten zur Vorbereitung der Datenauswertung zunächst transkribiert und pseudonymisiert. Dabei wurde eine kommentierte Transkription durchgeführt, d. h. es wurden Hintergrundgeräusche (sofern diese den Gesprächsverlauf beeinflusst haben) und Pausen vermerkt.

Es wurden die folgenden Transkriptionsregeln angewendet:

• Jede Äußerung wird in einem Absatz festgehalten.
• Die Äußerungen der Lehrkraft werden durch das Initial L, die der Interviewerin durch I gekennzeichnet.
• Die Pausen werden markiert durch /./ für eine Pause von einer Sekunde, /../ für zwei Sekunden, /.../ für drei Sekunden, /..../ für vier Sekunden; ab Pausen von fünf Sekunden wurde die Darstellungsform /Anzahl der Sekunden/ genutzt.
• Betonungen werden durch Großschreibung des gesamten betonten Wortes markiert.
• Unverständliches wird dargestellt durch /unverständlich/.
• Weitere Informationen wie Hintergrundgeräusche, Husten oder Lachen einer beteiligten Person werden ebenfalls durch /.../ verdeutlicht.
• Gleichzeitige Äußerungen der Lehrkraft und der Interviewerin werden durch # kenntlich gemacht.

Anzumerken ist außerdem, dass der gesamte Wortlaut transkribiert wurde, somit wurden auch unvollständige Äußerungen, Versprecher oder Wiederholungen aufgenommen. Gleiches gilt für die Sprechweise der interviewten Personen. Neben Betonungen wurden dafür auch Wortlaute wie „son'" anstatt „so ein" oder „hätt'" anstatt „hätte" wie auch Kurzlaute wie „hm" oder „äh" vermerkt. Alle Transkripte der Interviews im Rahmen der Pre-Erhebung wurden von mir erstellt, die Interviews zum zweiten Erhebungszeitpunkt wurden von einer anderen Person transkribiert, die zuvor eine entsprechende Schulung absolviert hatte. Die Überprüfung dieser Transkripte im Abgleich mit den Audioaufzeichnungen habe ich selbst vorgenommen. Genutzt wurde jeweils die Software f4. Die erstellten Transkripte wurden im Anschluss in die Computersoftware MAXQDA eingelesen und für die anschließende Codierung vorbereitet.

6.5.2 Auswertung nach der qualitativen Inhaltsanalyse

Wie oben erläutert wurde zur Auswertung der vorliegenden Daten die qualitative Inhaltsanalyse nach Kuckartz (2016) herangezogen. Dabei wurde zunächst eine inhaltlich strukturierende Inhaltsanalyse durchgeführt.

6.5.2.1 Die inhaltlich strukturierende qualitative Inhaltsanalyse
Der Ablauf der inhaltlich strukturierenden qualitativen Inhaltsanalyse nach Kuckartz (2016, S. 100) ist in sieben Phasen gegliedert, aus denen sich die einzelnen Schritte ableiten:

1. Initiierende Textarbeit: Markieren wichtiger Textstellen, Schreiben von Memos
2. Entwickeln von thematischen Hauptkategorien
3. Kodieren des gesamten Materials mit den Hauptkategorien
4. Zusammenstellen aller mit der gleichen Hauptkategorie codierten Textstellen
5. Induktives Bestimmen von Subkategorien am Material
6. Codieren des kompletten Materials mit dem ausdifferenzierten Kategoriensystem
7. Einfache und komplexe Analysen, Visualisierungen

Dieses siebenphasige Ablaufmodell wurde in der Studie zweifach angewendet: In einem ersten Durchlauf erfolgte die **Analyse aller inhaltlicher Themen**, die von den teilnehmenden Lehrerinnen und Lehrern angesprochen und beschrieben wurden. Der zweite Durchlauf wurde dann genutzt, um die **Tiefenebene** des Materials zu erfassen, d. h. **wie sich die Lehrkräfte zu den Inhalten geäußert** haben. Aufgrund der Komplexität des Materials wurde darauf geachtet, die unterschiedlichen Ebenen der Codierung möglichst genau zu trennen. Begonnen wurde für beide Abläufe mit der initiierenden Textarbeit (Schritt 1). Dafür wurden die Transkripte in MAXQDA eingelesen und für eine genaue Textkenntnis mehrfach gelesen. Wichtige Textstellen habe ich dabei farblich hervorgehoben und an interessanten, zum Teil auch fragwürdigen Passagen Memos gesetzt, um diese Stellen im Projektteam besprechen zu können. Vor dem Hintergrund der aus der Theorie entwickelten Hauptkategorien wurden alle Transkripte auch nach thematischen Hauptkategorien codiert (Schritt 2), um einen Überblick über alle angesprochenen Themen zu erhalten. Diese wurden dann mit den theoriegelei-teten Hauptkategorien zusammengeführt und das gesamte Material durchcodiert (Schritt 3). Festzulegen war in diesem Schritt die Codiereinheit, d. h. die Größe des zu codierenden Textsegments. Hier wurde die gesamte Sinneinheit gewählt und berücksichtigt, dass in einem Textabschnitt mehrere Kategorien angesprochen werden können (ebd., S. 101 ff.).

Die Hauptkategorien aus dem ersten Codierprozess wurden, wie in den Tabel-len 6.4 und 6.5 gezeigt, für beide Ebenen definiert. Nach der Durchcodierung des gesamten Materials anhand aller thematischen und theoriegeleiteten Hauptkatego-rien wurden alle Textstellen unter der jeweiligen Kategorie subsumiert (Schritt 4), um sodann die betrachtete Kategorie weiter ausdifferenzieren zu können (Schritt 5). Hierfür wurde in MAXQDA die Funktion genutzt, bestimmte Codes in Form einer Liste anzuzeigen. Somit wurden alle Codierungen zunächst systemgene-riert gelistet und konnten dann geordnet und systematisiert werden. Die Liste bildete die Grundlage, um Bereiche einer Kategorie systematisch zu überprüfen, um sie anschließend weiter auszudifferenzieren. Dabei wurde so vorgegangen, dass entsprechend dem Kriterium der Offenheit keine vorgegebenen Theorien oder Aspekte „gesucht" wurden. Stattdessen wurden alle Textstellen nacheinander durchgesehen und Subcodes vergeben (ebd., S. 34 f.) Im Bereich der Strategien zur Planung beispielsweise wurden so viele unterschiedliche wahrgenommene Strategien codiert. Indem alle angesprochenen Bereiche einzeln codiert wurden, resultierte wiederum eine Vielzahl unterschiedlicher Codes. Daher wurden in diesem Schritt auch Codes zusammengefasst.

Begleitet wurde dieser Schritt außerdem von der Definition der Subkategorien und der Zuordnung von geeigneten Äußerungen zur Veranschaulichung (Kuckartz 2016, S. 106 ff.). Aus diesem Vorgehen resultierte ein komplexes Kategorien-system. Mit diesem ausdifferenzierten Kategoriensystem wurde daraufhin das vollständige Material codiert.

Die letzte Phase der inhaltlich strukturierenden Inhaltsanalyse galt der Erstel-lung einer Themenmatrix, um auf deren Grundlage fallbezogene, thematische Zusammenfassungen generieren zu können werden (ebd., S. 111 f.). Die folgende Tabelle veranschaulicht den Aufbau der Themenmatrix (Tabelle 6.6).

Eine solche Themenmatrix wurde zunächst für jede einzelne teilnehmende Lehrkraft erstellt. Die Themen waren die Hauptkategorien des Kategoriensys-tems, also die Äußerungen zu wahrgenommenen metakognitiven Strategien der Planung, Überwachung und Regulation, Evaluation oder auf der Ebene der Tiefe die reine Beschreibung wahrgenommener Prozesse, die Bewertung, Nennung

Tabelle 6.4 Hauptkategorien des Breitenebene

Hauptkategorie	Beschreibung
Thematische Hauptkategorien	
Äußerungen zu metakognitiven Schülerprozessen	
Strategien zur Planung	Die Strategien zur Planung berücksichtigen neben der Festlegung des Ziels auch eine Einigung über das Erreichen des Ziels.
Strategien zur Überwachung und Regulation	Die Strategien zur Überwachung dienen dem Monitoring des gesamten Bearbeitungsprozesses. Die Strategien zur Regulation werden eingesetzt, um Prozesse oder Entscheidungen zu überdenken, gegebenenfalls zu revidieren und zu verändern.
Strategien zur Evaluation	Die Strategien zur Evaluation werden genutzt, um nach Vollendung der Bearbeitung ein Fazit über positive und verbesserungswürdige Aspekte des Bearbeitungsprozesses zu ziehen.
Metakognitives Wissen	Das metakognitive Wissen der Schülerinnen und Schüler umfasst Wissen über die beteiligten Personen (auch die eigene Person) im Bearbeitungsprozess, Wissen über den Modellierungsprozess und Wissen über Strategien.
Metakognitive Empfindungen	Die metakognitiven Empfindungen der Schülerinnen und Schüler können sich als Gefühle oder Urteile bezogen auf den eigenen Lernfortschritt / den Fortschritt des Bearbeitungsprozesses äußern.
Äußerungen zum eigenen Lehrerhandeln	
Interventionsverhalten der Lehrkraft	Das Interventionsverhalten der Lehrkraft meint alle ihre verbalen und nonverbalen Handlungen während des Unterrichts.

von Alternativen oder zukünftigen Handlungsoptionen sowie implementierten Handlungen. Kuckartz (2016, S. 115) weist darauf hin, dass eine thematische Zusammenfassung auch per Reduktion auf bestimmte Themen erfolgen kann. Dabei sollten diejenigen Themen ausgewählt werden, die im Fallbezug auch miteinander verglichen werden können, da dieser Schritt der Analyse auf die tabellarische Präsentation der Fallübersichten zielt. Dieser Anregung wurde

Tabelle 6.5 Hauptkategorien der Tiefenebene

Hauptkategorie	Beschreibung
Art der Äußerungen	
Reine Beschreibung	Videosequenzen (oder erinnerte Prozesse aus dem Unterricht) werden rein deskriptiv wiedergegeben.
Bewertungen	Metakognitive Prozesse werden hinsichtlich Stärken und Schwächen analysiert und bewertet.
Alternativen	Es werden alternative Interventionen benannt.
Handlungsabsichten	Es werden zukunftsgerichtet Handlungsoptionen hinsichtlich der Anregung metakognitiver Prozesse reflektiert.
Implementierte Handlungen	Es werden implementierte Handlungen hinsichtlich der Anregung metakognitiver Prozesse reflektiert.

Tabelle 6.6 Aufbau einer Themenmatrix

	Thema 1	Thema 2	...	
Lehrkraft 01				Fallzusammenfassung L01
Lehrkraft 02				Fallzusammenfassung L02
...				...
	Kategorienbasierte Auswertung zu den jeweiligen Themen			

gefolgt und die thematische Zusammenfassung für alle Hauptkategorien durchgeführt, mit der ersten Stufe der Ausdifferenzierung in Unterkategorien für die Breiten- und auch die Tiefenebene.

Der gesamte Auswertungsprozess wurde von Beginn an durch regelmäßige Treffen der Projektgruppe begleitet. Sowohl die Anlage der Auswertung als auch die Auswertungsschritte wurden dort diskutiert und aufgrund der Hinweise entsprechend modifiziert. Darüber hinaus wurden die Definitionen und Zuweisungen der Codes zu Textstellen, die Ausdifferenzierung des Kategoriensystems und auch die weiteren Schritte des Auswertungsprozesses regelmäßig in Expertengruppen vorgestellt und diskutiert, um den Ansprüchen der qualitativen Forschung durch die Kriterien der Intersubjektivität und Nachvollziehbarkeit gerecht zu werden.

6.5.2.2 Die typenbildende qualitative Inhaltsanalyse

Im Laufe des Auswertungsprozesses zeigte sich, dass die Lehrkräfte über metakognitive Prozesse von Schülerinnen und Schülern bei mathematischen Modellierungsprozessen unterschiedlich reflektierten. Ihre Reflexionen differierten insbesondere in Bezug auf die Förderung metakognitiver Schüleraktivitäten, was sich bereits in den Themenmatrizen der Tiefenebene andeutete. Daher erschien es plausibel, zusätzlich zu der inhaltlich strukturierenden qualitativen Inhaltsanalyse eine typenbildende qualitative Inhaltsanalyse durchzuführen, welche die Bereiche der Reflexion über die metakognitiven Schülerprozesse und der Reflexion über das eigene Handeln zur Förderung metakognitiver Schülerprozesse in einem Merkmalsraum gegenüberstellt. Dieser Prozess wird im Folgenden genauer vorgestellt.

Die Typenbildung im Rahmen der vorliegenden Arbeit orientiert sich weitgehend an dem Ablaufmodell der typenbildenden qualitativen Inhaltsanalyse nach Kuckartz (2016) und wird in Teilen durch weitere Methoden zur Idealtypenbildung ergänzt (Gerhardt 1995, 1986). Zurückgeführt auf den Begriff von Max Weber wird unter einem Idealtypus eine abstrahierte Form eines realen empirischen Phänomens verstanden, welche die Übersteigerung einer oder mehrerer Merkmale, aber auch eine mögliche Eliminierung vorhandener Einzelerscheinungen impliziert (Weber 1904/1988, S. 191 nach Kelle & Kluge 2010, S. 83). Nach Kelle und Kluge (2010) gibt es ein- oder mehrdimensionale Typologien. Letztere bilden eine Kombination von Merkmalen und beruhen auf der Konstruktion eines Merkmalsraums durch die Kombination dimensionalisierter Merkmale. Für die Aufspannung eines Merkmalsraums werden somit mindestens zwei Kategorien oder Merkmale durch die Zuordnung von Subkategorien dimensionalisiert. Die Darstellung kann mithilfe einer Mehrfeldertafel erfolgen. Diese entspricht der Kreuztabellierung von Subkategorien zur Theoriebildung (Kelle & Kluge 2010, S. 87 ff.).

Im Folgenden wird darauf eingegangen, wie die Schritte der typenbildenden qualitativen Inhaltsanalyse nach Kuckartz (2016) in dieser Studie berücksichtigt wurde. In der ersten und zweiten Phase wurde als Ziel der Typenbildung festgelegt, dass die Reflexionsfähigkeiten der teilnehmenden Lehrkräfte über metakognitive Schülerprozesse klassifiziert werden und dabei sowohl Schülerprozesse als auch das eigene Lehrerhandeln einbeziehen sollten. Außerdem erfolgte die Bestimmung und Definition der Merkmale, die einen Merkmalsraum als Grundlage für die Typenbildung aufspannen (vgl. Tabelle 6.7). Dabei galt es auch, die Anzahl der Merkmale festzulegen. Kuckartz (2016) merkt an, dass ein solches Verfahren nur mit geringen Anzahlen an Merkmalen und Ausprägungen handhabbar ist, da eine steigende Anzahl schnell zu höchster Komplexität führt. Hier wurde seiner Empfehlung gefolgt (ebd., S. 157) und es wurden zwei Merkmale festgelegt.

Tabelle 6.7 Vier-Felder-Tafel nach Kuckartz (2016, S. 149) und Kluge (2010, S. 96)

		Merkmal B	
		Merkmalsausprägung B1	Merkmalsausprägung B2
Merkmal A	Merkmalsausprägung A1	Typ 1	Typ 2
	Merkmalsausprägung A2	Typ 3	Typ 4

Gesucht wurde somit in dieser Phase ein Merkmalsraum, wie er in Tabelle 6.7 visualisiert wird. Diese ist so zu verstehen, dass eine Zuordnung zu Typ 1 dann gegeben ist, wenn beide Merkmale (A und B) in hoher Ausprägung vorkommen. Dabei war auch die Anzahl der Merkmalsausprägungen festzulegen, um Typen konstruieren zu können, die *„intern möglichst homogen und extern möglichst hete-rogen sind"* (Kuckartz 2016, S. 151). Daneben war die Frage von Bedeutung, wie viele Typen im Datenmaterial identifiziert werden müssten, um die Fragestellung der Untersuchung hinreichend beantworten zu können. Im Sinne der Offenheit des Vorgehens habe ich im Vorfeld keine Anzahl an zu findenden Typen festgelegt; vielmehr ergaben sich diese durch den Einbezug der Hauptkategorien der Tiefenebene. Nach Kelle und Kluge sollten die Merkmalsausprägungen demnach auch hinsichtlich möglicher Zusammenfassungen überdacht und ggf. eine Reduktion des Merkmalsraumes vorgenommen werden. Das mehrfache Dimensionalisieren der Untersuchungsmerkmale kann dazu beitragen, die Typenbildung zu strukturieren, um eine verbesserte Handhabbarkeit der Typologie zu erreichen (Kelle & Kluge 2010, S. 96 ff.). Diese Anregungen wurden berücksichtigt.

Bei der Konstruktion der Mehrfeldertafel dieser Studie (vgl. Tabelle 6.8) wurden verschiedene Ebenen des Kategoriensystems zusammengeführt, indem als Merkmal A die *Reflexion der Lehrenden über das metakognitive Verhalten der Lernenden* und als Merkmal B die *Reflexion über das eigene Interventionsverhalten* gewählt wurden. Ziel war es, herauszuarbeiten, welche Schwerpunkte die Lehrkräfte in ihren Reflexionen setzen und welche Verknüpfungen sie ziehen. Unterschieden wurden diese Merkmale jeweils in die Ausprägungen hinsichtlich der Tiefenebene der Reflexion, d. h. das *Beschreiben, Bewerten* und *Entwickeln von Handlungsabsichten (bzw. Handeln)*, um beschreiben zu können, in welcher Art und Weise die Lehrkräfte reflektieren. Die Wahl dieser Merkmale ermöglichte somit den Einbezug beider Akteure im Unterrichtsgeschehen, der Lehrkraft selbst und der Schülerinnen und Schüler. Gleichzeitig erzeugt die mit diesen Merkmalen aufgestellte Mehrfeldertafel (vgl. Tabelle 6.8) eine Übersicht, auf deren

Tabelle 6.8 Empiriegestützte Mehrfeldertafel

		Reflexion über das metakognitive Verhalten der Lernenden		
		Beschreibung der Wahrnehmung	Bewertung der Wahrnehmung	Entwicklung von Handlungsabsichten
Reflexion über das Interventionsverhalten	(Theoriebasierte) Beschreibung von Interventionen	Die Lehrkraft beschreibt wahrgenommene Prozesse und äußert sich dabei auch zu eigenen Interventionen.	Die Lehrkraft bewertet wahrgenommene Prozesse und beschreibt eigene Interventionen.	Die Lehrkraft entwickelt Handlungsabsichten und beschreibt dabei eigene Interventionen.
	Bewertung von Interventionen	Die Lehrkraft beschreibt wahrgenommene Prozesse und bewertet dabei das eigene Interventionsverhalten.	Die Lehrkraft bewertet wahrgenommene Prozesse sowie das eigene Interventionsverhalten.	Die Lehrkraft entwickelt Handlungsabsichten und bewertet dabei das eigene Interventionsverhalten.
	Abgrenzung von alternativen Interventionen	Die Lehrkraft beschreibt wahrgenommene Prozesse und bezieht Alternativen in die Bewertung von Interventionen ein.	Die Lehrkraft bewertet wahrgenommene Prozesse und bezieht Alternativen in die Bewertung von Interventionen ein.	Die Lehrkraft entwickelt Handlungsabsichten und bezieht Alternativen in die Bewertung von Interventionen ein.
	Reflexion über Interventionen bezogen auf metakognitive Prozesse	Die Lehrkraft beschreibt wahrgenommene Prozesse und reflektiert über eigene Interventionen bzgl. der Anregung von Metakognition.	Die Lehrkraft bewertet wahrgenommene Prozesse und reflektiert über eigene Interventionen bzgl. der Anregung von Metakognition.	Die Lehrkraft entwickelt Handlungsabsichten bzgl. der Unterrichtswahrnehmung und reflektiert zudem über die Anregung von Metakognition.

Grundlage beurteilt werden kann, inwieweit Lehrkräfte beide Bereiche, d. h. die Schülerprozesse wie auch die eigene Handlungsposition bezüglich metakognitiver Aktivitäten reflexiv berücksichtigen und ob sie gegebenenfalls einen der beiden stärker fokussieren als den anderen. Nach der Konstruktion der Mehrfeldertafel musste geprüft werden, ob sich alle Fälle der Studie eindeutig zuordnen ließen. Dies konnte in der vorliegenden Studie unter vorheriger Recodierung des Materials eindeutig umgesetzt werden. Da das Material bereits vollständig codiert vorlag, mussten lediglich kleine Modifizierungen in den Codierungen entsprechend der Mehrfeldertafel vorgenommen werden.

Zur Konstruktion der Typologie in der nächsten Phase nennt Kuckartz (2016, S. 156 f.) drei Möglichkeiten:

• Es werden merkmalshomogene Typen gebildet.
• Der Merkmalsraum wird reduziert.
• Es werden polythetische Typen gebildet.

Hier wurde so vorgegangen, dass alle eingeordneten Fälle wiederum geprüft und im Ergebnis verschiedene Merkmalsausprägungen zusammengefasst wurden. Daraus ergab sich zunächst eine natürliche Typologie aus sechs Typen. Geprüft wurde auch, inwieweit weitere Typen theoretisch denkbar wären. Werden Typen aus der Kombination von Merkmalen (und ihren Merkmalsausprägungen) konstruiert, ohne ihre empirische Existenz zu untersuchen, wird die so erhaltene Typologie auch als künstliche Typologie bezeichnet. Bei dieser Typologie kann es sein, dass bestimmte denkbare Typen in der Realität nicht vorkommen (ebd., S. 151). Im Hinblick auf die vorliegende Typologie konnte kein weiterer Typus konstruiert werden. Es ist nur anzumerken, dass bei dem ersten Prototyp im Vergleich zu den anderen Typen stärker abstrahiert wurde (vgl. Abschnitt 7.1).

Anschließend wurden alle Fälle dieser Studie den Typen zugeordnet, wobei trotz der kleinen Stichprobe bezogen auf mehrere Typen eine Sättigung erreicht werden konnte. Aufbauend darauf wurden die Typen genau beschrieben und ihre Bestimmung mit aussagekräftigen Zitaten veranschaulicht. Die Beschreibung der Fälle ist nach Kuckartz (ebd., S. 157 f.) auf zwei Arten möglich: erstens durch die Auswahl repräsentativer Fälle als Prototypen oder zweitens durch Konstruktion eines Modellfalls. In diesem Fall wurden Prototypen gewählt, die dann zur Konstruktion von Idealtypen abstrahiert wurden: Durch Übersteigerung einzelner Eigenschaften und Kennzeichen wird im Sinne des Verständnisses von Weber der reale Einzelfall so angepasst, dass er den idealen Charakter repräsentiert (Gerhardt 1995, S. 438). Ein auf diese Weise konstruierter Idealtyp ist damit keine Darstellung der Realität, sondern eine verdeutlichende Wirklich-keitsstruktur (Gerhardt 1986, S. 91 zitiert nach Kelle & Kluge 2010, S. 106). Jeder einzelne Prototyp wurde somit aus einem realen Fall herausgebildet, indem analysiert wurde, welche Merkmale überwiegend auftreten und den Fall charakterisieren. Vereinzelt auftretende Aspekte wurden zum Teil (und nur dann) vernachlässigt, wenn sie der typenbildenden Eigenschaft nicht widersprachen. Für die Konstruktion des Idealtyps wurde zudem weiter abstrahiert.

Im Anschluss an diese Typenbildung ist es nach Kuckartz (2016, S. 158) prinzipiell möglich, die zusammenhängenden Faktoren der gebildeten Typen und die sekundären Informationen, d. h. Variablen, die nicht in den Merkmalsraum aufgenommen wurden, zu analysieren. Stattdessen wurde im Rahmen des Pre-Post-Designs der vorliegenden Studie eher ergänzend analysiert, inwieweit sich die Reflexionsfähigkeit der teilnehmenden Lehrkräfte innerhalb der langfristig angelegten Modellierungseinheit veränderte. Es wurde somit untersucht, ob Lehrkräfte zu Beginn der Studie im ersten Interview anders über die metakognitiven Schülerprozesse reflektierten als am Ende der Studie im zweiten Interview nach der Betreuung von sechs Modellierungsaktivitäten ihrer Schülerinnen und Schüler. Dafür wurden die Lehrkräfte zu beiden Messzeitpunkten der Studie in die Typologie eingeordnet und die so generierten Typen verglichen.

Zusätzlich wurde ein Vergleich der mathematischen und der metakognitiven Vergleichsgruppe durchgeführt, um Hinweise auf mögliche Wirkfaktoren auf die Veränderung der Reflexionsfähigkeit der Lehrkräfte zu identifizieren.

Teil III
Ergebnisse

In diesem Teil der Arbeit werden die generierten Ergebnisse der vorliegenden Untersuchung zur Reflexion von Lehrkräften über metakognitive Schülerprozesse beim mathematischen Modellieren vorgestellt und diskutiert. Im Ergebnis konnte einerseits das Zusammenwirken unterschiedlicher Reflexionsarten innerhalb einer Typologie von Reflexionen von Lehrkräften über metakognitive Schülerprozesse aufgedeckt werden. Zum anderen konnten Hinweise darauf gefunden werden, dass sich die Reflexionen von Lehrkräften über metakognitive Schülerprozesse im Rahmen einer langfristig angelegten Modellierungseinheit verändern können.

Im folgenden Kapitel wird daher erläutert, welche natürlichen Typen in der vorliegenden Studie konstruiert werden konnten. Die anhand des empirischen Materials identifizierten Typen werden dabei im Detail beschrieben und als Idealtypen vorgestellt. Die anschließende Charakterisierung der Idealtypen anhand von Prototypen ermöglicht es, die Typen anschaulich darzustellen. In einem weiteren Schritt dieses Teil III wird weiterführend diskutiert, wie sich die Fälle im Verlauf der Projektphase entwickelt haben. Die daraus gezogenen Schlussfolgerungen geben Hinweise auf Veränderungen der Reflexionen von Lehrkräften in diesem Bereich.

Typen der Reflexion metakognitiver Prozesse 7

Da die vorliegende Arbeit neben der Generierung weiterer theoretischer Inhalte und dem besseren Verständnis von Reflexionsfähigkeit auch daran interessiert ist, wie die metakognitiven Modellierungskompetenzen von Schülerinnen und Schülern durch Lehrkräfte gefördert werden können, ist die Betrachtung der Typen anhand von Niveaustufen hilfreich. Lehrkräfte sollten metakognitive Schülerprozesse nicht nur in geeigneter Weise reflektieren, sondern im Rahmen ihrer professionellen Unterrichtswahrnehmung entsprechende Entscheidungen zur Förderung von Metakognition treffen können. Die Einordnung der Reflexion in Niveaustufen ermöglicht die Untersuchung von Veränderungen der Reflexionsart und insbesondere deren möglicher Verstärkung – hier im Verlauf einer längerfristig angelegten Modellierungseinheit. Aus diesem Grund wurde die Typologie in einer zweiten Abstraktionsphase bezogen auf Niveaustufen hinterfragt. Dies bewirkte eine erhöhte Komplexität auf mehreren Ebenen. Neben den Typen im Einzelnen erwiesen sich die verschiedenen Ebenen der Reflexion als bedeutsam, in welche die Reflexionstypen eingeordnet wurden. Zu interpretieren sind diese Ebenen als Grad der Reflexion über metakognitive Prozesse hinsichtlich der Förderung metakognitiver Schülerprozesse.

Im Folgenden werden zunächst die Typen einzeln anhand ihrer Reflexionsart charakterisiert. Die nachstehende Tabelle 7.1 zeigt in der Übersicht die sechs Reflexionstypen von Lehrkräften mit einer kurzen Beschreibung und dem zugeordneten Prototyp.

Ergänzende Information Die elektronische Version dieses Kapitels enthält Zusatzmaterial, auf das über folgenden Link zugegriffen werden kann https://doi.org/10.1007/978-3-658-36040-5_7.

Tabelle 7.1 Übersicht der Reflexionstypen mit Prototyp

Typen der Reflexion	Beschreibung	Prototyp
Reflexionsfern	Allgemein keine/ kaum Reflexion über metakognitive Prozesse	Karsten 1
Selbstbezogen	Keine Reflexion über metakognitive Schülerprozesse	Richter 1
Lerngruppenbezogen Selbstreflektiert	Kaum Reflexion über metakognitive Schülerprozesse	Müller 1
Analysierend	Umfangreiche Reflexion über Schülerprozesse	Winter 2
Handlungsorientiert	Umfangreiche Reflexion über Schülerprozesse und das eigene Lehrerhandeln	Roth 1
Implementierend	Umfangreiche Reflexion über Schülerprozesse und das eigene Lehrerhandeln mit Implementierung förderlicher Unterstützungen metakognitiver Prozesse	Roth 2

Die vorliegenden Reflexionstypen der generierten Typologie differieren nach dem Grad der Reflexion über metakognitive Schülerprozesse und werden daher entsprechend der Niveaustufen angeordnet. Die erste Stufe stellt dabei eine geringe bis nicht vorhandene Reflexion von Lehrkräften über metakognitive Prozesse dar und geht über unterschiedliche Differenzierungen hin bis zur Reflexionsart 6, verstanden als umfassende Reflexion von metakognitiven Schülerprozessen und des eigenen Lehrerhandelns unter Berücksichtigung der Implementierung von Interventionen, welche auf die Förderung metakognitiver Prozesse bei den Lernenden abzielen. Die Prototypen sind in der Übersicht mit einer *1* oder *2* versehen, um das Auftreten in der Pre- oder der Post-Erhebung zu kennzeichnen. Gewählt wurde jeweils der Prototyp, der den Idealtyp unabhängig von dem zeitlichen Auftreten der Typen am genauesten repräsentieren kann. Daher werden hier die Fälle beider Messzeitpunkte zusammengeführt.

Die Typen werden im Folgenden einzeln erläutert. Jeder Fall wird kurz bezüglich der eigenen Person und des beruflichen Hintergrundes eingeführt. Anschließend werden die Ergebnisse der Analyse bezüglich der reflektierten Inhalte, der Art und des Umfangs der Reflexion vorgestellt.

7.1 Reflexionsferner Reflexionstyp

7.1.1 Idealtypus – reflexionsferner Reflexionstypus

Dem reflexionsfernen Typus wurden Lehrkräfte zugeordnet, die durch keine oder durch eine äußerst geringe Reflexion über metakognitive Prozesse beim mathematischen Modellieren charakterisiert werden können. Dies bezieht sich sowohl auf wahrgenommene Prozesse der Schülerinnen und Schüler als auch auf die selbstberichteten eigenen Handlungen. Anzumerken ist dabei, dass der Prototyp zu diesem Idealtypus im Vergleich zu den anderen Typen weniger natürlich, sondern aufgrund einer besonderen Abstraktion stärker künstlich konstruiert ist.

7.1.2 Prototyp – reflexionsfern: Herr Karsten 1

Hintergrundwissen zur Person und zur Lerngruppe
Herr Karsten[1] war zum Zeitpunkt der Studie an einem Hamburger Gymnasium mit einer Berufserfahrung von ca. 15 Jahren tätig. Neben Mathematik unterrichtete Herr Karsten naturwissenschaftliche Fächer. Nach dem Studium hatte er an keiner Fortbildung zum mathematischen Modellieren teilgenommen. Er gab an, Modellierungsprozesse bisher in geringem Umfang in den Unterricht zu integrieren. Die Projektklasse hatte seiner Einschätzung nach wenig Erfahrung im Bearbeiten von Modellierungsproblemen. Den eigenen Unterricht beschrieb Herr Karsten als „eher klassisch", bestehend aus Einführungen mathematischer Verfahren und ihrer Anwendung an Übungsaufgaben mit gelegentlichen Gruppenarbeitsphasen; er äußerte aber den Wunsch, seinen Unterricht in Richtung eines entdeckenden Unterrichts verändern zu wollen.

Herr Karsten hat an der Studie als einer der neun Lehrerinnen und Lehrer der Vergleichsgruppe der mathematischen Vertiefung teilgenommen. Im Unterricht verhielt sich Herr Karsten vergleichsweise zurückhaltend, den Schülerinnen und Schülern sehr zugewandt. Modellierungsprozesse schien er intensiv zu beobachten und trat oft an Schülergruppen heran, häufig ohne Intervention. Dieser Prototyp trat in der Pre-Erhebung in Erscheinung.

Die berichteten metakognitiven Prozesse der Schülerinnen und Schüler
Die inhaltlich strukturierende qualitative Inhaltsanalyse zeigt, dass von Herrn Karsten insgesamt nur wenige metakognitive Prozesse angesprochen werden.

---

[1] Alle Namen der Lehrkräfte sind Pseudonyme.

Bezüglich der Planungsprozesse der Lernenden geht er prinzipiell an nur zwei Stellen auf einen solchen Prozess ein:

> *„(…) bei den anderen war das, glaube ich, nicht so wirklich planvoll, ich glaub, dieses war die einzige Gruppe, wo wirklich jemand zum Protokollführen eingeteilt wurde, ich weiß nicht, wie freiwillig sie die Gruppe äh die Aufgabe an sich genommen hat, ähm ich kann mir auch vorstellen, dass sie sagt ‚ok, dann mach ich die Aufgabe, dann muss ich nicht darüber nachdenken'."* (Karsten 1, 61)[2]

> *„/…/ hm sie haben schon ein Ziel, aber es ist nicht ganz zielstrebig, also sie sind nicht konzentriert dabei, einen Weg nach äh zu verfolgen."* (Karsten 1, 55)

Zum einen vergleicht er ansatzweise die Gruppen untereinander hinsichtlich des gemeinschaftlichen Aufschreibens. Er verwendet dabei den Begriff „planvoll", geht aber nicht im Sinne der Definition von Planungsprozessen auf die Festlegung eines Ziels und den Weg zum Erreichen des Ziels ein. Vielmehr spricht er kurz eine einzelne Vereinbarung an, die Führung eines Protokolls. Diese Entscheidung der Gruppe reflektiert er zwar kurz hinsichtlich der Frage, ob diese Absprache freiwillig erfolgte, hinterfragt diese jedoch nicht weiter in Bezug auf Auswirkungen auf den weiteren Bearbeitungsprozess oder bewertet hinsichtlich Stärken und Schwächen. Generell fällt auf, dass Herr Karsten nicht über die unterschiedlichen Herangehensweisen an die Aufgabe oder verschiedene Vorgehensweisen während der Bearbeitung in den Gruppen reflektiert, ebenso wenig über Strategieeinsätze, das Erkennen von Mustern oder bestimmten Strukturen. Die zweite Äußerung zu Planungsprozessen erfolgt auf meine Nachfrage hin. Er spricht dabei die Zielorientierung an, führt jedoch auch diese Überlegung nicht weiter aus, sondern fokussiert stattdessen im weiteren Gesprächsverlauf die Gruppenprozesse. Seine Aussagen erscheinen eher oberflächlich und der Themenwechsel deutet darauf hin, dass die Zielorientierung und die Planung noch keine zentralen Aspekte für diese Lehrkraft darstellen.

Bezüglich der Überwachungsprozesse seiner Schülerinnen und Schüler lassen sich vier Codierungen finden (Karsten 1, 41; 55; 57; 113). Wie schon zuvor im Bereich der Strategien zur Planung bewegen sich seine Äußerungen auch hier auf einer oberflächlichen Ebene. Prozesse werden hier im Sinne einer deskriptiven Wiedergabe der Videosequenz kurz angesprochen, aber nicht tiefer analysiert. Umschrieben werden dabei die Überwachung der Mitarbeit eines anderen Gruppenmitglieds, die fehlende Überwachung der eigenen Mitarbeit einer anderen Person, die fehlende Überwachung des zielstrebigen Arbeitens und die fehlende Überwachung der Realität im Rahmen einer Validierung. Alle Prozesse

---

[2] Die zugehörigen Daten sind im elektronischen Zusatzmaterial einsehbar.

werden umschrieben, indem das zu beobachtende Handeln der Lernenden in den Videosequenzen chronologisch wiedergegeben wird. Es erfolgt keine theoretische Einordnung, Bewertung oder weitere Analyse der wahrgenommenen Prozesse. Da Herr Karsten an der mathematischen Vergleichsgruppe der Studie teilgenommen hat, konnte nicht erwartet werden, dass er in seiner Reflexion Begrifflichkeiten aus dem Konzept der Metakognition verwendet. Die professionelle Unterrichtswahrnehmung einer jeden Lehrkraft sollte allerdings Analysen hinsichtlich der Stärken und Schwächen der Lernenden enthalten, sodass auch bei den Lehrkräften der mathematischen Vergleichsgruppe Analysen etwa hinsichtlich Strukturen, Vorgehensweisen, Mustern oder Strategien zu erwarten waren. Die Äußerungen von Herrn Karsten lassen möglicherweise darauf schließen, dass er Aspekte des kooperativen Arbeitens oder mathematische Sachverhalte als bedeutsamer empfindet, da er diese fokussierter thematisiert als metakognitive Schülerprozesse.

Zur Evaluation des gesamten Bearbeitungsprozesses äußert sich Herr Karsten nicht, da seine Schülerinnen und Schüler in der Vertiefungsphase statt der Bewertung ihrer Bearbeitung mathematische Basiskompetenzen thematisiert haben. Es ist dennoch möglich, dass die Schülerinnen und Schüler auch in dieser Vergleichsgruppe evaluiert haben. Dass er sich diesbezüglich nicht im Interview geäußert hat, lässt vermuten, dass solche Prozesse entweder tatsächlich nicht stattgefunden haben, dass er sie nicht wahrgenommen hat oder dass er sie als nicht so bedeutsam wie die von ihm angesprochenen Aspekte betrachtet hat.

Insgesamt ist in diesem Fall somit ein geringer Bestandteil an Äußerungen über metakognitive Prozesse der Lernenden während des Modellierungsprozesses festzuhalten. Hinzu kommt, dass das Gesagte zu diesem Bereich eher beschreibend formuliert war, mit sehr wenigen reflexiven Komponenten. Aufgrund der insgesamt geringen Reflexion lassen sich auch keine Aussagen darüber treffen, ob bestimmte Strategien stärker beachtet wurden als andere.

Die selbstberichteten eigenen Handlungen
Bezüglich des eigenen selbstberichteten Interventionsverhaltens während der Bearbeitungsphase des Modellierungsproblems *Heißluftballon* gibt Herr Karsten an, im Allgemeinen wenig unterstützt zu haben. Genutzt hat er nach eigener Aussage Motivations- und Rückmeldungshilfen, um die Schülerinnen und Schüler in ihrer Arbeitsweise zu bestärken. An einzelnen Stellen hinsichtlich mathematischer Unsicherheiten habe er stärker intervenieren müssen. Hier hat er nach seiner eigenen Einschätzung keine Lösungswege vorgegeben, sondern diese gemeinsam mit den Lerngruppen entwickelt. Es wird deutlich, dass sich die Lehrkraft um

Zurückhaltung entsprechend dem Prinzip der minimalen Hilfe bemüht und dabei auch nonverbale Interventionen genutzt hat:

„*(...) also ich kann mich an die Situation erinnern und ich meine mich erinnern zu können, dass ich in dem Moment überlegt habe zu sagen, ob ich irgendwie so was sagen, naja, könntest du schon, aber damit käme man der Aufgabenlösung nicht näher oder irgendwie sowas, aber ich glaube, ich habe mich dann tatsächlich dagegen entschieden, irgendwas zu sagen und habe sie dann einfach nur angeguckt.*" (Karsten 1, 28)

Aus dieser Äußerung geht das bewusste Nicht-Intervenieren der Lehrkraft hervor, um eine möglichst selbstständige Bearbeitung der Schülerinnen und Schüler zu ermöglichen. Gleichzeitig ist auch diese Äußerung als eher oberflächlich zu werten, da Herr Karsten nicht weiter darauf eingeht, wie er die Gruppe unterstützen wollte. Des Weiteren nennt Herr Karsten zweimal die Intervention *Arbeitsstand vorstellen lassen*. Das erste Mal schlägt er diese Intervention als alternative Intervention vor: „*(...) ich hätte mir das mal erklären lassen*" (Karsten 1, 89). Auch hier führt er seine Überlegungen nicht weiter aus und nennt weder den Zweck noch den Nutzen der Intervention für den weiteren Bearbeitungsprozess. Generell fällt auf, dass die Lehrkraft nicht über Auswirkungen der eigenen Interventionen reflektiert oder in ihre Aussagen einbezieht, inwieweit sich bestimmte Interventionen bewährt haben. Herr Karsten fasst sich insgesamt sehr kurz. Dies zeigt sich auch bezüglich einer Videosequenz kurz nach der ersten Äußerung zur Intervention *Arbeitsstand vorstellen lassen*. Hier beschreibt die Lehrkraft nicht, was sie gemacht hat, sondern sagt nur leise während der Präsentation der Sequenz: „*(...) ja, genau sowas*" (Karsten 1, 96). Auch im Anschluss an die Präsentation dieser Videosequenz wird nicht über den Einsatz dieser Intervention reflektiert.

Die folgende Tabelle 7.2 der selbstberichtet eingesetzten, nicht genutzten oder alternativen Interventionen visualisiert noch einmal den geringen Umfang der Äußerungen dieser Lehrkraft:

Die Reflexion der Lehrkraft über die Nutzung des Modellierungskreislaufs als Hilfsmittel und als alternative Interventionsmöglichkeit kann als vergleichsweise tiefergehend gelten, da hier ansatzweise die Auswirkung der Intervention reflektiert wird. Die anderen Interventionen werden eher deskriptiv wiedergegeben. Anzumerken ist jedoch, dass diese Reflexion durch die gezielte Nachfrage der Interviewerin angeregt wurde und somit nicht eigenständig erfolgte. Hinzu kommt, dass diese Intervention bezogen auf die Reflexion über die Förderung metakognitiver Prozesse die einzige ist, die in diesem Interview der Pre-Erhebung thematisiert wird. Alle anderen Äußerungen zum Lehrerhandeln sind zwar überwiegend im Sinne der modellierungsspezifischen, jedoch nicht der metakognitiven

Tabelle 7.2 Übersicht selbstberichteter Interventionen: Herr Karsten 1

Selbstberichtete Interventionen	Beleg (Beispiel)
Motivationshilfen	„(...) bei ein paar Stellen habe ich einfach ermuntert weiterzumachen." (Karsten 1, 5)
Rückmeldungshilfen	„(...) ich hab', glaube ich, an mehreren Gruppen so etwas gesagt wie ,das kriegt ihr schon hin' oder irgendwie sowas in der Art (...) einfach so versucht zu signalisieren, dass ich ihnen durchaus zutraue, zu einer Lösung zu kommen." (Karsten 1, 105)
frageentwickelnd	„(...) noch mal versucht zu entwickeln, wie das jetzt zusammenhängt, und hab dann nicht gesagt, 1 Kubikmeter sind 1000 Liter, sondern guck und überlegt, wie kann man das ableiten, wenn man es dann vergessen hat." (Karsten 1, 107)
Intervention Arbeitsstand vorstellen	„(...) ich hätte mir das mal erklären lassen, ja." (Karsten 1, 89) „(...) ja, genau sowas." (Karsten 1, 96)
Bewusstes Nicht-Intervenieren	„(...) ich meine mich erinnern zu können, dass ich in dem Moment überlegt habe zu sagen, ob ich irgendwie sowas sagen, ,naja, könntest du schon, aber damit käme man der Aufgabenlösung nicht näher' oder irgendwie sowas, aber ich glaube, ich habe mich dann tatsächlich dagegen entschieden, irgendwas zu sagen." (Karsten 1, 28)
Fehlendes Anregen der Validierung	„(...) in der Zusa- in der Bearbeitungsphase nicht, ähm /.../ das ist mir auch irgendwie da durch die Lappen gegangen." (Karsten 1, 117)
Alternative Intervention: Anregung der Nutzung des Kreislaufs	„Ich glaube schon, dass es ihnen guttun könnte, wenn sie halt sich den Schritt der Modellierung noch bewusster machen würden und sich das auch wirklich aufschreiben würden, das wäre wahrscheinlich hilfreich. Einfach, um auch ein bisschen mehr Zielstrebigkeit reinzubringen." (Karsten 1, 121) „(...) ich glaube der Weg ist schon vernünftig zu sagen, ,welche Fragen haben wir'? Und dann eben zu gucken, wie kriegt man das." (Karsten 1, 125)

Theorie zu interpretieren. Die Reflexion dieser Lehrkraft über die Anregung von Metakognition ist somit insgesamt als gering einzuschätzen.

Art der Reflexion

Die Ausführungen zu den von Herrn Karsten angesprochenen Inhalten des wahrgenommenen metakognitiven Schülerverhaltens und des eigenen Lehrerhandelns verdeutlichen, dass insgesamt nicht nur wenige Aspekte thematisiert werden, sondern dass diese zudem nicht tiefergehend analysiert werden. Die oben bereits konstatierte eher geringe Reflexion dieser Lehrkraft in der Pre-Erhebung manifestiert sich in überwiegend deskriptiven Aussagen, ohne ein ausführliches Eingehen auf Stärken und Schwächen von Prozessen und auch ohne, dass die Lehrkraft das eigene Interventionsverhalten aufgrund von wahrgenommenen Defiziten der Schülerprozesse überdenkt, um hieraus Handlungsabsichten zu entwickeln.

Folglich ist die Lehrkraft Herr Karsten für die Pre-Erhebung der Studie dem Typus *reflexionsfern* zuzuordnen. Definitionsgemäß werden keine Aspekte metakognitiver Prozesse tiefergehend betrachtet und reflektiert. Vielmehr sind diesbezügliche Reflexionen nur in sehr geringem Umfang festzustellen und auf einer oberflächlichen Ebene zu lokalisieren.

7.2   Selbstbezogener Reflexionstypus

7.2.1 Idealtypus – selbstbezogener Reflexionstypus

Der *selbstbezogene* Reflexionstypus ist durch die Fokussierung von Analyseprozessen auf die eigene Person charakterisiert. Nicht nur bei der Reflexion von eingesetzten oder zukünftigen Lehrerinterventionen, sondern auch bei der Analyse videografierter Schülerprozesse erfolgt die Reflexion vorwiegend unter Bezug auf die eigene Person. Im Vergleich mit dem ersten Idealtypus *reflexionsfern* reflektieren Lehrkräfte diesen Typus ein wenig mehr, jedoch ist die Reflexion nach wie vor nicht als umfassend anzusehen. Die Reflexion erfolgt zudem nicht lerngruppenbezogen, sondern lehrerzentriert. Lehrkräfte des selbstbezogenen Reflexionstypus reflektieren dabei über ihre eigenen Diagnosen von Schülerprozessen, ihre eigenen Denkprozesse (im Zusammenhang der Diagnosen) sowie über Handlungsabsichten oder -entscheidungen. Bei diesem Typus steht somit im Vordergrund, dass das Handeln der Lehrkräfte durch Einstellungen und Überzeugungen geleitet und ggf. ein entsprechendes Handlungsmuster verinnerlicht ist. Der im Folgenden beschriebene Prototyp *Herr Richter 1* wurde anhand der Pre-Erhebung ausgewählt.

7.2.2 Prototyp – selbstbezogen: Herr Richter 1

Hintergrundwissen zur Person und zur Lerngruppe
Herr Richter war bei der Durchführung der Erhebungen an einem Hamburger Gymnasium tätig und verfügte über zehn Jahre Berufserfahrung. Im Rahmen des Studiums hatte er ein Seminar zur mathematischen Modellierung besucht, danach jedoch nicht mehr. Die Projektklassen wurden von Herrn Richter seit der 7. Klasse und somit seit zwei Jahren unterrichtet. Die Schülerinnen und Schüler hatten nach Angabe der Lehrkraft eher keine Vorerfahrungen in der Bearbeitung mathematischer Modellierungsprobleme, da er die Implementierung von Modellierungsprozessen in dieser Zeit vernachlässigt habe.

Den eigenen Mathematikunterricht beschrieb Herr Richter als lehrerzentriert und strukturiert. Der Ablauf sei durch einen Wechsel zwischen der Besprechung von Hausaufgaben, Einführungen, Übungen und Präsentationen geprägt. Auch wenn die Lernenden fest an Gruppentischen platziert seien, würden statt Gruppenarbeiten eher Einzelarbeitsphasen oder Partnerarbeiten integriert. Als Besonderheit ist hervorzuheben, dass Herr Richter als einzige Lehrkraft dieser Studie mit zwei Klassen in der mathematischen Vergleichsgruppe teilgenommen hat. Während der Projektphase fiel Herr Richter durch sein Interesse an fachlichen Zusammenhängen und seine Kommunikationsbereitschaft auf. Letzteres ist auch an der Dauer der mit ihm geführten Interviews erkennbar.

Die berichteten metakognitiven Prozesse der Schülerinnen und Schüler
Zunächst ist festzuhalten, dass Herr Richter insgesamt kaum metakognitive Schülerprozesse reflektiert. Stattdessen thematisiert er vorrangig eigene Interventionen und innermathematische Aspekte. Dies zeigt sich auch darin, dass Herr Richter selbst bei der Analyse reiner Schülerprozesse das eigene Handeln in den Mittelpunkt seiner Überlegungen stellt.

Bezüglich der Orientierungs- und Planungsprozesse seiner Schülerinnen und Schüler trifft Herr Richter die Feststellung, dass die Orientierung in dem ersten Modellierungsbeispiel für die Lernenden schwierig sei. Er führt dies zurück auf fehlende Erfahrungen im Umgang mit unterbestimmten Aufgaben:

„(...) die sind äh diese Art der Aufgabenstellung bei den Daten so gar nicht gewöhnt, ne? Ja, also bisher sind immer in den Rechenaufgaben alle Daten gegeben und möglichst auch keine zu viel, passgenau." (Richter 1, 18)

Erst auf die wiederholte Nachfrage der Interviewerin nach möglichen Herangehensweisen oder nach strategischen Vorgehensweisen äußert der Lehrer, dass die

Schülerinnen und Schüler versucht hätten, die Aufgabe zu verstehen und die relevanten Daten zu filtern. Herr Richter hat somit offenbar den Orientierungsprozess der Lernenden zu Beginn der Arbeitsphase wahrgenommen, geht aber unter Bezug auf die Videosequenz nicht darauf ein, inwieweit die Schülerinnen und Schüler den (weiteren) Bearbeitungsprozess planen. Dementsprechend äußert sich die Lehrkraft in der Analyse der Modellierungsprozesse der Lernenden nicht dazu, ob sie das Ziel der Bearbeitung der Aufgabe identifizieren und ob sie festlegen, wie dieses erreicht werden soll. Herr Richter reflektiert diese Aspekte zu keinem Zeitpunkt des Interviews.

Der Bereich der Überwachung wird an zwei Stellen im Interview thematisiert, in beiden Fällen auf Anregung der Interviewerin. Hier erkennt Herr Richter den fehlenden Bezug zur Realität im Vorgehen der Schülerinnen und Schüler, da sie ihr Vorgehen nicht überwachen, sondern stattdessen jegliche Zahlen miteinander zu verrechnen versuchen:

> „(…) daher haben sie jetzt nur, wahrscheinlich habe ich das vorher mal als Tipp in den Minuten davor als Tipp gesteckt, man muss irgendwas miteinander multiplizieren und durch 3 teilen. Also das durch 3 kam auch drin vor. Aber hatte so gar keinen Bezug zur Realität." (Richter 1, 76)

Es kann festgestellt werden, dass Herr Richter die Problematik im Vorgehen der Schülerinnen und Schüler zwar wahrgenommen hat, er hinterfragt oder reflektiert aber nicht weiter, wie er die Lernenden hätte unterstützen können, damit sie die Schwierigkeiten überwinden. Ebenso wenig nimmt er darauf Bezug, welches Vorgehen er sich stattdessen oder zukünftig von den Lernenden wünschen würde. Darüber hinaus hat Herr Richter bezüglich einer zweiten Videosequenz zur Überwachung wahrgenommen, dass die Lernenden durchgängig die Strategie verfolgen, sich bei ihm als Lehrer rückzuversichern und seine Unterstützung einfordern. Er bezieht diese Situation auf seine eigene Person und Rolle und geht in diesem Zusammenhang darauf ein, dass er oft und schnell inhaltlich interveniert. Dabei reflektiert er die festgestellte fehlende eigenständige Überwachung und Kontrolle jedoch nicht lerngruppenbezogen, indem er nicht etwa hinterfragt, welche Strategien die Lernenden eigenständig hätten anwenden können oder sollen. Außerdem werden zu keinem weiteren Zeitpunkt des Interviews Stärken und Schwächen der metakognitiven Schülerprozesse reflektiert.

Bezüglich der Strategien der Evaluation hat diese Lehrkraft keine Aussagen getroffen, was auf die Teilnahme in der mathematischen Vertiefungsgruppe zurückgeführt werden kann.

Insgesamt ist festzuhalten, dass der Lehrer kaum eigenständige und keine tiefergehenden Reflexionen über metakognitive Schülerprozesse anstellt. Der Fokus der Äußerungen liegt stattdessen auf den eigenen Interventionen, die im Folgenden detaillierter vorgestellt werden. Dabei bezieht sich die Analyse vor allem auf die Reflexion von Herrn Richter über diese Maßnahmen der Unterstützung.

Die selbstberichteten eigenen Handlungen
Die inhaltlich strukturierende qualitative Inhaltsanalyse hat ergeben, dass Herr Richter insgesamt überwiegend darüber reflektiert, zu stark interveniert zu haben. Dabei hinterfragt und bewertet er eigene Handlungen, ohne diese umfassend auf die Lerngruppen zu beziehen, sondern fokussiert die eigene Person und die eigenen Interventionen. Er beschreibt seine Defizite in den eigenen Interventionen während der Modellierungsprozesse, aber auch bezogen auf seinen regulären Fachunterricht, äußerst ehrlich, indem er angibt, schnell stark und vor allem inhaltlich zu intervenieren. Dabei ist erkennbar, dass er ein Interventionsschema verinnerlicht hat. Während seiner Teilnahme am Projekt MeMo bekundet er sein Bestreben, weniger inhaltlich agieren zu wollen und berichtet, dass er dies zu Beginn einer Intervention auch umsetzen könne. Seine Aussagen lassen jedoch den Schluss zu, dass er in deren Verlauf in sein bisheriges Interventionsmuster verfällt und zunehmend stärker eingreift – sogar bis Aufgaben vollständig gelöst werden bzw. zumindest der Lösungsweg von ihm geplant wird. Das folgende Zitat dient als beispielhafter Beleg:

„(...) also ich finde das eigentlich passabel, dass ich erst einmal versucht habe, zu ergründen, was das Problem ist, das Verständnisproblem, dass sie mir das mal vortragen und äh erst einmal gucken, wo das Problem ist. Ich dachte mir, wenn es eigentlich um die Modellierung geht, ist es ja auch nicht wichtig, die da lange im Dunkeln stochern zu lassen, hm ob das jetzt ein Mann ist oder zwei und ob der unten sitzt oder oben, das kann man auch mal vorgeben, da nimmt man nicht viel weg, dann im weiteren Verlauf, also ich zugehört habe, hab ich mir gedacht, habe ich vielleicht ein bisschen zu lang und zu viel denen jetzt geholfen, die hätten dann auch wieder ein Stück weit selber in Ruhe drüber nachdenken können. Also ich bin solange da geblieben /./ bis ich denen eigentlich erklärt habe, was die Referenzgröße ist, woran man das messen kann mit den Gesamtmaßen /räuspert sich/. Joa, also das ist dann vielleicht nicht so günstig. Aber ähm so im Großen und Ganzen, NORMALERWEISE wie gesagt, wenn das jetzt nicht gefilmt worden wäre und niemand mir zugeguckt hätte, hätte ich es denen wahrscheinlich einfach sofort verraten, so ganz. /beide lachen/ /I: so ganz?/ Ja so ganz und gar. Das ist ne Halbkugel, das ist der Kegel, das ist so groß, das ist so groß, so fertig, nächste Aufgabe, dann haben wir jetzt noch Zeit für zwei weitere. Ja. "
(Richter 1, 38)

Diese Äußerung illustriert stellvertretend für weitere Aussagen dieser Art, dass die Lehrkraft mit der Intervention *Arbeitsstand vorstellen lassen* versucht, auf strategische Weise in die Unterstützung einzusteigen. Dass Herr Richter sich um Zurückhaltung beim Intervenieren bemüht, lässt sich aus seiner Reflexion darüber folgern, ob im Sinne der Modellierung interveniert wurde oder nicht. Herr Richter erkennt zudem selbst, dass er im Gespräch mit den Schülerinnen und Schülern stärker interveniert und bewertet dies negativ. Ausgehend von dieser Feststellung folgt zusätzlich das Eingeständnis der Lehrkraft, im regulären Unterricht noch stärker zu intervenieren bis hin zu einer gesamten Präsentation der Lösungsstrategie – ganz im Kontrast zur Grundkonzeption und Zielsetzung der Modellierung als solche.

Darüber hinaus wird deutlich, dass Herr Richter nicht eigenständig über die Förderung metakognitiver Prozesse reflektiert. Selbst auf Anregung erreichen seine Aussagen nur ein oberflächliches Niveau und er lenkt das Thema von sich aus auf andere Bereiche. Im Sinne der Offenheit des Interviews wurde zwar versucht, möglichst zu allen Aspekten des Untersuchungsgegenstands Aussagen zu erhalten, aber es wurde auch darauf eingegangen, wenn die Lehrkräfte eigeninitiiert andere Aspekte in das Zentrum ihrer Überlegungen stellten.

Als eine mögliche Intervention zur Anregung metakognitiver Prozesse gilt die Nutzung des Modellierungskreislaufs als metakognitives Hilfsmittel. Diesbezüglich erklärt Herr Richter, den Modellierungskreislauf kaum als Hilfsmittel genutzt zu haben. Er gibt zwar an, darauf verwiesen zu haben, dass dieser in laminierter Form zur Verfügung stehe, er habe die Nutzung durch die Schülerinnen und Schüler jedoch nicht weiter angeregt. Die Lehrkraft begründet dies selbst damit, dass er die Schritte des Kreislaufs nicht im Einzelnen verstanden und sich deshalb nicht sicher genug gefühlt habe, um das Hilfsmittel einzusetzen. In Übereinstimmung mit seinem Fokus auf mathematische Prozesse gibt er an, dass er selbst beim Modellieren den Teilschritt des Verstehens und Vereinfachens übersprungen hätte und direkt in das mathematische Modell eingestiegen wäre.

An nur einer weiteren Stelle des Interviews wird auf die Anregung metakognitiver Prozesse der Schülerinnen und Schüler eingegangen: Hierbei erkennt Herr Richter – wiederum auf Nachfrage der Interviewerin –, die Überwachung der Angemessenheit in Bezug auf die Lösung nicht angeregt zu haben. Er erkennt, dass die Schülerinnen und Schüler ihre Lösung nicht validiert haben und dass dieser Schritt hätte berücksichtigt werden müssen:

„(...) obwohl ich hinterher nicht das kritisch Hinterfragen, also ehrlich gesagt, hab' ich das dann einfach vergessen, ich glaub, die Stunde war einfach um, so ja. Genau, ich hab' dann nicht gesagt, was ist denn jetzt die realistischste Zahl, aber das wäre

eigentlich, wenn man Zeit hätte, äh, oder wenn man das so einplant, dass man die Zeit am Ende hat, wäre das eigentlich natürlich der passende Schritt äh, dass man hier am Ende, und das steht ja hier auch im Modellierungskreislauf auch, noch mal überprüft, kann das denn jetzt wirklich sein." (Richter 1, 99)

Dass er diesen Schritt nach eigenem Bekunden „vergessen hat", zeigt deutlich, dass ihm der Prozess des Validierens als Teilschritt des Modellierungsprozesses und auch als Teilaspekt des metakognitiven Strategiebereichs der Überwachung nicht wichtig war bzw., dass ihm die Bedeutung des Validierens hier nicht bewusst war.

Die folgende Tabelle 7.3 fasst die angesprochenen Bereiche der Reflexion von Herrn Richter über das eigene Lehrerverhalten zusammen: Aus den Berichten scheint ersichtlich, dass nicht gezielt interveniert wurde, um metakognitive Prozesse bei den Lernenden anzuregen.

Art der Reflexion
Zusammenfassend lässt sich festhalten, dass Herr Richter das eigene Handeln im Vergleich zu Schülerprozessen verstärkt reflektiert und dabei Bewertungen der eigenen Interventionen vornimmt. Er kritisiert das eigene Handeln mehrmals und kommt dabei zu der Feststellung, dass er in Bezug auf eine angemessene Unterstützung bei mathematischen Modellierungsprozessen zu schnell und zu stark interveniert habe. Auffallend ist, dass die Lehrkraft metakognitive Prozesse kaum eigenständig betrachtet, ebenso wenig wie die Anregung dieser Prozesse.

Die Ausführungen zu den von Herrn Richter vorgenommenen Reflexionen über die metakognitiven Prozesse der Schülerinnen und Schüler sowie zu den eigenen Handlungen beim mathematischen Modellieren zeigen einen Fokus auf die Lehrperson. Umfassende Reflexionen über die metakognitiven Schülerprozesse sind kaum erkennbar. In Abgrenzung zu dem *reflexionsfernen* Typus ist zu konstatieren, dass diese Lehrkraft umfassender reflektiert und das eigene Handeln bewertet und eigene Stärken bzw. eigene Schwächen herausstellt. Im Gegensatz zu dem Typus *lerngruppenbezogen selbstreflektiert* (der in Abschnitt 7.3 erläutert wird), analysiert diese Lehrkraft in ihrer Reflexion eigene Handlungen jedoch nicht lerngruppenbezogen, sondern selbstbezogen. Dies gilt sowohl für die Analyse von Lehrer- als auch von Schülerprozessen. Die beiden Typen der Reflexion haben somit den Fokus auf die Lehrperson gemeinsam, unterscheiden sich aber in ihrem jeweiligen Bezug zur Schülergruppe. Herr Richter wird hier als Prototyp des Reflexionstypus *selbstbezogen* betrachtet, weil er die Schülerprozesse in seiner Analyse vergleichsweise vernachlässigt und stattdessen eigenes Lehrerhandeln zentriert reflektiert.

Tabelle 7.3 Übersicht selbstberichteter Interventionen: Herr Richter 1

Selbstberichtete Interventionen	Beleg (Beispiel)
Intervention Arbeitsstand vorstellen	„(…) die nächste Gruppe hatte dann zwar auch gesagt, ich verstehe gar nichts, aber da habe ich mir das von denen dann mehr erklären lassen, ich glaube, ich habe bei denen hier auch bisschen eingegriffen dann, ne?" (Richter 1, 27) „/räuspert sich/ Also ich hatte das viel schlimmer in Erinnerung, also ich finde das eigentlich passabel, dass ich erst einmal versucht habe, zu ergründen, was das Problem ist, das Verständnisproblem, dass sie mir das mal vortragen und äh erst einmal gucken, wo das Problem ist. Ich dachte mir, wenn es eigentlich um die Modellierung geht, ist es ja auch nicht wichtig, die da lange im Dunkeln stochern zu lassen, hm ob das jetzt ein Mann ist oder zwei und ob der unten sitzt oder oben, das kann man auch mal vorgeben, da nimmt man nicht viel weg, dann im weiteren Verlauf, also ich zugehört habe, hab' ich mir gedacht, habe ich vielleicht ein bisschen zu lang und zu viel denen jetzt geholfen, die hätten dann auch wieder ein Stück weit selber in Ruhe drüber nachdenken können. Also, ich bin solange da geblieben /./, bis ich denen eigentlich erklärt habe, was die Referenzgröße ist, woran man das messen kann mit den Gesamtmaßen /räuspert sich/. Joa, also das ist dann vielleicht nicht so günstig. Aber ähm, so im Großen und Ganzen, NORMALERWEISE wie gesagt, wenn das jetzt nicht gefilmt worden wäre und niemand mir zugeguckt hätte, hätte ich es denen wahrscheinlich einfach sofort verraten, so ganz. /beide lachen/ /I: so ganz?/ Ja, so ganz und gar. Das ist ne Halbkugel, das ist der Kegel, das ist so groß, das ist so groß, so fertig, nächste Aufgabe, dann haben wir jetzt noch Zeit für zwei weitere. Ja. /I lacht/" (Richter 1, 38).
Inhaltliche Intervention (bei mathematischen Schwierigkeiten)	„(…) die fehlten jetzt und dann hab' ich die denen, hab' ich denen, also hab ich diese Formeln denen gegeben. Ähm /../, aber natürlich damit implizit auch den Tipp gegeben, man kann das mit 'ner Kugel machen. Und das ist natürlich dann doof." (Richter 1, 5)
Keine intensive Anregung der Nutzung des Kreislaufs	„(…) da ich selber ja schon Schwierigkeiten damit hatte, was dieser Schritt vom realen Problem über reales Modell zum mathematischen Modell soll äh, fühlte ich mich auch selber nicht so als Experte, ich habe darauf verwiesen, wenn das schon mal da ist und laminiert ist, dann äh will ich das auch würdigen, aber ich kam damit schon nicht zurecht und ich glaube, die Schüler selbst hatten damit dann auch ihre Schwierigkeiten beziehungsweise wussten jetzt nicht, inwiefern das hilfreich sein soll." (Richter 1, 68)

(Fortsetzung)

Tabelle 7.3 (Fortsetzung)

Selbstberichtete Interventionen	Beleg (Beispiel)
Fehlendes Anregen des kritischen Hinterfragens	*„(…) obwohl ich hinterher nicht das kritisch Hinterfragen, also ehrlich gesagt hab' ich das dann einfach vergessen, ich glaub die Stunde war einfach um, so ja. Genau, ich hab' dann nicht gesagt, was ist denn jetzt die realistischste Zahl, aber das wäre eigentlich, wenn man Zeit hätte äh, oder wenn man das so einplant, dass man die Zeit am Ende hat, wäre das eigentlich natürlich der passende Schritt äh, dass man hier am Ende und das steht ja hier auch im Modellierungskreislauf auch, noch mal überprüft, kann das denn jetzt wirklich sein.“* (Richter 1, 99)

7.3 (lerngruppenbezogen) selbstreflektierter Reflexionstypus

7.3.1 Idealtypus – (lerngruppenbezogen) selbstreflektierter Reflexionstypus

Als dritter Reflexionstypus konnte der *Selbstreflektierte* rekonstruiert werden. Auch diesem Typus werden Lehrkräfte zugeordnet, die vorwiegend das eigene Lehrerhandeln statt der metakognitiven Schülerprozesse reflektieren. Es zeigen sich Reflexionen über die Prozesse der Lernenden, der Anteil der Reflexionen über die eigenen Handlungen überwiegt jedoch. Im Gegensatz zu dem *selbstbezogenen* Typus beachtet dieser Reflexionstypus bei der Reflexion jedoch die Lerngruppen in stärkerem Maße. Konkret bedeutet dies, dass Prozesse und insbesondere Handlungen der Lehrkraft lerngruppenbezogen reflektiert werden. Die Reflexion erfolgt zudem hinsichtlich der Stärken und Schwächen der eigenen Interventionen.

7.3.2 Prototyp – (lerngruppenbezogen) selbstreflektiert: Herr Müller 1

Hintergrund zur Person und zur Lerngruppe
Herr Müller unterrichtete zum Zeitpunkt der Untersuchung an einer Stadtteilschule in Hamburg. Sein Studium hatte er fünf Jahre zuvor abgeschlossen und seitdem an keiner Fortbildung zum mathematischen Modellieren teilgenommen.

Die Projektklasse war eine zehnte Klasse mittlerer Größe. Modellierungsprobleme hatten die Schülerinnen und Schüler noch nicht bearbeitet. Die Lehrkraft gab aber an, in jüngeren Jahrgangsstufen mit den leistungsstärkeren Schülerinnen und Schülern Fermi-Aufgaben bearbeitet zu haben. Die Lernenden dieser Klasse waren nach Aussage von Herrn Müller stark leistungsheterogen, wobei es kaum Lernende im mittleren Leistungsniveau gegeben habe. Anzumerken ist an dieser Stelle, dass ein Teil der Schülerinnen und Schüler kurz vor dem Abschluss der Schullaufbahn stand und Motivationsprobleme zu beobachten waren. Herr Müller musste aus diesem Grund stärker unterstützen und zur Bearbeitung des Modellierungsproblems animieren. Dies könnte Einfluss auf seine Art der Reflexion genommen haben, da er im Vergleich zu den anderen Lehrkräften deutlich öfter intervenierte und ihm in der Folge auch mehr Videosequenzen mit Interventionen gezeigt wurden.

Den eigenen Unterricht stellte die Lehrkraft als adaptiv, den Lernvoraussetzungen der Schülerinnen und Schülern angepasst dar. Herr Müller ließ nach eigener Aussage seine Schülerinnen und Schüler häufig in Gruppen arbeiten, wobei sich die Lernenden in der Regel gegenseitig unterstützen sollten und Herr Müller durch persönliche Gespräche mitwirke.

An der Studie hat Herr Müller in der metakognitiven Vergleichsgruppe teilgenommen. Er zeigte sich im Laufe des Projektes als eine sehr geduldige und den Schülerinnen und Schülern zugewandte, empathische Lehrerpersönlichkeit.

Die berichteten metakognitiven Prozesse der Schülerinnen und Schüler
Vorab ist zu betonen, dass Herr Müller bei der Analyse der Videosequenzen insgesamt vergleichsweise kurz auf die Schülerprozesse eingeht und eher das eigene Handeln fokussiert. Dieses reflektiert er jedoch immer mit Bezug auf die Lerngruppen.

Der Bereich der metakognitiven Strategien zur Orientierung und Planung wird von Herrn Müller im Vergleich zu den übrigen metakognitiven Strategien stärker berücksichtigt. Dabei nimmt die Lehrkraft zunächst Schwächen bezüglich der Orientierung einer Schülergruppe im Modellierungsprozess wahr, da eine Lerngruppe sich nicht zuerst im Modellierungsprozess orientiert, sondern den ersten Teilschritt des Modellierungskreislaufs übersprungen und auch ihre Ideen nicht geordnet hatte. Der Lehrer bezieht das Handeln der Lernenden auf sich, indem er sein eigenes Handeln hinterfragt:

> „/.../ ähm also ich glaube die haben ähm, ich hätte auch mehr auf diesen ersten
> methodischen Schritt drängen können in diesem Modellierungskreislauf, den haben
> die so ein bisschen übersprungen, das heißt die haben sozusagen sich das Problem

nicht vereinfacht und dadurch hätten sie ja schon sozusagen gleich den richtigen Weg weiterverfolgen können und hätten alle Ideen, die sie hatten, in einen Topf geschmissen und haben damit dann gearbeitet. Und äh, haben sozusagen diesen ersten Modellierungsschritt so ein bisschen übersprungen. " (Müller 1, 73)

Zudem scheint es, dass Herrn Müller auf ein strategisches Vorgehen achtet. Dies zeigt sich auch im weiteren Verlauf der Reflexion. In Zusammenhang mit dem übersprungenen Teilschritt hat Herr Müller in der Lerngruppe auch eine fehlende Zielorientierung wahrgenommen: *„Also da war ja klar, dass die Gruppe für sich noch nicht so ganz klar hatte, wo wollen wir hin. "* (Müller 1, 62). Er benennt diese Problematik zwar nicht mit den Begrifflichkeiten aus dem Ansatz der Metakognition (welche in der Fortbildung thematisiert worden waren), umschreibt sie aber. Bezüglich der Planungsprozesse stellt er außerdem fest, dass eine Schülergruppe zwei unterschiedliche Lösungsstrategien vermischt, anstatt sich für einen Weg zu entscheiden und diesen als gemeinsamen Plan festzulegen:

„Also die haben hier noch zwei Ideen gemischt. Einmal über den Auftrieb zu gehen und das Gewicht, was hier ja letztendlich nicht zielführend gewesen wäre. Also sie wären dann damit ja nicht unbedingt auf die Lösung gekommen. Und dann hatten die da drin aber auch Ansätze vom Volumen und so weiter. Und das habe ich versucht äh, durch meine Fragen so ein bisschen voneinander zu trennen. " (Müller 1, 62)

Auch hier wird deutlich, dass Herr Müller seine Intervention basierend auf den Schülerprozessen reflektiert. Es ist erkennbar, dass Herr Müller darauf abzielt, die Lernenden strategisch bei ihrem Bearbeitungsprozess zu unterstützen und zu bewirken, dass sie einen Weg zum Ziel bestimmen. Dies wird somit als Teil der Planung gesehen. Abgesehen davon wurde Herr Müller im Teil des fokussierten Interviews gezielt nach den Planungsprozessen seiner Schülerinnen und Schüler gefragt, bzw. konkret danach, inwieweit er wahrgenommen habe, dass sich seine Lernenden bewusst Strategien überlegten, wie sie vorgehen möchten. Die Lehrkraft nennt diesbezüglich sehr kurz die Strategie des arbeitsteiligen Vorgehens, reflektiert aber nicht weiter darüber: *„Also, dass sie in der Gruppe arbeitsteilig sagen, du machst das, du machst das, ähm, nicht unbedingt, ne. "* (Müller 1, 87). Interessant ist, dass Herr Müller auf weitere Nachfragen nach den Planungsprozessen wie folgt tiefgehend reflektiert: *„Also das hier jetzt, Tilo hat jetzt hier zum Beispiel äh, gesagt, ‚lass uns noch mal überprüfen‘, das ist ja schon planen, zu sagen, ‚wir haben das rausgefunden und gucken jetzt. ob das stimmt‘"* (Müller 1, 89). Diese Aussage lässt darauf schließen, dass Herr Müller das Konzept der Metakognition, wie es in der Fortbildung vermittelt wurde, zum Zeitpunkt der Pre-Erhebung noch nicht verinnerlicht hat. Es ist einerseits denkbar, dass er an dieser Stelle des Interviews Planungs- und Überwachungsprozesse vermischt hat. Es ist aber andererseits auch denkbar, dass er eine andere Auffassung von Planungsprozessen hat, indem es für ihn bereits zum Planen gehört, wenn während der Aufgabenbearbeitung kurzfristig festgelegt wird, was als nächstes zu tun ist. Diese Unklarheit korrespondiert damit, dass Herr Müller nicht ausführlicher über metakognitive Schülerprozesse reflektiert, sondern sich primär auf strategische Vorgehensweisen bezieht.

Bezüglich des metakognitiven Strategiebereiches der Überwachung und Regulation konnte nur eine Stelle identifiziert werden, an der die Lehrkraft über eine Überwachung ihrer Schülerinnen und Schüler reflektiert:

„Naja, Ben hat ja anscheinend irgendwas ausgerechnet. Der war also fürs Eintippen zuständig. Und ähm, den anderen war nicht so ganz klar, ob die das richtig gemacht haben und wollen gucken, also haben sich gegenseitig kontrolliert, und ähm, genau also haben versucht, das, was im Taschenrechner stand, zu überprüfen und zu ordnen in ihren Rechnungen." (Müller 1, 81)

Diese Aussage verdeutlicht, dass die Lehrkraft einen Prozess der sozialen Metakognition, konkret des gegenseitigen Kontrollierens der Lernenden, wahrgenommen hat, welcher der *other-regulation* zuzuordnen ist. Herr Müller hinterfragt diesen wahrgenommenen Prozess jedoch nicht weiter, geht beispielsweise auch nicht auf die Vorteile dieses Prozesses ein oder vergleicht ihn mit Prozessen in den anderen Lerngruppen. Er stellt lediglich fest, dass eine Person die Verantwortlichkeit „fürs Eintippen" in der Gruppe übernommen hat. Fraglich ist, inwieweit der Lehrer darüber nachgedacht hat, ob diese Verantwortlichkeit bewusst vergeben wurde. Er äußert sich im Interview zwar nicht explizit zu dieser Frage, berichtet aber, dass ein Schüler die Lösung vermutlich mit dem Taschenrechner überprüft hat, der als einziger in der Gruppe einen Taschenrechner zur Verfügung hatte. Dies könnte darauf hinweisen, dass Herr Müller über diesen Aspekt einer möglicherweise bewussten Entscheidung der Gruppe nachgedacht hat. Abgesehen davon erfolgt keine Bewertung des Prozesses hinsichtlich seiner Stärken und Schwächen.

Den Einsatz des dritten metakognitiven Strategiebereichs, den Bereich der Evaluation, hat Herr Müller bei den Schülerinnen und Schülern in der Vertiefungsphase des Projektes angeregt – wie von der Projektgruppe vorgegeben. Im Interview berichtet der Lehrer jedoch davon, dass die gestellten Vertiefungsfragen kaum tiefergehend beantwortet worden seien und bewertet dies als nicht ausreichend: *„Ja also, da habe ich wahrscheinlich den Lehrerblick und es ist mir nicht sichtbar genug. Also ich würde es mir noch mehr wünschen"* (Müller 1, 96). Insgesamt wird somit deutlich, dass Herr Müller metakognitive Prozesse der Schülerinnen und Schüler wahrgenommen und ansatzweise interpretiert hat. Die Prozesse werden von ihm jedoch nur wenig bewertet. Wenn der Lehrer Bewertungen vornimmt, dann sind diese eher reine positiv/ negativ-Bewertungen. So stellt Herr Müller fest, dass Überwachungs- und Evaluationsprozesse zu oberflächlich angewendet worden seien und eine stärkere Implementierung nötig sei. Er führt dies aber nicht weiter aus und gibt keine konkreten Begründungen für diese Schwächen. Ebenso wenig werden die metakognitiven Prozesse der Lernenden gruppenweise hinsichtlich Stärken und Schwächen verglichen oder tiefergehend eingeordnet und die Lehrkraft zieht auch keine konkreten Schlüsse in Bezug auf zukünftige Fördermaßnahmen.

Die selbstberichteten eigenen Handlungen
Herr Müller reflektiert vielfach über das eigene Interventionsverhalten während der Modellierungsprozesse und hinterfragt und bewertet seine eigenen Interventionen überwiegend eigenständig. Die im vorigen Abschnitt zitierten Äußerungen haben bereits angedeutet, dass er seine eigenen Interventionen stets lerngruppenbezogen reflektiert. Ersichtlich ist dies beispielsweise auch an der folgenden Aussage:

> *„Also die haben hier noch zwei Ideen gemischt. Einmal über den Auftrieb zu gehen und das Gewicht, was hier ja letztendlich nicht zielführend gewesen wäre. Also sie wären dann damit ja nicht unbedingt auf die Lösung gekommen. Und dann hatten die da drin aber auch Ansätze vom Volumen und so weiter. Und das habe ich versucht, äh durch meine Fragen so ein bisschen voneinander zu trennen."* (Müller 1, 62)

Der Lehrer stellt hier zunächst kurz seine Diagnose des Schülerprozesses dar und begründet dann seine Intervention. Dieser Bezug zu den Schülergruppen lässt sich in nahezu allen Aussagen über die eigenen Interventionen finden, da Herr Müller immer darüber reflektiert, was seine Interventionen bei den Lernenden bewirkt haben oder bewirken würden.

Anhand der selbstberichteten Interventionen dieser Lehrkraft ist ein allgemeines Ablaufschema erkennbar, nach dem sie generell handelt: Nach dem Prinzip der minimalen Hilfe versucht der Lehrer sich zunächst zurückzuhalten, bis er feststellt, dass die Schülerinnen und Schüler nicht mehr eigenständig weiterarbeiten. Dabei tritt Herr Müller nach eigener Angabe auch erst bei dieser Diagnose an die Gruppe heran und nicht sofort bei jeder Meldung. Seine Interventionen, die ihm anhand der Videografie gezeigt werden, reflektiert er stets in Bezug auf das Prinzip der minimalen Hilfe und bewertet sie nach der Taxonomie von Zech. Er berücksichtigt dabei nicht nur die Intensität einer Intervention, sondern auch den Aspekt, wie schnell interveniert wird (vgl. Müller 1, 31). Deutlich wird dies beispielsweise in einer der ersten Aussagen zu der ersten gezeigten Videosequenz im Interview:

> *„(...) ich bin dann aber gleich eingestiegen und hab versucht, inhaltlich sozusagen zu helfen, vielleicht hätte ich sie das auch selber noch, also an der Stelle hätte ich vielleicht auch die Gruppe wieder verlassen können und sie damit erst mal arbeiten könn- lassen können und selbst überlegen können, wie können wir das denn rausfinden. (...) Also vielleicht hätte ich auch mehr diese Hemmnisse abbauen müssen, inhaltlich zu arbeiten. Also diese Hemmnisse, sich überhaupt mit der Aufgabe auseinanderzusetzen. Das heißt, ja, sie zu motivieren, an der Aufgabe dranzubleiben, vielleicht wäre DAS in der Situation genauso hilfreich gewesen, wie halt inhaltlich zu helfen. "* (Müller 1, 19; 24)

Bezüglich der Intervention selbst wird deutlich, dass Herr Müller grundsätzlich versucht, strategisch zu intervenieren und bei Schwierigkeiten im Verstehen und Vereinfachen fragegeleitet Bezug zur Aufgabenstellung zu nehmen. Die weiteren Interventionen dieser Lehrkraft sind insbesondere durch strategisch-methodische Hinweise gekennzeichnet. Hierbei handelt es sich beispielsweise um Verortungen, Strukturierungen, aber auch gezielte Unterstützungen der Planung, indem beispielsweise einzelne Lösungsideen der Schülerinnen und Schüler von dieser Lehrkraft vorgestellt und wiederholt werden. Herr Müller hat somit nachdrücklich versucht, die Schülerinnen und Schüler in dem Bereich des strategischen Arbeitens zu unterstützen. Bei schwächeren Lerngruppen hat er zum Beispiel auch strategisch unterstützt, indem die Lernenden notieren sollten, was sie bereits erarbeitet hatten: *„(...) ich habe sie dann unterstützt, das auch zu notieren, nochmal genau auf den Punkt einzuordnen"* (Müller 1, 31). Im Interview reflektiert Herr Müller mehrfach über strategische Interventionen und deren Alternativen anstelle von inhaltlichen Interventionen. Daraus kann gefolgert werden, dass ihm diese Art der Unterstützung wichtig ist (ebd.). Insgesamt ist aber nicht erkennbar, ob Herr Müller bewusst das Anliegen verfolgt hat, durch seine Interventionen die Anwendung metakognitiver Strategien anzuregen. Diesbezüglich wird im Interview deutlich, dass er die fehlende Nutzung des Modellierungskreislaufs bei den Schülerinnen und Schülern wahrgenommen hat und auch, dass er manche

Gruppen nicht zur Nutzung des Modellierungskreislaufs angeregt hat. Die Entscheidung, nicht ausdrücklich auf den Modellierungskreislauf hinzuweisen, hat diese Lehrkraft zum Teil bewusst getroffen. So berichtet Herr Müller, dass er einen Verweis auf den Modellierungskreislauf erst dann sinnvoll findet, wenn sich die Lernenden bereits orientieren können und das Modellierungsproblem an sich verstanden haben. Allgemein beurteilt er den Kreislauf als hilfreiches Instrument für leistungsstärkere Gruppen:

> „(...) ich glaube schon, dass das einer Gruppe wie dieser Jungsgruppe eventuell helfen könnte. Gerade um sich zu Beginn diese diesen Wust an Informationen, die sich zu sortieren müssen, könnte das schon hilfreich sein. Bei der Mädchengruppe, also die ich da beraten hab', hätte ich zu Beginn natürlich auch sagen können, ,wo befindet ihr euch, woher bekommt ihr die Informationen, was ist wichtig, unterstreicht die Dinge, die für die Lösung wirklich wichtig sind'. Ich glaube aber, dass ja dieser Modellierungskreislauf erfordert, dass man zu Beginn erfasst hat, was wichtig ist und was erfordert die Aufgabe von mir, sonst kann man ja nicht die wichtigen von den unwichtigen Informationen trennen und ähm, wenn man das nicht schafft, dann hilft einem ja auch dieser Kreislauf nicht so viel. Und an der Stelle steht, glaube ich, diese Mädchengruppe noch. Die schafft gar nicht diese erste Hürde, gerade zu erkennen, was will jetzt diese Aufgabe von mir, gerade zu erkennen, was ist jetzt das Volumen in diesem Zusammenhang." (Müller 1, 110)

Insgesamt ist die Reflexion dieser Lehrkraft über das eigene Interventionsverhalten umfassend. Jede Intervention wird basierend auf der Diagnose der Schülerprozesse dargestellt und bewertet. Es werden mehrfach alternative Interventionsmöglichkeiten reflektiert. Hinzu kommt, dass Herr Müller eigenständig den Fokus auf das Intervenieren legt. Die eigenen Handlungen werden stärker reflektiert als Schülerprozesse, diese werden kaum tiefergehend analysiert und bewertet. Es zeigt sich aber, dass die Interventionen immer lerngruppenbezogen analysiert werden mit der Perspektive, das selbstständige, zielorientierte Arbeiten zu fördern (Tabelle 7.4).

Art und Weise der Reflexion
Auch wenn erneut anzumerken ist, dass in dem videografierten Unterricht dieser Lehrkraft besonders viele Sequenzen mit Interventionen zu sehen waren, werden Unterschiede in den Reflexionen über die Lehrer- und Schüleraktivitäten deutlich. Herr Müller hinterfragt das eigene Intervenieren in starkem Maße und reflektiert umfassend. Er bewertet sein eigenes Interventionsverhalten nicht nur, sondern analysiert es auch hinsichtlich möglicher alternativer Interventionsmöglichkeiten und der Auswirkungen seiner Interventionen. Das metakognitive Schülerverhalten wird im Vergleich dazu nur im Ansatz reflektiert und es erfolgt meist unmittelbar der Bezug auf das eigene Handeln.

Tabelle 7.4 Übersicht selbstberichteter Interventionen: Herr Müller 1

Selbstberichtete Interventionen	Beleg (Beispiel)
Bewusstes Zurückhalten	*„Ich habe erst mal gewartet und geguckt, ob sie sozusagen diese Schwierigkeiten für sich selbst organisiert kriegen. Die sind dann relativ schnell wieder auf diese, auf die Schiene gesprungen, auf der sie eigentlich immer sitzen, heißt ‚ich verstehe es nicht, ich brauche Hilfe' und haben dann ja auch nach Hilfe gefragt, relativ früh, ich habe dann auch erst mal noch gewartet, ich glaube die ersten zwei ja äh Hilferufe habe ich sozusagen überhört, / I lacht/ und ähm beim dritten bin ich dann hingegangen, weil ich einfach gesehen habe, sie stellen die Arbeit ein."* (Müller 1, 9)
Fehlende Zurückhaltung	*„(...) und habe dann gleich die nächste Hilfe gegeben, ohne zu wissen, ob die überhaupt sozusagen in dem Moment überhaupt gefragt war /I zustimmend/ das heißt, es hätte ja auch sein können, dass sie von sich aus wüssten, wie es weitergeht. Genau. Aber habe dann gleich diese Hilfe gegeben."* (Müller 1, 31).
Inhaltliche Intervention (bei Schwierigkeiten beim Verstehen der Aufgabe)	*„(...) ähm ich bin dann aber gleich eingestiegen und hab versucht inhaltlich sozusagen zu helfen, (...) also an der Stelle hätte ich vielleicht auch die Gruppe wieder verlassen können und sie damit erst mal arbeiten könn- lassen können und selbst überlegen können, ‚wie können wir das denn rausfinden'."* (Müller 1, 19)
Einordnungen durch Mitschrift (Skizze)	*„(...) ich habe sie dann unterstützt, das auch zu notieren, nochmal genau auf den Punkt einzuordnen."* (Müller 1, 31)
Unterstützung der Planung	*„(...) in die Richtung habe ich das ja auch gemacht, zu fragen, was fehlt euch denn, wo findet ihr das, ich habe jetzt schon versucht, die dabei zu unterstützen."* (Müller 1, 52) *„Also da war ja klar, dass die Gruppe für sich noch nicht so ganz klar hatte, wo wollen wir hin. Also die haben hier noch zwei Ideen gemischt. Einmal über den Auftrieb zu gehen und das Gewicht, was hier ja letztendlich nicht zielführend gewesen wäre. Also sie wären dann damit ja nicht unbedingt auf die Lösung gekommen. Und dann hatten die da drin aber auch Ansätze vom Volumen und so weiter. Und das habe ich versucht, äh durch meine Fragen so ein bisschen voneinander zu trennen."* (Müller 1, 62)
Arbeitsstand vorstellen lassen	*„(...) in dem Moment habe ich ja nur nachgefragt, wie sie vorgegangen sind."* (Müller 1, 64)

(Fortsetzung)

Tabelle 7.4 (Fortsetzung)

Selbstberichtete Interventionen	Beleg (Beispiel)
Alternative: Motivationshilfe	*Also vielleicht hätte ich auch mehr diese Hemmnisse abbauen müssen, inhaltlich zu arbeiten. Also diese Hemmnisse, sich überhaupt mit der Aufgabe auseinanderzusetzen. Das heißt ja, sie zu motivieren, an der Aufgabe dranzubleiben, vielleicht wäre DAS in der Situation genauso hilfreich gewesen, wie halt inhaltlich zu helfen.“* (Müller 1, 24)
Alternative: Zusammenfassen	*„(…) /…/ vielleicht hätte ich noch mal wiederholen können. Zusammenfassen können, was sie mir gesagt haben, also zu sagen, ‚ok, ihr steht an dem Punkt, dass ihr den Radius sucht, wie könnt ihr den denn jetzt rausbekommen?‘ (…) Also ich glaub, in die Richtung habe ich das ja auch gemacht, zu fragen, was fehlt euch denn, wo findet ihr das, ich habe jetzt schon versucht, die dabei zu unterstützen.“* (Müller 1, 50)
Alternative: Verweis auf den Modellierungskreislauf	*„(…) ich glaube schon, dass das einer Gruppe wie dieser Jungsgruppe eventuell helfen könnte. Gerade um sich zu Beginn diese diesen Wust an Informationen, die sich zu sortieren müssen, könnte das schon hilfreich sein. Bei der Mädchengruppe, also die ich da beraten hab‘, hätte ich zu Beginn natürlich auch sagen können, wo befindet ihr euch, woher bekommt ihr die Informationen, was ist wichtig, unterstreicht die Dinge, die für die Lösung wirklich wichtig sind. Ich glaube aber, dass ja dieser Modellierungskreislauf erfordert, dass man zu Beginn erfasst hat, was wichtig ist und was erfordert die Aufgabe von mir, sonst kann man ja nicht die wichtigen von den unwichtigen Informationen trennen und ähm, wenn man das nicht schafft, dann hilft einem ja auch dieser Kreislauf nicht so viel. Und an der Stelle steht, glaube ich, diese Mädchengruppe noch. Die schafft gar nicht diese erste Hürde, gerade zu erkennen, was will jetzt diese Aufgabe von mir, gerade zu erkennen, was ist jetzt das Volumen in diesem Zusammenhang.“* (Müller 1, 110)

Durch die eigenständige Fokussierung auf die eigenen Handlungen reflektiert diese Lehrkraft über die metakognitiven Schülerprozesse beim mathematischen Modellieren ähnlich dem Reflexionstypus *selbstbezogen*. In Abgrenzung dazu wird bei diesem Typus jedoch deutlich, dass die Reflexion immer lerngruppenbezogen erfolgt. Daher wird Herr Müller dem Reflexionstypus *(lerngruppenbezogen) selbstreflektiert* zugeordnet. Beide Typen gleichen sich in der überwiegenden Lehrerzentrierung der Reflexion bei gleichzeitigem differierendem Bezug der

Reflexion über das eigene Lehrerhandeln. Während der *Selbstbezogene* vorwiegend eigene Handlungen reflektiert und bewertet, reflektiert der *Selbstreflektierte* immer mit Blick auf die Lerngruppen und die Frage, wie die eigenen Handlungen auf die Schülerinnen und Schüler wirken.

7.4   Analysierender Reflexionstypus

7.4.1 Idealtypus – analysierender Reflexionstypus

Der *analysierende* Reflexionstypus kann vor allem durch eine umfangreiche Analyse der Modellierungsprozesse der Lernenden charakterisiert werden. Lehrkräfte, die diesem Typus zugeordnet werden können, reflektieren die metakognitiven Prozesse der Schülerinnen und Schüler während der Bearbeitung mathematischer Modellierungsprobleme umfassend bezüglich Stärken und Schwächen. Dabei werden auch alternative Vorgehensweisen oder Strategieeinsätze bedacht, die im Hinblick auf die Produktivität des Bearbeitungsprozesses eventuell geeigneter gewesen wären. Dieser Typus kann von den Typen einer höheren Stufe der Typologie dahingehend abgegrenzt werden, dass noch keine Handlungsmöglichkeiten für die Förderung metakognitiver Prozesse reflektiert werden. Insgesamt liegt der Fokus dieses Typus auf den Schülerprozessen und nicht auf der eigenen Person als Lehrkraft.

7.4.2 Prototyp – analysierend: Frau Winter 2

Hintergrundwissen zur Person und zur Lerngruppe
Frau Winter war zum Zeitpunkt der Studie eine junge Lehrerin mit einer geringen Berufserfahrung von zwei Jahren. Sie war an einer Stadtteilschule in Hamburg tätig. Seit dem Abschluss des Studiums hatte die Lehrkraft keine Fortbildungen zur mathematischen Modellierung besucht und gab an, *„insgesamt viel zu wenig und wenn nur unterschwellig"* zu modellieren, *„oft fehlt der Mut und die Zeit!"* (Winter 1, Fragebogen, 3.1). Sie bekundete, ihre eher kleinere bis mittelgroße Projektklasse aus 18 Schülerinnen und Schülern sei bisher wenig bis gar nicht mit Modellierungsprozessen vertraut. Frau Winter äußerte, dass sie in ihrem Unterricht auf eine klare Struktur und transparente Erwartungen achte sowie besonders auf die Zusammensetzung der Lernenden bei Gruppenarbeiten, da vielfach soziale Aspekte zu berücksichtigen seien.

Frau Winter hat an dem Forschungsprojekt MeMo in der mathematischen Vergleichsgruppe teilgenommen. Neben ihr hat eine weitere Lehrkraft ihres Kollegiums an der Studie (in der gleichen Vergleichsgruppe) teilgenommen, sodass ein gegenseitiger Austausch möglich war. Frau Winter wurde anhand der Post-Erhebung als Prototyp gewählt und geht im Interview auf die Entwicklung der Modellierungsprozesse ihrer Lernenden ein.

Die berichteten metakognitiven Prozesse der Schülerinnen und Schüler
Bezüglich der berichteten metakognitiven Prozesse der Lernenden nimmt Frau Winter zunächst unterschiedliche Orientierungsprozesse in den Gruppen wahr und reflektiert über diese auch gezielt hinsichtlich eingesetzter Strategien:

> „(...) und was ich noch an Strategie erkenne, ist, dass sie als erstes gucken, ‚welche Werte brauchen wir?‘. Das hat man bei Marion vorhin auch gehört, so ‚den können wir vernachlässigen‘, das m- lernen sie auch, also, oder haben sie auch gelernt. Dass nicht immer alles wichtig ist, sondern sie erstmal gucken müssen, ‚was brauchen wir?‘" (Winter 2, 92)

Die Lehrkraft äußert sich hier klar zu den von den Schülerinnen und Schülern eingesetzten Strategien. Sie beschreibt das Vorgehen der Lernenden dabei nicht nur, sondern hinterfragt es hinsichtlich verschiedener Vorgehensweisen und eingesetzter Strategien. Außerdem bezieht die Lehrkraft in ihre Analyse das metakognitive Wissen ihrer Lernenden über Personen, Strategien und Aufgaben ein (vgl. auch Winter 2, 34). Bezüglich des Aufgaben- und Strategiewissens erkennt sie beispielsweise, dass die Schülerinnen und Schüler im Laufe des Projektes gelernt haben, die gegebenen Informationen zu filtern und gezielt zu überlegen, was überhaupt gebraucht wird (diese Kenntnisse fehlten den Lernenden zu Beginn der Studie, vor allem auch die Kenntnis darüber, dass es im Modellierungsprozess notwendig ist, Annahmen zu treffen).

Bezüglich der Planungsprozesse ihrer Lernenden reflektiert Frau Winter mehrfach darüber, inwieweit die Schülerinnen und Schüler zielorientiert arbeiten und ein Ziel und bzw. oder den Weg zum Erreichen des Ziels festlegen. Deutlich wird dies in folgender Äußerung:

> „(...) ich bin gerade ganz schön begeistert, wie zielorientiert sie ’rangehen. Dass sofort kam, ‚die zack können wir ja weglassen, das brauchen wir nicht, es geht hier nur um Afrika‘. Also, sie hatten SOFORT geblickt, ‚ich MUSS nicht alles nutzen‘ und äh, /../ zwar nicht ihren Lösungsplan, also den Weg, den sie jetzt gehen wollen, so zusammen jetzt erstmal f- äh, festlegen, aber beide so gleich ‚so, los geht’s! Wir wissen worum’s geht und an’s Werk!‘" (Winter 2, 11)

Frau Winter bewertet die von ihr als zielorientiert wahrgenommene Vorgehensweise sehr positiv und reflektiert differenziert, dass die Lernenden ein Ziel für
die Aufgabenbearbeitung festgelegt hatten, dass aber gleichzeitig die Festlegung
über den Weg zum Ziel noch gefehlt hat (bezeichnet als „Lösungsplan"). Diese
Festlegung des Ziels konnte sie bei mehreren Gruppen beobachten. Sie reflektiert umfassender in diesem Zusammenhang auch über die Entwicklung dieser
Fähigkeit ihrer Schülerinnen und Schüler im Verlauf der Studie und stellt eine
positive Entwicklung fest, indem die Lernenden am Ende der Studie ganzheitlicher arbeiteten und das Ziel sowie den Weg zum Ziel schneller festlegen
konnten. Die Lehrkraft reflektiert dabei sehr gezielt über die unterschiedlichen
Prozesse, benennt auch Unterschiede in den Gruppen und ergänzt ihre Analyse der videografierten Schülerprozesse mit Reflexionen über nicht videografierte
Modellierungsprozesse:

> *„Da, finde ich, insgesamt war das Vorgehen schneller ganzheitlich. Dass sie schneller
> wussten, wir müssen, wohin sie wollen und was sie dafür brauchen. Ähm, bei der
> Windparkaufgabe zum Beispiel war das nicht so. Da war erst so, /./ sie zu dieser
> Skizze zu bekommen, war schon 'n bisschen schwieriger. Und erst, als sie die hatten,
> haben sie dann so langsam den Weg ganzheitlich planen können. Das, ähm, und selbst
> da war es eher stückchenhaft. Das war jetzt bei der, ich glaube, das liegt daran, dass
> das Handwerkszeug ihnen vertrauter war."* (Winter 2, 100)

Darüber hinaus zeigt sich, dass die Lehrkraft die metakognitiven Schülerprozesse sehr genau und tiefgehend reflektiert. Sie bringt dabei nicht nur ihre eigene
Bewertung der Schülerprozesse zur Sprache, sondern geht auch darauf ein, inwieweit die Lernenden selbst diese beurteilt haben. Sie bemerkt diesbezüglich, dass
die Schülerinnen und Schüler die Bereiche der Planung und Organisation als
bedeutsam einschätzten, da sie sich auf diese fokussierten und auch kommuni-
zierten, sich zunächst auf diese konzentrieren zu müssen. Frau Winter bezeichnet
dies als strategisches Vorgehen und erkennt, dass die Lernenden in der Lage
waren, selbst Strategien in diesem Bereich zu erarbeiten, um die aufgetretenen
Schwierigkeiten zu überwinden:

> *„'Warte, wir haben den Gedanken, der muss jetzt irgendwie klar, den müssen wir klar
> kriegen, weil sonst kommen wir nicht weiter' und das Hindernis haben sie dann, so,
> also zumindest erarbeiten sie sich gerade 'ne Strategie, wie sie dieses Hindernis /./
> beiseite kriegen, um dann, ähm, weitermachen zu können."* (Winter 2, 18)

Abgesehen davon wird im Interview deutlich, dass die Lehrkraft auch schon während des Unterrichtsgeschehens über die Planungsprozesse ihrer Lernenden reflektiert hat. Erkennbar ist dies daran, dass sie im Interview äußert, in der Stunde selbst über die strukturierte Vorgehensweise in Verbindung mit der Schreibweise der Lernenden nachgedacht zu haben, die sie als unstrukturiert bewertet habe:

> *„Ähm, ich weiß noch, dass ich deren Zettel gesehen hab. Ich fand, das sah alles sehr wirr aus. Die haben nachher auch ganz wirr die Werte durchgestrichen und so, aber ich glaube, für sich hatten sie 'nen Weg. Also, die wussten schon genau, ,wir rechnen erstmal aus, wie viel Liter ist in so 'nem Kasten, wie viel Kas- Kästen werden also verkauft' und so weiter. Also die wussten schon, wohin sie wollen, doch."* (Winter 2, 20)

Zusammenfassend wird deutlich, dass Frau Winter umfangreich über die Planung und Organisation der Schülerinnen und Schüler reflektiert und insbesondere nach Stärken und Schwächen analysiert. Auch die Überwachungsprozesse der Schülergruppen werden von dieser Lehrkraft umfassend reflektiert. Dabei ist zu erkennen, dass Frau Winter Überwachungen der Schülerinnen und Schüler bezüglich der allgemeinen Vorgehensweise, der eigenen Person und – auf der Gruppenebene – der anderen Gruppenmitglieder wahrgenommen hat und reflektiert. Im Bereich der Überwachungen der allgemeinen Vorgehensweise nimmt sie wahr, dass das Treffen der Annahmen überwacht wurde. Die Validierung der Lösung am Ende des Modellierungsprozesses bewertet sie hingegen als Schwäche. Nach Einschätzung der Lehrkraft haben die Lernenden in diesem Bereich den größten Verbesserungsbedarf, da sie eine zu geringe Handlungsbereitschaft für einen weiteren Vollzug des Modellierungskreislaufs zeigten. Positiv betont sie, dass die Schülerinnen und Schüler darüber reflektiert haben, ob das errechnete Ergebnis realistisch ist. Insgesamt fehlt aus Sicht von Frau Winter aber die nötige Regulation bei der Erkenntnis von Problematiken:

> *„Ähm, /./ der Wunsch, dass es realistisch und richtig ist, annähernd, den haben sie trotzdem noch, aber wenn sie es nicht haben, haben sie nicht mehr die /./ Ausdauer, äh, nochmal zu gucken, ,woran liegt das jetzt, wo können wir, wo lagen wir falsch?'"* (Winter 2, 114)

Als Strategien im Bereich der Überwachung der Vorgehensweise hat Frau Winter mehrere Strategien wahrgenommen, beispielsweise das Überschlagen und Runden von Werten für ein leichteres Arbeiten mit Zahlenwerten. Dabei hebt sie die

Strategie des Austausches (z. B. angeregt durch das Erstellen von Präsentations-
folien) als zentrale Strategie hervor, da die Lernenden durch die Kommunikation
über die einzelnen Schritte sicherstellen könnten, dass potenziell alle mitdenken
und mitarbeiten:

> *„Die sollten ja ihre, ähm, Lösungswege auf Folien schreiben und DAS war, weil einer*
> *dann geschrieben hat, der dann manchmal drüber, über den gestolpert ist und dann*
> *Nachfragen gestellt hat. Das war so 'ne Strategie, ähm, /./ ja und einfach innerhalb*
> *der Gruppe die Kommunikation. Also wenn jemand irgendeinen Schritt, also einer ist*
> *im Kopf schon drei Nummern weiter und der andere noch nicht, dann das nochmal*
> *erzählen müssen, was man sich jetzt denkt. Dann kommt der nächste und sagt aber,*
> *‚warte mal, aber müssen wir nicht noch bedenken, es trinkt ja nicht jeder Krombacher‘*
> *oder so. Also, die Kommunikation und das Erklären und Erzählen und der Austausch*
> *über Ideen und Lösungswege. Das, finde ich, ist glaube ich noch eine der zentralsten*
> */L schluckt/ Strategien."* (Winter 2, 108)

Bezüglich der Überwachung auf der Gruppenebene achtet die Lehrkraft sowohl
auf individuelle Prozesse einzelner Lernender wie auch auf die gegenseitige
Überwachung. Dabei stellt Frau Winter einerseits die individuelle Überwachung
fest, indem ein Schüler sich selbst kontinuierlich überwacht und auch laut
kommuniziert und erinnert, strukturiert und bewusst arbeiten zu müssen:

> *„Ähm, er ist einer, der eigentlich ganz viel fachliches Wissen hat und der das auch weiß,*
> *der sich aber ganz bewusst drauf, ähm, konzentrieren muss, keine Fehler zu machen.*
> *Und ich glaub, DAS meint er. Also es ist spät am Nachmittag. Er weiß auch, dass er*
> *mit seiner Konzentration nicht mehr voll da ist. Will's richtigmachen und deswegen,*
> *kühlen Kopf bewahren, so jetzt, äh, ganz konzentriert."* (Winter 2, 34)

Andererseits erkennt die Lehrkraft, dass die Lernenden das Handeln der anderen Gruppenmitglieder mittlerweile stärker hinterfragen und nicht unreflektiert
annehmen:

> *„DA war es so, meistens gab es in einer Gruppe einen, der hatte 'ne Idee und diesen,*
> *diese Idee wurde übernommen. Also da war so ‚Gott sei Dank! Irgendjemand hat 'ne*
> *Idee, irgend 'nen Plan ist da, wir gehen den jetzt, Hauptsache wir haben nachher was‘*
> *und jetzt, ähm, ist so das Interesse zu verstehen, was machen wir denn da eigentlich*
> *und warum machen wir das. DAS ist so deutlich höher geworden. Also, da ist deutlich*
> *'ne Entwicklung da."* (Winter 2, 110).

Aus dieser Äußerung geht hervor, dass Frau Winter auch die Überwachung
ihrer Lernenden umfassend betrachtet, reflektiert und bewertet. Die Evaluation
der Lernenden wird von ihr vergleichsweise gering analysiert, was jedoch auf

die Teilnahme von Frau Winter in der Gruppe der mathematischen Vertiefung zurückgeführt werden kann. Da den Lehrerinnen und Lehrern dieser Gruppe die Bedeutung der Evaluation der Modellierungsprozesse nicht vermittelt wurde, ist es dennoch positiv hervorzuheben, dass die Lehrkraft darüber reflektiert, wie die Lernenden ihre eigenen Bearbeitungen evaluieren. Sie stellt fest, dass die Besprechung der Modellierungsprozesse im Plenum mehr Eigenreflexionen initiiert hat:

> „(...) also, der Gruppenprozess am Ende und das Vergleichen der Ergebnisse untereinander, DAS hat das Reflektieren des eigenen Prozesses meistens nochmal mehr angestoßen." (Winter 2, 84)

Anschließend reflektiert die Lehrkraft darüber, dass die Schülerinnen und Schüler zwar evaluieren können, welche Bereiche gelungen oder welche verbesserungswürdig sind (z. B. ist ihr aufgefallen, dass Schülergruppen gemerkt haben, was bei ihren Prozessen fehlte), jedoch fehle die Bereitschaft zur Regulation von Defiziten. Auch hier berücksichtigt sie die Stärken und Schwächen der Schülerprozesse.

Insgesamt kann festgehalten werden, dass Frau Winter die drei metakognitiven Strategiebereiche bei ihren Lernenden hinsichtlich Stärken und Schwächen reflektiert. Evaluationsprozesse waren in den präsentierten Videosequenzen kaum enthalten und werden in entsprechend geringem Umfang thematisiert.

Die selbstberichteten eigenen Handlungen

Das eigene Interventionsverhalten wird von Frau Winter vorwiegend erst im fokussierten Teil des Interviews auf Anregung der Interviewerin hin reflektiert. Es kann daher bemerkt werden, dass eine Reflexion über die eigene Handlungsposition eher wenig eigenständig erfolgt. Die Prozesse der Lernenden werden in den Fokus gestellt, aber das diesbezügliche eigene Handeln zur Förderung von metakognitiver Modellierungskompetenz wird wenig reflektiert.

Insgesamt kann das Interventionsverhalten von Frau Winter als zurückhaltend beschrieben werden. Sie bringt explizit ihr Bemühen zum Ausdruck, nach dem Prinzip der minimalen Hilfe zu intervenieren und Schülerinnen und Schüler vorwiegend anhand von Rückmeldungshilfen in ihrer Arbeitsweise zu bestärken. Inhaltliche Hilfen werden von dieser Lehrkraft primär dann eingesetzt, wenn mathematische Schwierigkeiten vorliegen. Anhand einzelner Äußerungen wird deutlich, dass sie sich gelegentlich unsicher ist, wie sie adäquat unterstützen kann, vor allem hinsichtlich der Sicherung der Ergebnisse. Um nach eigener Aussage nicht auf Unvorhergesehenes flexibel reagieren zu müssen, hat Frau

Winter darauf verzichtet, freiwillige Gruppen ihre Ergebnisse vorstellen zu lassen. Stattdessen hat sie die Modellierungsprozesse präsentieren lassen, die ihrer Einschätzung nach gelungen sind oder sie hat die Ergebnissicherung in die einzelnen Gruppen verlagert. Dieses Vorgehen widerspricht deutlich dem Gedanken der Modellierung, da so nicht klar wird, wie unterschiedlich die Gruppen vorgehen und zu verschiedenen sinnvollen Lösungen gelangen können. Obwohl die Lehrkraft darüber reflektiert, dass ein Vergleichen unterschiedlicher Lösungswege die Eigenreflexionen stimuliert, scheint sie dieses Potenzial auch in ihrem nicht videografierten Unterricht nicht immer genutzt zu haben.

Insgesamt wird zudem deutlich, dass es nur wenige selbstberichtete Unterstützungsmaßnahmen der Lehrkraft hinsichtlich der metakognitiven Prozesse der Lernenden gab. Neben der genannten gemeinsamen Evaluation über die Modellierungsprozesse im Plenum im Rahmen der Ergebnissicherung spricht Frau Winter lediglich an, die Planung in einer Gruppe mit fehlendem Zugang zur Aufgabenbearbeitung stärker unterstützt zu haben (Tabelle 7.5):

„Ähm, bei Aufgaben, wo ich das Gefühl hatte, sie kommen gar nicht, sie kriegen überhaupt keinen Zugriff, das war zum Beispiel, ähm, HighFlyer war schwierig und also, genau diese beiden Aufgaben, wo es um die Skizzen ging, da hab' ich dann irgendwann, ähm, so 'n bisschen, ja, die Zügel genommen und gesagt so ‚das ist der Weg' und um ihnen einfach zu helfen, damit die Frustration nicht so groß ist." (Winter 2, 124)

Art und Weise der Reflexion

Im Vergleich der Teilbereiche Schülerprozesse und eigenes Lehrerhandeln ist bei dieser Lehrkraft die Fokussierung auf die Analyse der Schülerprozesse offensichtlich. Alle Bereiche metakognitiver Strategien werden hinsichtlich Stärken und Schwächen reflektiert und insbesondere die Prozesse der Planung sowie der Überwachung und Regulation werden umfassend analysiert. Auffallend ist jedoch, dass Frau Winter bei der Identifizierung von Defiziten der Schülerprozesse nicht darüber reflektiert, wie sie hier durch geeignete Interventionen eine Verbesserung erreichen könnte. Auch insgesamt nimmt sie in ihrer Reflexion kaum Bezug auf die Förderung metakognitiver Strategien bei den Modellierungsprozessen ihrer Schülerinnen und Schüler. Vielmehr zeigt sich, dass einzelne Interventionen der Lehrkraft der Anregung dieser Prozesse widersprechen, beispielsweise bei dem von ihr geplanten Vorgehen, falls einer Lerngruppe der Zugang zu einzelnen Modellierungsprozessen fehlt. Generell interveniert Frau Winter im Sinne der Modellierung nach dem Prinzip der minimalen Hilfe und nutzt eigenen Äußerungen zufolge vorrangig Rückmeldungshilfen. Die Lehrkraft

Tabelle 7.5 Übersicht selbstberichteter Interventionen: Frau Winter 2

Selbstberichtete Interventionen	Beleg (Beispiel)
Bewusstes Zurückhalten	*„Ähm, ich hab' schon versucht, WENIG zu machen, möglichst wenig. Auch gestern, ganz w- mich ganz viel zurückzunehmen, sie einfach machen zu lassen. Das war schon auch bei den anderen Aufgaben so."* (Winter 2, 124)
Ggf. Inhaltliche Intervention (bei Schwierigkeiten beim Verstehen der Aufgabe)	*„Aber sonst, /../ DAS ist es eigentlich. ODER, wenn wir dann 'n Ergebnis haben und ich sehe, da ist irgendwo einfach nur 'n, 'n Kommafehler passiert, irgendeine Stelle ist verrutscht, oder sie haben da 'ne ganz verkehrte Rechnung irgendwie Dividieren falsch oder so. Dass man dann nochmal 'n Hinweis gibt."* (Winter 2, 4)
Rückmeldungshilfen	*„Also manchmal m- überlege ich dann, ‚was sagst du jetzt?', also w- ‚lässt du sie dann damit doch lieber alleine und sie sollen es selbst lösen, oder GIBST du ihnen 'nen Hinweis?' und manchmal neige ich dann schon dazu, dann /L klatscht einmal in die Hand/ auch zu sagen, so ne, ‚pass auf, das ist total richtig, was ihr gerade macht, macht so weiter!' Die brauchen dann doch nochmal die Bestätigung. DAS war eigentlich /./ das meiste."* (Winter 2, 4)
Planung durch Lehrkraft	*„Ähm, bei Aufgaben, wo ich das Gefühl hatte, sie kommen gar nicht, sie kriegen überhaupt keinen Zugriff, das war zum Beispiel, ähm, HighFlyer war schwierig und also, genau diese beiden Aufgaben, wo es um die Skizzen ging, da hab' ich dann irgendwann, ähm, so 'n bisschen, ja, die Zügel genommen und gesagt so ‚das ist der Weg' und um ihnen einfach zu helfen, damit die Frustration nicht so groß ist."* (Winter 2, 124)
Gemeinsame Evaluation im Plenum	*„Auch gestern dann in der Ergebnissicherung war dann irgendwie, dass dann die eine Gruppe ihre Ergebnisse präsentierte und die andere meinte, ‚bei euch trinken ja alle Krombacher, das kann ja gar nicht sein' so und dann ‚ach ja, stimmt, das haben wir vergessen, einzub-, also, der Gruppenprozess am Ende und das Vergleichen der Ergebnisse untereinander, DAS hat das Reflektieren des eigenen Prozesses meistens nochmal mehr angestoßen."* (Winter 2, 84)

reflektiert jedoch kaum, inwieweit sie mit ihren Unterstützungsmaßnahmen metakognitive Prozesse bei den Schülerinnen und Schülern fördert oder gar verhindert. Generell wird das eigene Handeln überwiegend beschreibend wiedergegeben und nur teilweise bezüglich des eigenen „Wohlbefindens" während des Intervenierens reflektiert. Es erfolgt keine Reflexion über alternative Handlungen oder Maßnahmen, die zukünftig eingeführt werden könnten. Obwohl sie metakognitive

Schülerprozesse stark reflektiert und insbesondere auch wertet, fehlt somit der Bereich der Reflexion über das Intervenieren und die eigene Performanz.

Reflexionstypus
Aufgrund ihrer umfassenden Reflexion hinsichtlich metakognitiver Schülerprozesse, jedoch ohne die Reflexion von Förderungen der Metakognition durch das eigene Handeln wird Frau Winter dem Reflexionstypus *analysierend* zugeordnet. Die Reflexion der Schülerprozesse ist hier durch eine tiefgehende Analyse individueller Prozesse wie auch der Prozesse auf Gruppenebene gekennzeichnet. Die Lehrerin bewertet die wahrgenommenen metakognitiven Prozesse hinsichtlich Stärken und Schwächen. Diese Lehrkraft analysiert detailliert die wahrgenommenen Metakognitionen der Schülerinnen und Schüler, geht jedoch nicht darauf ein, wie den von ihr wahrgenommenen Defiziten durch geeignete Unterstützungsmaßnahmen begegnet werden könnte bzw. wie sie die Förderung metakognitiver Prozesse generell anregen könnte.

7.5   Handlungsorientierter Reflexionstypus

7.5.1 Idealtypus – handlungsorientierter Reflexionstypus

Der *handlungsorientierte* Reflexionstypus kann, ebenso wie der *analysierende* Reflexionstypus, durch den Fokus auf eine umfangreiche und tiefgehende Analyse der Schülerprozesse charakterisiert werden. Die Bearbeitungen der Lerngruppen werden hinsichtlich der eingesetzten metakognitiven Strategien reflektiert und nach Stärken und Schwächen analysiert. Zusätzlich berücksichtigt der *handlungsorientierte* Reflexionstypus die eigene Handlungsposition als Lehrkraft. Somit werden nicht nur die Schülerprozesse selbst reflektiert, sondern die Gesamtsituation wird weiterführend dahingehend analysiert, inwieweit die Lehrkraft intervenieren könnte, um metakognitive Prozesse zu stärken. Kennzeichnend für diesen Typus ist vor allem die Reflexion über Handlungsoptionen zur Förderung metakognitiver Modellierungskompetenz, noch ohne die Umsetzung dieser Handlungsoptionen. Letzteres ist erst für den *implementierenden* Reflexionstypus charakteristisch, der im nächsten Kapitel vorgestellt wird.

7.5.2 Prototyp – handlungsorientiert: Herr Roth 1

Hintergrundwissen zur Person und zur Lerngruppe
Herr Roth unterrichtete als junger Lehrer zum Zeitpunkt der Studie seit acht
Jahren das Fach Mathematik sowie naturwissenschaftliche Fächer. Seine Schülerinnen und Schüler der Projektklasse eines Hamburger Gymnasiums in Jahrgang
9 beschrieb er selbst als leistungsstark. Die Lernenden habe er bereits mehrere
Jahre im Fach Mathematik unterrichtet, auch im mathematischen Modellieren,
sodass sie über Vorerfahrungen verfügten. Herr Roth gab an, in der siebten Klasse
bereits kleinere Modellierungsprozesse mit den Lernenden durchgeführt zu haben,
wobei noch kein Modellierungskreislauf als Hilfsmittel verwendet worden sei.
Die Lehrkraft kannte den Modellierungskreislauf schon vor der Teilnahme an der
Studie.

Im Verlauf der Studie präsentierte sich Herr Roth als sehr engagiert und
motiviert. Während der Modellierungsprozesse der Lernenden bemühte er sich
intensiv um Zurückhaltung. Teilgenommen hat die Lehrkraft im Rahmen der
metakognitiven Vergleichsgruppe der Studie. In den Interviews zeigte er ein
großes Interesse und die Bereitschaft, seine ohnehin ausführlichen Äußerungen
auf Nachfrage zu vertiefen und zu ergänzen.

Die berichteten metakognitiven Prozesse der Schülerinnen und Schüler
Bezüglich der metakognitiven Prozesse seiner Schülerinnen und Schüler hat Herr
Roth wahrgenommen, dass sie sich zunächst eigenständig in dem Prozess orientieren konnten. Aufgrund ihrer Vorkenntnisse wussten sie bereits, dass Annahmen
zu treffen sind und konnten Informationen filtern. Die Lehrkraft hat wahrgenommen, dass insbesondere das Trennen der wesentlichen von den unwichtigen
Angaben schnell erfolgen konnte. Wie aus dem Interview im Rahmen der
Pre-Erhebung deutlich wird, hat Herr Roth das Vorgehen seiner Lernenden hinsichtlich der Planung und Organisation sehr genau beobachtet. Er stellt fest, dass
eine Lösungsstrategie gemeinsam diskutiert wurde und dabei bereits alternative
Lösungsideen abgewogen wurden. Der Lehrer ordnet die wahrgenommenen Strategien zudem systematisch in den Prozess ein und reflektiert darüber, welche
Schritte als nächstes erfolgen müssten. Er erkennt, dass die Lernenden das Ziel
festgelegt und auch den Weg zum Erreichen des Ziels (zunächst übergreifend)
diskutiert haben:

*„(...) ein Schüler sagt ja zum Beispiel ‚ja lasst uns noch mal gucken, ob man das
irgendwie anders machen kann' und dann kommen sie gemeinsam auf den Schluss,*

ne, man kann das nicht anders machen und haben dann sozusagen eine Strategie vereinbart, wie sie dabei vorgehen wollen." (Roth 1, 16)

Herr Roth berücksichtigt demnach beide Bereiche der Planung und geht weiter genauer auf die Festlegung zum Erreichen des Ziels ein:

„*(...) ja sind aber jetzt schon mal an einem Punkt angekommen, wo sie wissen, was sie brauchen und jetzt nur noch überlegen, wie können sie darauf kommen und wie können sie aus dem Bild auch die richtigen Informationen dann ablesen, messen, umrechnen.*" (Roth 1, 34)

Bezogen auf eine andere Gruppe hingegen nimmt die Lehrkraft verstärkt Defizite der Planung wahr. In dieser Gruppe wird zunächst kritisiert, dass die getroffene Annahme über die Größe des Mannes mit 1,80 m nicht weiter diskutiert, sondern direkt festgelegt wird. Der Lehrer reflektiert daraufhin, was die Schülerinnen und Schüler alternativ hätten diskutieren sollen. Herr Roth ist der Auffassung, dass ein Austausch über die zu treffende Annahme erforderlich gewesen wäre bzw. darüber, ob es einen Unterschied macht, welche Größe festgelegt wird:

„*(...) der hatte ja, wie groß ist so ein Mann denn eigentlich, da sind die anderen nich' so drauf eingegangen, die waren da gerade mit was anderem beschäftigt, das heißt diese Diskussion, ist er jetzt 1,85 oder 1,80 oder ist diese Abweichung überhaupt wichtig? Er sagt dann, 'das ist eigentlich nicht wichtig', aber das wäre ja auch noch mal eine Diskussion vielleicht wert. Und dann messen sie ja nach, wie groß ist der Mann, wo sie noch nicht drüber gesprochen haben, ist, wie rechnen sie das um, und es ist auch noch unklar, wofür brauchen sie das eigentlich. Also ich weiß nicht, die Gruppe war, glaube ich, relativ lange ohne Ergebnis, weil sie gar nicht wussten, wie sie diese Körper ausrechnen sollten, und die haben dann erst mal irgendwie gestartet, ne? Und sich irgendwie Informationen zusammengesucht. Kann ja aber auch eine sinnvolle Strategie sein, erst mal zu gucken, was hat man eigentlich, was kann man machen und guckt dann, wie kann man weitermachen.*" (Roth 1, 54)

Aus dieser Äußerung wird deutlich, dass sich der Lehrer eine stärkere Reflexion der Schülerinnen und Schüler über die Auswirkungen von zu treffenden Annahmen und damit eine stärkere Überwachung der Planung gewünscht hätte. Herr Roth diagnostiziert, dass die Gruppe ohne vorherige Überlegungen und Diskussionen der Vorgehensweise die Aufgabenbearbeitung aufgenommen hat. Dabei hat er die Strategie wahrgenommen, dass sie sämtliche Informationen gesammelt haben (z. B. alle Längen ausgemessen haben) ohne zu prüfen, ob diese Informationen überhaupt benötigt werden. Der Lehrer trifft jedoch die Feststellung, dass auch dieses Vorgehen zielführend sein könne, auch wenn deutlich wird, dass er sich ein planvolleres Vorgehen gewünscht hätte. Das fehlende Planen der Gruppe wird im fokussierten Interview von dieser Lehrkraft klar identifiziert:

> *„Hm, also ich denke, sie haben dann auf jeden Fall auch schon mal für sich gesehen, was haben wir denn eigentlich schon, was aber fehlte, war, was sind nächste Schritte und, ähm, was fehlte, war vielleicht auch so ein Grundplan, wie wollen wir eigentlich vorgehen, also dass man guckt, ne? Wir haben jetzt eine Aufgabe, wie könnte man da jetzt rangehen. Die Schüler sind direkt angefangen und steckten mittendrin. Und haben aber nicht mal drüber gesprochen, was ist eigentlich unser Vorgehen? Das wäre ja eigentlich okay, wenn wir eine Höhe hätten, dann könnten wir sagen, das ist eine Kugel oder ein Kegel, und äh, wir berechnen den. So und wie bekommt man die Höhe? Naja, dann müssen wir mal abschätzen. So und dass sie sich ein Vorgehen so überlegt hätten und überlegt hätten, womit fangen wir an. Wir machen erst mal eine Abschätzung, dann haben wir die Maße, dann müssen wir gucken, wie kann man Kegel und 'ne Kugel berechnen, äh, dann gucken wir, wie ist das Ergebnis. Diese äh, also so einen Schlachtplan in Anführungsstrichen zu machen, das haben die Schüler nicht gemacht. Oder zumindest habe ich es nicht wahrgenommen. Manche haben es wahrscheinlich im Hinterkopf, so einen Plan, oder haben vielleicht auch mal nebenher drüber gesprochen, aber wirklich diese Schritte eingeführt, das äh, habe ich jetzt in in diesem Unterricht nicht gehabt."* (Roth 1, 103)

Es wird deutlich, dass die Lehrkraft differenziert beobachtet hat. Äußerungen bezüglich der Bewertung von wahrgenommenen Schwächen werden begründet und an einzelnen Situationen aus dem Unterricht festgemacht. Hinzu kommt, dass Herr Roth die wahrgenommenen Defizite auch mit den Begrifflichkeiten aus dem Konzept der Metakognition benennt:

> *„(...) aber dass sie jetzt metakognitiv geguckt haben, wie müsste man unseren Gruppenprozess steuern, in dem in der Hinsicht, ok, was brauchen wir erstmal, das war schon ein bisschen zumindest sichtbar, dass sie gesagt haben, ok, was brauchen wir jetzt erstmal äh, und es war aber oft nicht ersichtlich, wofür eigentlich und wie werden sie damit weiterarbeiten? /I zustimmend/ Und das wäre ja eigentlich metakognitiv sinnvoll, wenn sie sich vorher überlegen, ok, wie gehen wir vor. Ok, wir gucken mal, welche Annahmen können wir machen, und dann sich auch mal fragen, ok, wenn wir jetzt Annahmen hätten, wie würden wir damit weiterarbeiten."* (Roth 1, 79)

Die Lehrkraft fordert stärkeres metakognitives Handeln, insbesondere in den Bereichen der Planung und Überwachung. Dabei fokussiert der Lehrer vor allem die Gruppenprozesse bzw. die Arbeitsweisen der Schülerinnen und Schüler und betont das Erfordernis intensiverer Überwachung. Entsprechend befasst sich Herr Roth auch in seiner Analyse der Videosequenzen mit den Überwachungsprozessen der Schülerinnen und Schüler. Er stellt fest, dass in einer Gruppe, in der zuvor auch schon gemeinsam geplant worden ist, kontinuierlich hinterfragt, nachgemessen und nachgerechnet wird. Zudem nimmt er wahr, dass eine Schülerin auch zwischenzeitlich bereits überwacht und daran erinnert, am Ende des Prozesses validieren zu müssen. Bezogen auf einzelne Schülerinnen und Schüler merkt die Lehrkraft kritisch an, dass diese nicht die eigene Mitarbeit überwachen und zum Teil nicht mitrechnen oder auch nicht die Rechnungen der anderen Gruppenmitglieder überprüfen. Herr Roth hätte sich ein stärkeres kooperatives Arbeiten und eine gegenseitige Überprüfung für ein produktiveres Arbeiten gewünscht und benennt diese alternativen Strategien klar:

„Also zum Beispiel wäre es jetzt ja wünschenswert gewesen, dass er die Ergebnisse in Taschenrechner eintippen, auch mitrechnet, auch gleichzeitig noch mal nachprüft, ob er auf das gleiche Ergebnis kommt, um so Fehler auszuschalten oder auch an der Diskussion teilnimmt." (Roth 1, 27)

An anderer Stelle reflektiert die Lehrkraft darüber, dass generell zu wenig kommuniziert wird, indem nicht Stellung zu den Argumenten der anderen Schülerinnen und Schüler bezogen wird und eigene Ergebnisse nicht erläutert werden. Hierbei scheint Herr Roth stärker über die Planungen und Herangehensweisen bzw. die planvollen Vorgehensweisen der Lernenden zu reflektieren als über die Überwachungsprozesse. So bezieht er sich hinsichtlich der Überwachung in einem Bereich erneut auf die Überwachung der Planung, ebenso stellt er fest, dass die Planungsprozesse der Lernenden gefördert werden müssen.

Eine Reflexion über die von den Schülerinnen und Schülern eingesetzten Strategien zur Evaluation erfolgt bei dieser Lehrkraft nur in geringem Maße. Während der Bearbeitungszeit hat Herr Roth wahrgenommen, dass die Schülerinnen und Schüler eigenständig validiert, d. h. die Lösung hinterfragt haben. Inwieweit die Lernenden ihren gesamten Modellierungsprozess oder ihre Gruppenprozesse evaluiert haben, wird nicht reflektiert (was jedoch zeitlich begründet zu sein scheint). Es gibt jedoch eine Äußerung dieser Lehrkraft zu einer Handlungsoption, die zur Evaluation des gesamten Modellierungsprozesses angeregt hätte: Eine Gruppe, die eine gröbere Modellierung vorgenommen hat, hätte ihren Prozess hinterfragen sollen, um ggf. den Modellierungskreislauf ein weiteres Mal zu vollziehen:

„Das wäre dann ja interessant gewesen zu sehen. Dann hätte man sie ja auch mit mehr Zeit, dann hätte man sagen können ‚so ihr habt jetzt ein Ergebnis, das passt nicht gut, schaut noch mal, was ihr verbessern könnt!' Dafür war die Zeit nicht da, ne?" (Roth 1, 89)

Die selbstberichteten eigenen Handlungen

Herr Roth gibt an, nach einem regelmäßigen Ablaufschema zu handeln. Dabei bemühe er sich zunächst stark um Zurückhaltung. Während der ersten Phase der Unterrichtsstunde habe er sich beispielsweise bewusst zurückgezogen und diese Zeit zur Vorbereitung der Vertiefungsphase genutzt, um die Schülerinnen und Schüler zur eigenständigen Arbeit anzuregen. In seinen Aussagen wird deutlich, dass Herr Roth zwischen innermathematischen und modellierungsspezifischen Unterstützungen differenziert. Er ist der Auffassung, dass er bei rein innermathematischen Fragen schneller und konkreter inhaltlich intervenieren könne, weil so das eigenständige Modellieren der Schülerinnen und Schüler nicht negativ beeinflusst werde. Bei modellierungsspezifischen Fragen hingegen versucht die Lehrkraft, möglichst wenig zu intervenieren. Herr Roth gibt an, dass er generell wenig unterstützen musste. Er habe die Intervention „Arbeitsstand vorstellen lassen" genutzt. Dabei reflektiert der Lehrer vorrangig den Nutzen dieser Intervention für die eigene Diagnose der Schülerbearbeitungen, weniger den Nutzen für die Lernenden. Außerdem gibt Herr Roth an, die Validierung in den Gruppen angeregt zu haben. In der Reflexion der eigenen Interventionen nennt er zum Teil alternative Handlungsmöglichkeiten und reflektiert dabei beispielsweise, dass er die Schülerinnen und Schüler bezüglich ihrer Strukturierung hätte unterstützen können, falls Schwierigkeiten aufgetreten wären:

> *„Wenn das jetzt nicht der Fall gewesen wäre, hätte man noch mal fragen können, joa ähm, ‚wie weit seid ihr denn, was habt ihr schon, wie könnte ein nächster Schritt aussehen äh, habt ihr mal überlegt, was euch noch fehlt oder was ihr schon habt?' Solche Gliederungshilfen hätte man geben können. Das war nicht nötig. "* (Roth 1, 97)

Bezüglich der metakognitiven Prozesse der Schülerinnen und Schüler erkennt Herr Roth durch die Reflexion im Interview über nun wahrgenommene Defizite in den metakognitiven Schülerprozessen, in der Unterrichtssituation zu wenig gehandelt zu haben. Er stellt fest, dass insbesondere eine Förderung der Planungsprozesse der Lernenden durch ihn als Lehrkraft erforderlich gewesen wäre und äußert konkrete Handlungsoptionen (Tabelle 7.6):

> *„Also, wie geht man eigentlich vor, wie kann man so einen Plan erstellen, da sind sie vielleicht auch oft ein bisschen zu sehr allein gelassen. Also, das wäre noch mal eine gute Sache, ihnen da noch mehr strategische Hilfe Hilfen zu geben. Es gibt da eine Methode, die habe ich auch schon mal gemacht, nicht mit DER Gruppe, so eine Strategiekonferenz heißt die. Äh, das ist wie so ein Fahrplan, wo sie vorher festlegen,*

*wie sie gehen müssten, welche Strategie sie gehen. Das ist in so Phasen aufgeteilt.
Das haben wir im Bereich des Schulversuchs gemacht, das war eigentlich eine gute
Methode, um so etwas zu trainieren. Weil da genau getrennt ist die Metakognition von
dem innermathematischen Vorgehen. Das wäre vielleicht auch sinnvoll, das nochmal
zu machen, damit sie in Gruppenprozessen äh, besser werden, was das angeht." (Roth
1, 103)*

Tabelle 7.6 Übersicht selbstberichteter Interventionen: Herr Roth 1

Selbstberichtete Interventionen	Beleg (Beispiel)
Bewusstes Zurückhalten	*„Ich habe es auch echt bewusst so gemacht, dass ich mich echt abgegrenzt hab und ja, das war, glaube ich, auch gut, ich gehe hinter die Tafel und schreibe irgendwas, dass man sich so ein bisschen rauszieht. Also das war auch eine bewusste Entscheidung von MIR, mich erst mal in den ersten zwanzig Minuten rauszuhalten, weil sonst fragen sie immer viel schneller. Das ist immer der einfachste Weg."* (Roth 1, 93)
Stufenweises Intervenieren	*„Also ich habe versucht, mich sehr stark an das zu halten, was ja auch im Referendariat vermittelt wird und äh, ja eigentlich für alle Gruppenarbeiten bei uns ja auch gilt und was ihr ja in der Fortbildung auch noch mal genannt habt, nämlich dass man sich erst einmal zurückhält und eher 'nen Fragestil macht, der so stufenweise ist."* (Roth 1, 5)
Schnelleres Intervenieren bei innermathematischen Schwierigkeiten	*„Das einzige, wo ich schnell geholfen habe, sind, wenn so konkrete Fragen kamen, ,wie kann man denn Kubikmeter und Liter umrechnen?' oder ,wie ist denn jetzt die Formel für einen Kegel?' Wenn sie einmal an dem Punkt waren, dann habe ich ihnen das reingegeben, weil das ja nicht im Fokus stand."* (Roth 1, 5)
Aufforderung Validierung	*„(...) am Ende eben diese Aufforderung ,validiert noch mal!', die musste ich ihnen noch mal geben."* (Roth 1, 99)
Förderung kooperativer Gruppenprozesse	*„(...) ja, man hätte jetzt überlegen können, ob man die anderen noch mit einbezieht und dann auch erklären lässt, das hätte, hätte ich überprüfen können, ob der Gruppenprozess so stimmt, dass alle bei der Sache sind. Ne? Aber darum ging es mir jetzt in erster Linie auch nicht, mir ging es darum, sind die Gruppen auf einem guten Weg?"* (Roth 1, 67)

(Fortsetzung)

Tabelle 7.6 (Fortsetzung)

Selbstberichtete Interventionen	Beleg (Beispiel)
Arbeitsstand vorstellen lassen	*„Also, ich habe mich der Gruppe angenähert und habe gefragt, wie der Stand der Arbeit ist und habe mir das dann einmal kurz erklären lassen und Jonas hat mir dann gesagt, wie der Stand ist. Ähm ja, ich wollte einfach, ich glaub ich hatte ja, war lange vorne geblieben und ich, es war dann irgendwann so der Zeitpunkt, Hälfte der Bearbeitungszeit, da wollte ich einfach sehen, wie weit sind die, können die ohne meine Hilfe weiterarbeiten oder geht's, kommt eine Gruppe vielleicht gar nicht weiter, kommt eine Gruppe in die falsche Richtung und hab mir aber ganz bewusst hier nur erzählen lassen, wie der Stand der Dinge ist und habe bewusst auch nicht weiter eingegriffen.“* (Roth 1, 67)
Bewusstes Nicht-Intervenieren	*„Ne, da hätte ich nicht eingegriffen. Die waren ja auf einem guten Weg und haben sich gute Gedanken gemacht.“* (Roth 1, 47)
Fehlende Förderung Metakognition	*„(...) ähm /.../ ja gar nicht eigentlich /lacht/ muss man schon so sagen.“* (Roth 1, 97) *„Jetzt, wo du fragst, muss ich sagen, wir thematisieren diese Metakognition in diesen Gruppenphasen auch sehr selten. Also wie geht man eigentlich vor, wie kann man so einen Plan erstellen, da sind sie vielleicht auch oft ein bisschen zu sehr allein gelassen. Also das wäre noch mal eine gute Sache, ihnen da noch mehr strategische Hilfe Hilfen zu geben.“* (Roth 1, 103)
Alternativen zur Förderung	*„Es gibt da eine Methode, die habe ich auch schon mal gemacht, nicht mit DER Gruppe, so eine Strategiekonferenz heißt die. Äh, das ist wie so ein Fahrplan, wo sie vorher festlegen, wie sie gehen müssten, welche Strategie sie gehen. Das ist in so Phasen aufgeteilt. Das haben wir im Bereich des Schulversuchs gemacht, das war eigentlich eine gute Methode, um so etwas zu trainieren. Weil da genau getrennt ist die Metakognition von dem innermathematischen Vorgehen. Das wäre vielleicht auch sinnvoll, das nochmal zu machen, damit sie in Gruppenprozessen äh, besser werden, was das angeht.“* (Roth 1, 103) *„Wenn das jetzt nicht der Fall gewesen wäre, hätte man noch mal fragen können, joa ähm ,wie weit seid ihr denn, was habt ihr schon, wie könnte ein nächster Schritt aussehen äh, habt ihr mal überlegt, was euch noch fehlt oder was ihr schon habt?' Solche Gliederungshilfen hätte man geben können. Das war nicht nötig.“* (Roth 1, 97)

Art und Weise der Reflexion

Zusammenfassend lässt sich festhalten, dass Herr Roth die metakognitiven Prozesse seiner Schülerinnen und Schüler umfassend reflektiert, wobei er den Bereich der Planungsprozesse verstärkt thematisiert. Der Lehrer beachtet die Stärken wie auch die Schwächen in den Prozessen der Lernenden. Es entsteht der Eindruck, dass der Lehrer einen hohen Anspruch an die von ihm beschriebene leistungsstarke Schülerschaft hat. Zielführende metakognitive Prozesse werden zwar als Stärken wahrgenommen, dennoch werden vorrangig Schwächen in den Prozessen reflektiert und kritisiert. Herr Roth kommuniziert klar, wie eine Verbesserung der Prozesse zu erreichen wäre und benennt deutlich, was für einen produktiven Arbeitsprozess fehlt. Hinzu kommt, dass die Lehrkraft im Unterschied zu dem zuvor diskutierten *analysierenden* Reflexionstypus auch das eigene Handeln umfassend reflektiert sowie alternative Handlungsoptionen anbietet. Hervorzuheben ist dabei die Erkenntnis, metakognitive Prozesse noch nicht ausreichend gefördert zu haben, verbunden mit der Schlussfolgerung, insbesondere die Planungsprozesse stärker unterstützen zu müssen. Die Lehrkraft fordert, das bewusstere Nachvollziehen des Modellierungsprozesses müsse genauer besprochen werden. Gefördert werden solle dies durch ein gemeinsames Diskutieren und Abstimmen über das Vorgehen. Diesbezüglich nennt Herr Roth somit eine konkrete Option zur Implementierung im Unterricht.

Reflexionstypus

Indem die Lehrkraft in der Analyse klar kommuniziert, hinsichtlich der Förderung metakognitiver Prozesse aktiver werden zu müssen, zeigt sie in Abgrenzung zu dem *analysierenden* Typus eine reflektierte Handlungsbereitschaft zur Anregung metakognitiver Prozesse. Der Fokus der Reflexion liegt somit nicht allein auf der Analyse von Schülerprozessen. Stattdessen wird deutlich, dass sich der Lehrer der hohen Bedeutsamkeit der eigenen Handlungen bewusst ist. Da er auch Handlungsoptionen formuliert und reflektiert, ist die Handlungsorientierung für diesen Fall charakteristisch.

7.6   Implementierender Reflexionstypus

7.6.1 Idealtypus – implementierender Reflexionstypus

Der *implementierende* Reflexionstypus zeichnet sich dadurch aus, aufbauend auf einer tiefgehenden Analyse metakognitiver Schülerprozesse wie auch eigener Handlungen Interventionen zur Förderung metakognitiver Schüleraktivitäten zu implementieren. Dabei werden wahrgenommene Prozesse hinsichtlich Stärken und Schwächen reflektiert und bewertet. Zugleich werden entsprechend der wahrgenommenen Defizite adaptive Handlungsoptionen reflektiert und deren Umsetzung reflektiert. Im Vergleich zu den anderen Reflexionstypen baut der Idealtypus *implementierend* somit auf den vorherigen Typen *analysierend* und *handlungsorientiert* auf, indem als Charakteristikum die Implementierung von (geeigneten) Interventionen zur Förderung von Metakognition hinzutritt.

7.6.2 Prototyp – implementierend: Herr Roth 2

Hintergrundwissen zur Person und zur Lerngruppe
Die Lehrkraft Herr Roth wurde bereits als Fall *Roth 1* anhand des Interviews im Rahmen der Pre-Erhebung ausgewählt und als Prototyp für den *handlungsorientierten Reflexionstypus* vorgestellt. Die Reflexionsart dieser Lehrkraft im Interview der Post-Erhebung ist demgegenüber verändert. Die Lehrkraft kann zu diesem Zeitpunkt dem *implementierenden* Typus zugeordnet werden und wird im Folgenden als Fall *Roth 2* vorgestellt.

Die berichteten metakognitiven Prozesse der Schülerinnen und Schüler
Bezüglich der Phase der Orientierung zu Beginn der Arbeitsphase nimmt Herr Roth zunächst wahr, dass sich die Lernenden schnell und produktiv orientieren können. Er beobachtet, dass die Schülerinnen und Schüler Informationen schnell filtern und sich über die Schlüsselinformationen der Aufgabenstellung und damit verbundene zu treffende Annahmen austauschen. Abgesehen davon reflektiert der Lehrer aber auch über wahrgenommene Schwächen der Orientierung, indem er anmerkt, dass eine stärkere Orientierung am Modellierungskreislauf für ein verbessertes strukturiertes Arbeiten notwendig gewesen wäre. Stattdessen vermutet der Lehrer seitens der Lernenden eher unbewusstes Orientieren und Planen des Vorgehens:

> „(…) *sie sind sich aber, glaub ich, dem nicht bewusst, dass sie so vorgegangen sind. Das also eher 'n unbewusstes, ähm, ,naja, wir, wir sehen hier, was richtig ist und wir gehen jetzt hier so, äh, einfach mal so drauf los und gucken, wie wir das alles zusammenfügen können'.*" (Roth 2, 52)

Hinsichtlich der Planung beobachtet Herr Roth sehr genau, indem er sowohl wahrgenommene Zielsetzungen wie auch Vorgehensweisen zum Erreichen des Ziels hinterfragt. Auffällig ist, dass er diese Prozesse auch bezogen auf Gruppen hinterfragt, die diese Bereiche nicht deutlich kommunizieren. Hier nimmt die Lehrkraft an, dass die Schülerinnen und Schüler individuell für sich Ziele gesetzt haben müssen – selbst, wenn sie sich nicht über diese ausgetauscht haben –, da sonst die eingesetzten Strategien nicht sinnvoll gewesen wären:

> „Ähm, andererseits vermute ich zumindest, dass Tina und Lukas schon WUSSTEN, wo es drauf hinausläuft. Warum sie jetzt diesen Marktanteil bestimmen wollten und wie sie dann weiterrechnen wollen. Denn sonst wäre das als erster Schritt ja auch nicht sinnvoll." (Roth 2, 23)

Insgesamt kritisiert die Lehrkraft die Organisation und die Zusammenarbeit der videografierten Gruppe. Die Gruppenprozesse nimmt Herr Roth als Schwäche der Gruppe wahr. Er bewertet den Schüler, der die Rolle des Leaders der Gruppe einnimmt, als zu dominant, ein anderes Gruppenmitglied bewertet er hingegen als zu stark zurückgezogen. Herr Roth reflektiert an dieser Stelle somit über einen Aspekt der Gruppenmetakognition, ohne diesen als solchen zu benennen. Letzteres war allerdings auch nicht zu erwarten, da den an der Studie teilnehmenden Lehrerinnen und Lehrern nur die theoretischen Grundlagen der individuellen Metakognition vermittelt wurden und keine weitergehenden Differenzierungen der sozialen Metakognition.

Bei der Diskussion des Weges zum Erreichen des Ziels fällt Herrn Roth auf, dass Schwierigkeiten in der Vorstellung und der Kommunikation einer Planungsidee bestehen. Der Leader der Gruppe stellt seine Planung für das Vorgehen nicht übergreifend als Überblick für das Gesamtvorgehen vor, sondern seine Ausführungen sind bereits zu Beginn so detailliert, dass Zusammenhänge nicht mehr für alle deutlich sind. Der Lehrer erkennt zudem Unterschiede in dem Verständnis der vorgestellten Planungsidee, die er auf die unterschiedlichen fachlichen Leistungen der Schülerinnen und Schüler zurückführt. Während eine als leistungsstark eingeschätzte Schülerin in der Gruppe diese Idee nachvollziehen kann, kann ein eher leistungs-schwächerer Schüler den Überlegungen nicht folgen. Die Defizite der Kommunikation der Planungsidee führen daher zu Schwierigkeiten in der gesamten Gruppe:

> „Und dann hat er eben auch vorgestellt, was er machen wollte. Hat allerdings da auch nicht so den, so 'n Überblick gegeben über seine Strategie, sondern ist einfach angefangen und direkt mit Details, ne? Und da hat dann aber Tina immer eingehakt und hat dann auch zu- richtige Sachen ergänzt, ne? Zum Beispiel, wie kann man jetzt die Prozentzahl ausrechnen? Er wollte irgendwas mit negativem Marktanteil, da hat sie gesagt, „ja, wir rechnen einfach mal 0,18'. Das war ja d-also richtig und gut. Äh, sie hat auch die Idee zu den Monaten und so weiter und hat da also schon, sozusagen die

grobe Idee, die Lukas hatte, äh, unterstützt und nochmal in den Feinheiten verbessert.
Ja, Tim war wieder sehr passiv, ne? Hat dann irgendwann gesagt, ‚so ich guck jetzt
nachm‘, äh, wie der Marktanteil nochmal ist‘. Also der war irgendwie gedanklich noch
an einer ganz anderen Stelle und ich vermute, dadurch, dass Lukas nicht so dargestellt
hat, was er INSgesamt vorhat, wusste er einfach gar nicht, hat er keinen Einstieg
gefunden. Und Tina, die ist gut, die kann, kann das dann schneller, einfach sich drauf
einlassen und nachvollziehen. " (Roth 2, 30)

Wie anhand dieser Äußerungen deutlich wird, beobachtet Herr Roth die Vorgehensweisen und Planungsprozesse der Lernenden sehr genau und individuell und
nimmt unterschiedliche Planungsprozesse wahr. In manchen Gruppen waren aus
seiner Sicht Planungsphasen sichtbar, während andere ohne vorherige ganzheitliche Planung angefangen haben, die Aufgabe zu bearbeiten. Der Lehrer nimmt
Stärken und Schwächen dieser Prozesse wahr und benennt dabei auch Problematiken, wie die in der eben beschriebenen, unbewusst ablaufenden Anfangsphase
der Bearbeitung. Die unterschiedlichen Prozesse bewertet er einzeln und nimmt
während der Bearbeitung beispielsweise Diskussionen der Annahmen und des
Modells wahr, aber auch die bewusste Entscheidung, einen Wert zu runden. Letztere Entscheidung reflektiert er positiv, da die Lernenden auf diese Weise im
Sinne der Modellierung einfacher rechnen könnten. Dass Herr Roth die Planungsprozesse umfassend analysiert, zeigt sich auch darin, dass er darüber reflektiert,
worauf wahrgenommene oder fehlende Planungen zurückgeführt werden können.
Die wahrgenommenen Planungen verbindet Herr Roth mit einem von ihm implementierten Ritual zu Beginn eines jeden Modellierungsprozesses: Jede Schülerin
und jeder Schüler soll sich zunächst alleine orientieren und eine Planungsidee entwickeln, bevor sich alle in der Gruppe über das Vorgehen austauschen. Um dies
zu unterstützen, berichtet Herr Roth, während der Projektphase mit der gesamten Klasse ein Brainstorming durchgeführt zu haben, wie Modellierungsprozesse
geplant werden können. Er hat somit mehrere Maßnahmen umgesetzt, um die
Schülerinnen und Schüler bei ihren Planungsprozessen zu unterstützen.

In der Gruppe, die nach der Einschätzung von Herrn Roth das Vorgehen nicht
geplant hat, identifiziert er, dass die Lernenden einfach „ins Blaue hinein" mit der
Bearbeitung begonnen haben. An anderer Stelle bringt er dies mit dem Ignorieren
seines Rituals (der Methode DAB) in Verbindung:

„(...) die haben jetzt, glaub ich, NICHT so direkt geplant, in welcher Reihenfolge sie
vorgehen wollen, ne? Das, ich hatte ja so auch gesagt, ‚macht euch erstmal selbst
Gedanken!‘ Daran haben die sich nicht gehalten. Die haben einfach so angefangen,
ins Blaue hinein, ne?" (Roth 2, 23)

Der Lehrer identifiziert die Defizite in diesem Bereich nicht nur, sondern verankert diese konkret in fehlender metakognitiver Aktivität und fordert eine Stärkung dieser Prozesse, indem konkrete Handlungen für die Verbesserung vorgeschlagen werden:

> *„Und dann sich das vielleicht AUFteilen, zu überlegen, okay, uns fehlt hier der Marktanteil, da müssen wir gleich mal drüber nachdenken. (...) Ich glaub, die Gruppe hat hinterher auch mal gegoogelt so gewisse Sachen. Das hätten sie sich ja dann noch aufteilen können und hätten dann da vielleicht strukturierter vorgehen können. (...) Aber es FEHLT so 'n bisschen diese Metakognition zu sagen, äh, wie wollen wir denn eigentlich vorgehen?"* (Roth 2, 23, 30)

Die Überwachungs- und Regulationsprozesse der Lernenden reflektiert Herr Roth beinahe ebenso umfassend wie die Planung der Gruppen. Auch in diesem Bereich analysiert Herr Roth unterschiedliche Bereiche und achtet auf Stärken und Schwächen. Dabei nimmt er mehrfach wahr, dass Schülerinnen und Schüler durch ihre Überwachungsprozesse Unstimmigkeiten in den Berechnungen identifizieren und diese durch Fehlersuche und Fehlerbehebung regulieren:

> *„Aber zumindest machen sie sich darüber Gedanken. KANN das überhaupt sein? Sie suchen dann a- jetzt erstmal 'n Fehler in der Rechnung. Man weiß nicht, wenn sie den nicht finden, ob sie dann nochmal auf die Annahmen gucken würden, ne, die sie da ganz zu Anfang, ge-äh -troffen haben."* (Roth 2, 65)

Darüber hinaus nimmt Herr Roth war, dass die Überwachung teilweise im Teilschritt der Validierung stattfindet. Da er in diesem Bereich schon in der Unterrichtssituation vermehrt Defizite wahrgenommen hat, musste er bereits hier zur Validierung auffordern. Die Überwachung der Arbeitsweise hat aus Sicht des Lehrers zu wenig stattgefunden. Er sieht hier die Notwendigkeit einer besseren Kommunikation der Gruppenmitglieder. Interessant ist, dass die Lehrkraft wahrnimmt, dass auch eine Schülerin die Defizite des Austausches erkannt und angesprochen hat. Eine Schülerin hat somit individuell die Arbeitsweise überwacht, diese Überwachung erfolgte jedoch nicht gegenseitig:

> *„Aber solche Prozesse, wie jetzt auch ja Tina angesprochen, wir kommunizieren viel zu wenig oder wir haben zu wenig kommuniziert, wir müssen uns mehr einbeziehen. Äh, das hat schon stattgefunden, das hat man schon gemerkt."* (Roth 2, 111)

Die fehlende Mitarbeit einzelner Schülerinnen und Schüler wird dabei von der Lehrkraft in der Analyse mehrfach hervorgehoben. Herr Roth fokussiert die Gruppenprozesse insgesamt stark und geht umfassend auf den seines Erachtens zu geringen Austausch und das zu geringe gegenseitige Einbeziehen der Lernenden ein. Das zeigt, dass die Lehrkraft die fehlende Überwachung der Zusammenarbeit erkannt hat. Hinzu kommt die Kritik der Lehrkraft nicht nur an der fehlenden Überwachung einer strukturierten Arbeitsweise, sondern auch an der Überwachung der Planung und der einzelnen Schritte des Vorgehens. Herr Roth kritisiert die fehlende Überwachung dieser Bereiche aber nicht nur, sondern nennt Alternativen, die er sich stattdessen gewünscht hätte: neben dem Treffen von Annahmen, dem Formulieren einer Lösungsidee vor allem ein kontinuierliches Hinterfragen des Vorgehens. Dies wird in folgender Äußerung deutlich:

> *„Überwachung hab' ich jetzt kaum wahrgenommen. Also, ähm, weil die wenigsten, die haben schon, die gehen ja so vor, dass sie sagen, okay, was müssen wir denn jetzt erstmal machen, was ist jetzt erstmal nötig. Und dann ja, ja Annahmen treffen und dann, können wir hinterher, aber dass sie jetzt, ne, oder es gibt, sagt auch manchmal schon, war schon auch sichtbar, dass manche so 'ne Lösungsidee haben und sie formulieren. Aber dass sie dann jetzt so überwachen schrittweise, ‚an welcher Stelle sind wir denn jetzt eigentlich? Was müssen wir denn jetzt als nächstes machen? Was war nochmal unser Plan? Was hatten wir uns vorgenommen? Wie haben wir uns jetzt aufgeteilt? Tragen wir jetzt die Ergebnisse wieder zusammen?' Das war kaum sichtbar."* (Roth 2, 111)

Auf die Evaluation geht der Lehrer auch am Ende der Studie in nur geringem Umfang ein. Er reflektiert darüber, dass die Schülerinnen und Schüler für die Initiierung und Gestaltung dieser Prozesse noch die Aufforderung und die Anregung durch die Lehrkraft benötigen. Eigenständige Evaluationen hat er nur in geringem Umfang wahrgenommen. Herr Roth beobachtet, dass zwar in jeder Stunde im Rahmen des Projektes evaluiert wurde, weil dies von ihm initiiert wurde, kritisiert aber, dass die Evaluation zu oberflächlich angelegt war. In der Folge haben die Schülerinnen und Schüler diese Phase aus seiner Sicht nicht ernsthaft genug bearbeitet. Herr Roth macht seine Wahrnehmung auch an den bearbeiteten Fragebögen fest, da diese aus seiner Sicht kaum sinnvoll ausgefüllt wurden:

> *„WENN man allerdings diese Fragebögen sich anguckt, was sie da einget- tragen haben, da war dann aber oft, ja wie war's denn? ‚Ja gut. Was wollt ihr besser machen?' – ‚Gar nichts, war alles okay.' Also da haben, das meinte ich ja gerade, was diese Motivation angeht, da haben sie sich nicht drauf eingelassen."* (Roth 2, 111)

Zum Teil konnten jedoch auch Potenziale dieser Phase identifiziert werden, da auch Bereiche der Arbeitsweise wie zum Beispiel mangelnde Kommunikation durch die Evaluation thematisiert wurden:

> *„Also das Evaluieren des Gruppenprozesses, das hat eigentlich jedes Mal stattgefunden. Allerdings so immer von mir initiiert. Ähm, manche Gruppen haben das eher ernst genommen, andere weniger. Ich hatte eine Gruppe auch von wo zwei leistungsstarke Schüler sind, eigentlich. Wo der eine leistungsstarke Schüler sich über die leistungsstarke Schülerin auch so 'n bisschen beschwert hat und wirklich unzufrieden war, weil sie eben alles für sich alleine machen wollte und eben diese Kommunikation, die ja hier Tina auch bemängelt hat, äh, einfach fehlte."* (Roth 2, 111)

Die selbstberichteten eigenen Handlungen
Herr Roth gibt an, sich während der Bearbeitungsphase in starkem Maße zurückgehalten zu haben, um eine eigenständige Bearbeitung der Modellierungsprobleme zu ermöglichen. Somit hat der Lehrer aus seiner Sicht insgesamt wenig interveniert. In jeder Gruppe hat er sich zunächst den Arbeitsstand vorstellen lassen und diese Intervention nach eigener Angabe immer als erste Unterstützung eingesetzt. Herr Roth reflektiert darüber, die Intervention zur Diagnose genutzt zu haben, um weiter adaptiv unterstützen zu können, falls dies notwendig gewesen wäre. Er merkt jedoch an, dass die Gruppen bei der zuletzt durchgeführten Modellierungsaktivität weitgehend eigenständig gearbeitet hätten und dass durch die Intervention kaum Schwierigkeiten sichtbar geworden seien. In diesem Zusammenhang reflektiert der Lehrer über alternative Situationen, in denen er anders gehandelt hätte und bezieht sich dabei vorwiegend auf Aspekte wie Defizite der Gruppenprozesse oder des Vorgehens. Hinsichtlich der videografierten Gruppe wird über die nicht hinreichend strukturierte Vorgehensweise reflektiert. Ausgehend von dieser Reflexion äußert Herr Roth die Erkenntnis, dass er metakognitive Prozesse hätte aktivieren müssen, damit sie die Schwierigkeiten überwinden können:

> *„Wenn DAS der Fall gewesen wäre, hätte ich sie darauf hingewiesen. Das war aber jetzt ja hier nicht der Fall und deswegen ging's mir jetzt nochmal darum zu gucken, dass sie einfach nochmal sich bewusstmachen, wi-wie sie diesen Modellierungskreislauf durchlaufen sind. Also nochmal 'n Hinweis auf diese Metakognitionsebene. Wie gesagt, letztendlich, da für die Gruppe eigentlich jetzt 'n bisschen spät. Es wär' besser gewesen, wenn sie schon vorher das miteinbezogen hätten. Aber letztendlich /.../ auch zu diesem Zeitpunkt, wenn sie sich das nochmal klarmachen, können sie ja trotzdem nochmal überlegen, wie sind wir eigentlich vorgegangen? Was sind eigentlich die Schritte, welche die wir da durchlaufen sind. Und das könnte ja für 'ne nächste Aufgabe oder 'ne spätere Aufgabe ihnen nochmal was bringen."* (Roth 2, 80)

Es wird deutlich, dass diesem Lehrer ein strukturiertes Arbeiten wichtig ist und dass er die Relevanz metakognitiver Aktivität der Schülerinnen und Schüler erkannt hat. Darüber hinaus geht aus diesem Interview der Post-Erhebung hervor, dass der Lehrer die weitere Förderung metakognitiver Prozesse im Hinblick auf zukünftige Modellierungsprozesse stärken möchte.

Insgesamt zeigen sich mehrere Maßnahmen, durch die Herr Roth versucht, das metakognitive Handeln der Schülerinnen und Schüler anzuregen. So reflektiert Herr Roth im Interview über die bereits erwähnte DAB-Phase zu Beginn jeder Modellierungsstunde, die er implementiert habe, weil er in der ersten Modellierungsaktivität Defizite in der Planung wahrgenommen hatte. Mit dieser Methode wollte Herr Roth erreichen, dass die Lernenden eine gemeinsame Strategie zur Bearbeitung der Aufgabe festlegen. Diesbezüglich reflektiert Herr Roth aber auch, dass sich manche Gruppen nicht an diese Phase gehalten hätten, was zu Defiziten in der Planung führte:

> *„Dass sie einmal nachdenken, ‚was ist jetzt eigentlich die Aufgabe? Was muss ich tun? Welche Informationen gibt es?' Und dann strukturieren. Da haben DIE Gruppen sich nicht so dran gehalten. Aber manche andere auch nicht. Die sind einfach so dran gewöhnt, sobald sie in den Gruppen sitzen und jemand gegenüber ist, dass sie dann sofort anfangen."* (Roth 2, 13)

Als weitere metakognitive Hinweise zu einer verbesserten Vorgehensweise nennt die Lehrkraft Verweise auf den Modellierungskreislauf als Hilfsmittel oder auf die Gesprächsregeln für eine verbesserte Kommunikation in der Gruppe. Diese Interventionen betrachtet der Lehrer als Ergänzungen zum DAB, welches bereits die Planung und Kommunikation in den Gruppen stärken sollte. Als weitere Maßnahme zur Stärkung der Planung hat die Lehrkraft eigenen Angaben zufolge nach zwei oder drei Modellierungsaktivitäten diesbezüglich ein Brainstorming durchgeführt. In der Evaluationsphase hat Herr Roth Defizite im Bereich der Planung wahrgenommen, indem er erkannt hat, dass die Lernenden zu wenig über diese Phase reflektieren. Das Brainstorming sollte dazu dienen, aufzuzeigen, welche Faktoren bei einer produktiven Planung des Vorgehens berücksichtigt werden müssen:

> *„Ich hab' auch einmal äh, einfach so 'n Brainstorming gemacht, was, weil ich gesehen hab, eben, dass sie so wenig da ausfüllen in diesen Gruppenprozessen. Was gehört eigentlich alles dazu? Und da wurden auch solche Sachen eben genannt."* (Roth 2, 113)

Hinzu kommt, dass der Lehrer durch konkretes Nachfragen nach dem Vorgehen in den Gruppen ein Bewusstsein für Vorgehensweisen und Strategien erzeugt hat: *„Also, ich frag ja jetzt hier so noch 'n bisschen nach dieser Strategie, wie sie vorgegangen sind"* (Roth 2, 78). Während der Bearbeitungsphase wurde dies durch Verortungen im Modellierungsprozess weiter unterstützt:

> *„(…) im Grunde genommen, habe ich immer, äh, schon auch so 'n bisschen darauf hingewiesen, an welcher Stelle sie jetzt sind. (…) /../ Ähm, also ich hab da so 'n bisschen versucht klarzumachen, an welcher Stelle die Schüler sich da eigentlich befinden. In ihrem, in ihrer Problemlösung, ne? Viele haben dann irgendwie 'n Ergebnis und dann die Validierung, sondern, hab ich einfach drauf geZEIGT, auf den Modellierungskreislauf und hab gesagt, ,guckt mal, ihr seid jetzt an dieser Stelle. Euch fehlt der letzte Schritt. Schaut mal, der Bogen runter, die Validierung, das fehlt euch, ne?'"* (Roth 2, 95; 101)

Schließlich nimmt der Lehrer in diesem Bereich auf die Strategie des arbeitsteiligen Vorgehens Bezug, die er den Lernenden als Strategie empfohlen habe. Zudem reflektiert er eine daraus resultierende Verbesserung der Gruppenprozesse. Herr Roth scheint demnach von dieser Strategie überzeugt zu sein, erkennt aber auch, dass die Lernenden diese Strategie trotz sehr starker Empfehlung nicht immer verfolgt haben:

> *„(…) auch, dass sie mal versuchen, sich, äh, bei 'ner größeren Aufgabe, das arbeitsteilig zu machen. Ähm, da hab ich immer drauf gedrängt. Das war aber schwierig, das so durchzusetzen. Das muss man schon sagen. Die Schüler haben eben ihren eigenen Rhythmus, dass sie einfach so drauf, drauf los, äh, rech-rechnen wollen. Und /dann näher?/ rangehen wollen. Ähm, /…/ und trotzdem glaub ich, dass es für den Gruppen-, für die Gruppenarbeit INSGESAMT schon auch was gebracht hat."* (Roth 2, 121)

Zusammenfassend lässt sich festhalten, dass Herr Roth die Planung in den Gruppen, aber auch das Bewusstsein für ein strategisches und strukturiertes Vorgehen während der Bearbeitung umfassend metakognitiv unterstützt hat. Bezogen auf die Überwachungsprozesse gibt der Lehrer selbst an, diese Prozesse zu wenig bzw. kaum angeregt zu haben. Die Evaluation wiederum habe er in der Vertiefungsphase erneut selbst initiiert, wobei er es als schwierig empfunden hat, die Lernenden zur Evaluation anzuregen, weil sie eine ablehnende Haltung einnahmen. Er hat erkannt, dass die Lernenden selbst keinen Nutzen in der Evaluation sehen und diese daher nur oberflächlich durchführen. Dies hat dazu geführt, dass Herr Roth die Schülerinnen und Schüler in dieser Phase intensiv motivieren und sehr stark auf die Evaluation hinweisen musste, da diese nicht eigenständig erfolgte:

„Und sie haben auch eben, es war sehr schwer, d-sie dazu zu bringen, diese Reflexion über die Metakognition am Ende der Gruppenarbeiten. Äh, es waren ja nur handreichend immer solche Fragen auf G- persönlicher Ebene und auf Gruppenebene. Die hab ich oft dann an die Tafel geschrieben gehabt. War jetzt bei der Aufgabe, bei der letzten nicht mehr, aber bei den Aufgaben davor hatte ich die immer an die Tafel. Und dann hab ich immer darauf verwiesen, so, ,schaut euch das jetzt nochmal an. Ähm, ähm, also, diese Fragen, wenn ihr jetzt diese roten und grünen Karten ausfüllt, wenn ihr euren Bogen ausfüllt, habt die nochmal im Blick. Sprecht nochmal über euren Gruppenprozess' und so weiter. Und da die Schüler zu motivieren war sehr, sehr schwierig. Äh, weil die das irgendwie nie diese Notwendigkeit da nicht gesehen haben. " (Roth 2, 105)

Die Anregung dieser Prozesse seitens der Lehrkraft erfolgte durch unterschiedliche Unterstützungen. Herr Roth nutzte den Reflexionsbogen und die roten und grünen Karten, auf denen die Schülerinnen und Schüler festhalten sollten, was sie für verbesserungswürdig oder für gut gelungen hielten. Darüber hinaus hat der Lehrer an der Tafel Fragen zur Anregung einer Diskussion über die Bewertung der Vorgehens- und Arbeitsweisen der Gruppen offen präsentiert. Diese Fragen sind ebenfalls von der Projektgruppe bereitgestellt worden, um sie auf der Gruppenebene wie auch auf der individuellen Ebene zu verwenden. Es war aber freigestellt, wie diese im Unterricht implementiert werden sollten. Insgesamt stellt Herr Roth fest, dass er Evaluationen bzw. Reflexionen in den einzelnen Gruppen oder sogar auf Schülerebene leichter integrieren kann als im Unterrichtsgespräch im Plenum:

„(...) sie DANN nochmal zu motivieren, auf die Metaebene zu gehen. Das war schwierig. Zumal auch die Metaebene sehr stark im, ähm, individuellen Bereich war. Also in den Gruppen selbst. Ich hab' das nicht mit ihnen im Plenum besprochen. Das macht man ja manchmal so am Ende der Stunde, dass man irgendwie fragt, was habt, was haben wir denn heute gelernt? Wie sind wir denn vorgegangen? Oder es, man hat 'ne Aufgabenpräsentation und sagt, ,so, jetzt sag doch mal, wenn man jetzt so 'nen Aufgabentyp hat, wie geht man denn da ran, ne?' Also, dass man sowas nochmal thematisiert. " (Roth 2, 105).

Herr Roth hat somit umfassend versucht, metakognitive Aktivitäten der Lernenden zu unterstützen. Dabei hat er die unterschiedlichen Strategiebereiche differenziert beobachtet und auf diagnostizierte Defizite im metakognitiven Bereich passende Unterstützungsmaßnahmen antizipiert. Darüber hinaus wird deutlich, dass er Handlungsoptionen nicht nur reflektiert, sondern auch implementiert hat. Es ist deutlich erkennbar, dass die Lehrkraft dabei die Förderung metakognitiver Prozesse auch für zukünftige Modellierungsprozesse anstrebt (Tabelle 7.7).

Tabelle 7.7 Übersicht selbstberichteter Interventionen: Herr Roth 2

Selbstberichtete Interventionen	Beleg
Bewusstes Zurückhalten	*„Also tatsächlich sehr WENIG. Das Einzige, was ich gemacht hab, ist, ich bin nach ner' gewissen Zeit mal rumgegangen und hab mir erklären lassen, was sie da tun."* (Roth 2, 5) *„Ich hab' mich ja auch erst am Anfang BEWUSST zurückgehalten, damit sie auch erstmal reinkommen und erstmal selbst probieren."* (Roth 2, 78)
Aufforderung Validierung	*„(…) das andere war, dass viele einfach nur die Aufgabe ausgerechnet hatten, also die Abholzung ausgerechnet haben und den Vergleich, de-der Vergleich fehlte mit dem Abholzen in Afrika und mit dem Abholzen weltweit. Und dann hab' ich eben nochmal dazu aufgefordert, ähm, ähm, dass sie halt da nochmal überlegen, wie man vergleichen kann."* (Roth 2, 5)
Förderung kooperativer Gruppenprozesse	*„Also mir war, wo ich immer 'n bisschen drauf gedrängt hab, was aber auch schwierig war, war eben, dass sie d-den Gruppenprozess im Auge behalten. Dass sie also ihr Vorgehen planen und ALLE bei diesem Plan auch mitnehmen."* (Roth 2, 121)
Arbeitsstand vorstellen lassen	*„Ich hab' ja hier g-sozusagen sie nochmal gefragt, wie sie vorgegangen sind, um einfach für mich herauszufinden, war der Lösungsweg, den sie gegangen haben, war der sinnvoll, oder gibt's da größere Haken. Wenn DAS der Fall gewesen wäre, hätte ich sie darauf hingewiesen. Das war aber jetzt ja hier nicht der Fall. und deswegen ging's mir jetzt nochmal darum zu gucken, dass sie einfach nochmal sich bewusstmachen, wi-wie sie diesen Modellierungskreislauf durchlaufen sind. Also nochmal 'n Hinweis auf diese Metakognitionsebene."* (Roth 2, 80)
Nachfragen nach Strategie	*„Also, ich frag ja jetzt hier so noch 'n bisschen nach dieser Strategie, wie sie vorgegangen sind."* (Roth 2, 78) *„'Wie wollt ihr denn weiter vorgehen?' Ähm, dass ich da schon auch mal gebohrt hab. Manche haben dann gesagt, ja, wir haben jetzt erstmal das und das gemacht. Und dann hab' ich mal gefragt, so, „wo soll das denn eigentlich hinführen?'"* (Roth 2, 115).
Verortung im Modellierungskreislauf	*„(…) im Grunde genommen, habe ich immer, äh, schon auch so 'n bisschen darauf hingewiesen, an welcher Stelle sie jetzt sind. (…) Und dann rechnen die Schüler erstmal. Dann muss man eigentlich dann nicht mehr groß mit dem Modellierungskreislauf arbeiten. Aber dann am ENDE wieder. ,Hier jetzt habt ihr 'n mathematisches Ergebnis, kann das sein?' Einordnung, Validierung, nochmal überarbeiten. DA hilft es ihnen wieder. Und da habe ich dann auch oft auf das Poster verwiesen und gesagt, ,guck mal, ihr seid jetzt an der Stelle, die Validierung.' Manchmal machen sie den Schritt auch nicht selbst."* (Roth 2, 95)

(Fortsetzung)

Tabelle 7.7 (Fortsetzung)

Selbstberichtete Interventionen	Beleg
DAB	*„Und vielleicht auch so 'ne Art DAB machen, ne? Dass sie einmal nachdenken, was ist jetzt eigentlich die Aufgabe? Was muss ich tun? Welche Informationen gibt es? Und dann strukturieren. Da haben DIE Gruppe sich nicht so dran gehalten. Aber manche andere auch nicht. Die sind einfach so dran gewöhnt, sobald sie in den Gruppen sitzen und jemand gegenüber ist, dass sie dann sofort anfangen."* (Roth 2, 13)
Brainstorming zum Planen	*„Und das ähm, ähm, Planen am Anfang auch. Ich hab' auch einmal äh, einfach so 'n Brainstorming gemacht, was, weil ich gesehen hab, eben, dass sie so wenig da ausfüllen in diesen Gruppenprozessen. Was gehört eigentlich alles dazu? Und da wurden auch solche Sachen eben genannt."* (Roth 2, 113)
Evaluation	*„Und sie haben auch eben, es war sehr schwer, d-sie dazu zu bringen, diese Reflexion über die Metakognition am Ende der Gruppenarbeiten. Äh, es waren ja nur handreichend immer solche Fragen auf G-persönlicher Ebene und auf Gruppenebene. Die hab' ich oft dann an die Tafel geschrieben. War jetzt bei der Aufgabe, bei der letzten nicht mehr, aber bei den Aufgaben davor hatte ich die immer an die Tafel. Und dann hab' ich immer darauf verwiesen, so, schaut euch das jetzt nochmal an. Ähm, ähm, also, diese Fragen, ,wenn ihr jetzt diese roten und grünen Karten ausfüllt, wenn ihr euren Bogen ausfüllt, habt die nochmal im Blick. Sprecht nochmal über euren Gruppenprozess' und so weiter. Und da die Schüler zu motivieren war sehr, sehr schwierig. (...) Zumal auch die Metaebene sehr stark im, ähm, individuellen Bereich war. Also in den Gruppen selbst. Ich hab' das nicht mit ihnen im Plenum besprochen. Das macht man ja manchmal so am Ende der Stunde, dass man irgendwie fragt, was habt, was haben wir denn heute gelernt? Wie sind wir denn vorgegangen? Oder es, man hat 'ne Aufgabenpräsentation und sagt, so jetzt sag doch mal, wenn man jetzt so 'nen Aufgabentyp hat, wie geht man denn da ran, ne? Also, dass man sowas nochmal thematisiert."* (Roth 2, 113)

Art und Weise der Reflexion

Die Lehrkraft reflektiert Schülerprozesse und das eigene Lehrerhandeln hinsichtlich der metakognitiven Aktivitäten sehr umfassend. Der Lehrer analysiert die metakognitiven Vorgehens- und Arbeitsweisen der Schülerinnen und Schüler nach Stärken und Schwächen und reflektiert über alternative Handlungen, durch welche diese Schülerprozesse verbessert werden können. Entsprechend der wahrgenommenen Defizite werden darüber hinaus adaptive Lehrerinterventionen reflektiert. Es ist erkennbar, dass das eigene Lehrerverhalten mit Fokus auf die metakognitiven Prozesse der Lernenden analysiert wird und zudem – dem Selbstbericht nach – Handlungen implementiert wurden, die der Verbesserung von zuvor als defizitär wahrgenommenen metakognitiven Prozessen dienten. Auch bei der Reflexion über eigene Handlungen berücksichtigt die Lehrkraft Alternativen. Die eingesetzten Interventionen werden tiefgehend begründet und ihre Auswirkungen genauer betrachtet. Es fällt zudem auf, dass die Lehrkraft keineswegs versuchte, das eigene Handeln beschönigend zu legitimieren. Vielmehr werden wie auch hinsichtlich der Schülerprozesse die Schwächen eigener Handlungen wie zum Beispiel die Erkenntnis, Überwachungsprozesse kaum unterstützt zu haben, selbstkritisch reflektiert.

Reflexionstypus
Die dargestellte Art und Weise der Reflexion lässt die Zuordnung dieser Lehrkraft zu dem *implementierenden* Reflexionstypus schlüssig erscheinen. Wie der *analysierende* Reflexionstyp reflektiert der Lehrer in starkem Maße über die Prozesse der Schülerinnen und Schüler und bewertet die metakognitiven Aktivitäten nach Stärken und Schwächen. Darüber hinaus erfolgt die Reflexion gleichermaßen kritisch bezogen auf das eigene Handeln. Die Lehrkraft reflektiert nicht nur über Handlungsoptionen, sondern auch über die von ihr implementierten Handlungen, die der Förderung bzw. Anregung metakognitiver Prozesse dienen sollten. Dabei ist hinsichtlich des Lehrerhandelns im Vergleich der Interviews der Pre- und Posterhebung eine klare Entwicklung erkennbar: Im videografierten Unterricht am Ende der Studie hat diese Lehrkraft gezielt Interventionen eingesetzt, um zuvor diagnostizierten Defiziten der metakognitiven Schülerprozesse proaktiv zu begegnen.

7.7 Diskussion der Typologie

Tabelle 7.8 zeigt die generierte Typologie der einzelnen zuvor vorgestellten Reflexionstypen von Lehrkräften über metakognitive Schülerprozesse während mathematischer Modellierungsphasen anhand eines Niveaustufensystems[3]. Die für die einzelnen Typen charakteristische Art der Reflexion über metakognitive Prozesse und ihre Förderung steigt in dieser Typologie beginnend mit Typus 1 des *reflexionsfernen* bis hin zu dem *implementierenden* Typus 6. Auf der höchsten Stufe steht somit der Typus einer Lehrkraft, die metakognitive Prozesse der Lernenden umfassend wahrnimmt und analysiert sowie adaptive Handlungsmaßnahmen zur Förderung metakognitiver Prozesse (unter anderem aufgrund von wahrgenommenen Defiziten) im Unterricht reflektiert und implementiert. Auf der

---

[3] Dies impliziert aber keineswegs, dass die Niveaustufen als äquidistant anzusehen sind.

Tabelle 7.8 Typologie nach Reflexionsebenen

Ebene	Beschreibung	Typus
Ebene 1	Kaum Reflexion	Der reflexionsferne Typus
Ebene 2	Überwiegend Reflexion über das eigene Lehrerhandeln	Der selbstbezogene Typus, der (lerngruppenbezogene) selbstreflektierte Typus
Ebene 3	Überwiegend intensive Reflexion über metakognitive Schülerprozesse	Der analysierende Typus
Ebene 4	Umfassende Analyse von Schülerprozessen und dem eigenen Lehrerhandeln mit Reflexion von Handlungsoptionen zur Förderung von Metakognition	Der handlungsorientierte Typus
Ebene 5	Umfassende Analyse von Schülerprozessen und dem eigenen Lehrerhandeln sowie der Implementierung geeigneter Interventionen zur Förderung von Metakognition	Der implementierende Typus

niedrigsten Ebene hingegen findet sich der Typus einer Lehrkraft, der kaum über metakognitive Schülerprozesse und auch nicht über deren Förderung reflektiert. Die Typen der Reflexionsstufen 2 bis 5 unterscheiden sich in der graduell höheren Qualität, in der metakognitive Schülerprozesse wahrgenommen und reflektiert werden und darin, inwieweit darüber hinaus Maßnahmen antizipiert werden, welche die metakognitiven Aktivitäten der Schülerinnen und Schüler fördern können:

Die einzelnen Typen können eindeutig voneinander abgegrenzt werden. Der *reflexionsferne* Typus zeichnet sich dadurch aus, dass insgesamt wenig über metakognitive Prozesse reflektiert wird. Es werden vorwiegend deskriptive Äußerungen vorgenommen, ohne diese zu hinterfragen oder das Wahrgenommene mit anderen Situationen oder Prozessen zu vergleichen. Verglichen mit dem *reflective cycle* von Graham Gibbs entspricht dieser Typus der ersten Stufe des sechsstufigen Zyklus. Der *reflexionsferne* Typus ist somit der niedrigsten Ebene der Reflexion zuzuordnen. Bei Borromeo Ferri (2018) wird diese als Ebene 0 bezeichnet, gekennzeichnet durch die reine Beschreibung einer Situation ohne Theoriebezüge. Da hier zumindest im Ansatz reflektiert wird, wird hier die niedrigste Ebene als Ebene 1 gesetzt.

Da in der unterrichtlichen Tätigkeit die regelmäßige Reflexion unabdingbar ist, wäre nicht zu erwarten gewesen, dass in dieser Studie ein *reflexionsferner* Typus bezogen auf das allgemeine Unterrichtsgeschehen identifiziert werden kann. Denn insbesondere bei empirischen Studien mit der Methode der Videoanalyse kann von einer Positivauswahl der Stichprobe ausgegangen werden, da sich die Teilnehmerinnen und Teilnehmer zur Reflexion ihres Unterrichts bereit erklären. Im gegebenen Kontext war der Fokus der Reflexion jedoch auf metakognitive Prozesse eingeschränkt. Hier war davon auszugehen, dass nicht alle teilnehmenden Lehrkräfte sich der Bedeutung metakognitiver Prozesse bewusst sein und ihre Aufmerksamkeit auf diese Aktivitäten im Unterricht richten würden. Darüber hinaus ist zu betonen, dass die Reflexion über metakognitive Schülerprozesse auf einer Meta-Metaebene erfolgt. Das Wahrnehmen, Interpretieren dieser Prozesse und das Entscheiden über diese ist demnach für Lehrkräfte besonders herausfordernd. Die Tatsache, dass in den empirischen Daten dieser Studie vereinzelt ein *reflexionsferner* Typus bezogen auf metakognitive Prozesse identifiziert werden konnte, erscheint demnach durchaus plausibel.

Eine Ebene höher, auf der zweiten Ebene, sind Lehrkräfte zuzuordnen, die im Unterschied zu dem *reflexionsarmen* Typus zwar stärker reflektieren, aber vorwiegend bezüglich der eigenen Handlungen. Gibbs (1988) zufolge entspricht dies der Phase der *Feelings*, indem hier persönliche Gefühle, Gedanken und Erfahrungen reflektiert werden. Lehrkräfte dieses Reflexionstypus fokussieren somit das eigene Empfinden bezüglich der eigenen Person und des eigenen Handelns während der Modellierungsaktivitäten. Die Typen *selbstbezogen* und *(lerngruppenbezogen) selbstreflektiert* sind auf dieser Ebene angesiedelt, da in diesen Fällen der Fokus der Reflexion auf der eigenen Person liegt. Diese wird hinsichtlich der eigenen Stärken und Schwächen analysiert. Die beiden Typen unterscheiden sich voneinander in ihrem Bezug zur Lerngruppe: Während der *selbstbezogene* Reflexionstyp die Lerngruppen in der Analyse eher weniger beachtet und stattdessen das eigene Handeln beschreibt und bewertet, ist der *selbstreflektierte* Reflexionstyp darauf bedacht, das eigene Handeln mit der Lerngruppe in Beziehung zu setzen und zu bewerten. Auch dieser Typus stellt Stärken und Schwächen des eigenen Handelns heraus, dies erfolgt aber insbesondere im Hinblick auf wahrgenommene Schülerprozesse. Dies bedeutet, dass dieser Typus das eigene Handeln bezüglich der Passung zur Lerngruppe hinterfragt und zum Beispiel reflektiert, ob er hätte anders handeln müssen, um den Lernenden bestimmte Einsichten zu ermöglichen. Der *selbstbezogene* Reflexionstyp hingegen äußert sich kaum zu den Lerngruppen. Lehrkräfte dieses Typus erkennen zwar, dass sie teils auf nicht geeignete Weise interveniert haben, reflektieren dies aber nicht in Zusammenhang mit etwaigen Auswirkungen auf ihre Schülerinnen und Schüler. Stattdessen äußern sie oft Erfahrungen bzw. theoretische Kenntnisse über geeignetes Intervenieren, losgelöst von der jeweiligen videografierten Lerngruppe.

Hinsichtlich der beiden Reflexionstypen auf dieser Ebene ist zu fragen, warum eine Lehrkraft in einer Interviewsituation bezogen auf den eigenen videografierten Unterricht kaum über die metakognitiven Prozesse der Lernenden reflektiert und eher das eigene Handeln fokussiert. Dies könnte darauf zurückgeführt werden, dass die Lehrkraft mit dem eigenen Handeln unzufrieden war. Diese Annahme erscheint besonders schlüssig bei dem Prototyp des *selbstbezogenen* Typus. Wie aus der Analyse des Falls hervorgeht, interveniert diese Lehrkraft nicht im Sinne der mathematischen Modellierung und hat ein Interventionsschema verinnerlicht, von dem sie sich nur schwer lösen kann. Aus diesem Grund erscheint es denkbar, dass der Lehrer im Interview deutlich machen wollte, dass ihm dies bewusst war, weshalb er auch im Hinblick auf Videosequenzen mit reiner Beteiligung von Schülerinnen und Schülern Bezug auf das eigene Handeln statt auf die Handlungen der Lernenden genommen haben könnte. Bei dem *(lerngruppenbezogen) selbstreflektierten* Typus ist zu vermuten, dass die Lehrkraft deshalb in so starkem Maße über die eigenen Interventionen reflektiert hat, weil er der Auffassung war, seine Lernenden besonders intensiv unterstützen zu müssen und dass sie seine Hilfe benötigen, um die Modellierungsprozesse bewältigen zu können.

Die dritte Ebene steht kontrastierend zur zweiten Ebene, da der *analysierende* Reflexionstypus die metakognitiven Prozesse der Schülerinnen und Schüler statt der eigenen Handlungen fokussiert. Lehrkräfte dieses Typus reflektieren stark über die metakognitiven Aktivitäten der Lernenden, stellen deren Stärken und Schwächen heraus und nennen zum Teil alternative Handlungsmöglichkeiten, welche die Schülerinnen und Schüler hätten nutzen sollen, um produktiv metakognitiv zu agieren. In ihren Reflexionen nehmen sie jedoch keinen Bezug zu eigenen Interventionsmöglichkeiten zur Stärkung metakognitiver Prozesse bzw. es erfolgt keine Reflexion adaptiver Interventionen zu den wahrgenommenen metakognitiven Defiziten. Die Kennzeichen dieses Typus sind bei Gibbs (1988) im Bereich der *Evaluation* und *Analysis* wiederzufinden: Die *Evaluation* nach Gibbs berücksichtigt ein Herausstellen von Stärken und Schwächen sowie ein Einbeziehen bzw. Bewerten der Auswirkungen bestimmter Situationen (z. B. eine Reflexion darüber, wie Gruppenmitglieder auf bestimmte Strategien eines anderen Gruppenmitglieds reagiert haben). Dabei kann ein Abgleich mit theoretischem Wissen erfolgen. Das Heranziehen der Theorie wird bei Gibbs jedoch nicht als essenziell angesehen, sondern eher als Option, um das Wahrgenommene zu deuten. Bezogen auf diesen Reflexionstypus ergibt sich somit ein Typus, dessen Analyse vorwiegend in diesen beiden Phasen der Reflexion nach Gibbs einzuordnen ist.

Die drei Reflexionstypen *selbstbezogen, selbstreflektiert* und *analysierend* unterscheiden sich somit hinsichtlich der in ihrer Analyse fokussierten Personen. In Bezug auf die Förderung metakognitiver Prozesse von Schülerinnen und Schülern besteht die entscheidende Differenz darin, dass Reflexionen über metakognitive Schülerprozesse durch den *analysierenden* Typus eine höhere Niveaustufe erreichen als die reine Reflexion des eigenen (nicht immer metakognitiven) Verhaltens. Dabei ist die Diagnose von metakognitiven Prozessen als notwendige Grundlage für die Förderung dieser Prozesse anzusehen, die jedoch auf der zweiten Ebene überwiegend fehlt. Erst der Reflexionstyp der dritten Ebene schließt die Diagnose der metakognitiven Schülerprozesse mit ein (Abbildung 7.1).

In den weiteren Stufen wird die Reflexion um die der Handlungsposition erweitert. Dies steht in Einklang mit der Typologie von Borromeo Ferri (2018), welche auf der höchsten Stufe die *Perspektivische Reflexion* betrachtet, bei der zum einen verschiedene Perspektiven eingenommen und zum anderen Handlungsalternativen entwickelt werden. Letzteres ist das primäre Kennzeichen des *handlungsorientierten* Typus auf der vierten Ebene der Reflexion im Rahmen der Typologie, die anhand der Analyse in dieser Studie entwickelt wurde.

Der Typus *handlungsorientiert* auf der vierten Ebene und der Typus *implementierend* auf der fünften Ebene bauen somit auf dem *analysierenden* Typus auf. In beiden Fällen beruht die Typenbildung auf einer umfassenden Analyse der metakognitiven Schülerprozesse – wie bei dem *analysierenden* Typus beschrieben – erweitert um die Reflexion der eigenen Handlungsposition. Der *handlungsorientierte* Reflexionstyp erkennt somit aufgrund der Analyse der Schülerprozesse, dass das eigene Handeln zur Unterstützung metakognitiver Prozesse in bestimmten Situationen notwendig ist. Werden Defizite in den metakognitiven Schülerprozessen wahrgenommen, so kann dieser Typus geeignete Handlungsoptionen reflektieren.

Bei Gibbs (1988) findet sich dieser Typus im *reflective cycle* im Anschluss an die Phase der *conclusion* wieder. In dieser Phase der Aufgabenbearbeitung wird ein Fazit gezogen, um darauf aufbauend einen *action plan* aufzustellen, um Handlungsoptionen zur Verbesserung der Vermittlung der reflektierten Inhalte geben zu können. Letzteres stellt die letzte Phase des Zyklus bei Gibbs dar. Die vorliegende Typologie ergänzt die Reflexion der Handlungsoption zudem um eine weitere Ebene der Reflexion, die der umgesetzten Handlungen zur Förderung metakognitiver Prozesse. Damit geht diese Typologie auch über die Differenzierung nach Borromeo Ferri (2018) hinaus, welche die *Perspektivische Reflexion* als höchste Stufe betrachtet. Da im Kontext der professionellen Unterrichtswahrnehmung jedoch das *decision making* eine zentrale Rolle spielt, halte ich

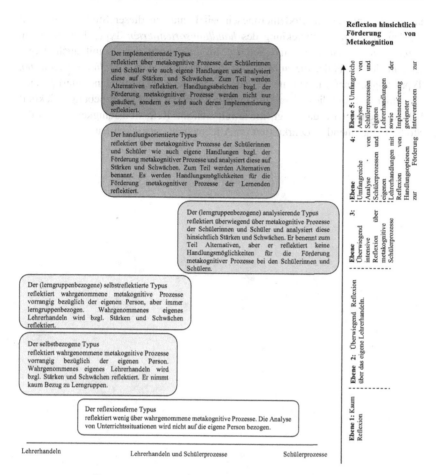

Abbildung 7.1 Übersicht der Reflexionstypen von Lehrkräften hinsichtlich metakognitiver Schüleraktivitäten

diese Erweiterung für sinnvoll, weil es nicht nur bedeutsam ist, Entscheidungen für zukünftige Handlungen zu treffen, sondern diese auch zu implementieren und anhand der Praxiserfahrung wiederum zu reflektieren. Es liegt zwar nahe, dass eine Lehrkraft, die Handlungsoptionen reflektieren kann, auch versuchen wird, diese zukünftig umzusetzen; dennoch ist zwischen der Fähigkeit zur Reflexion und der reflektierten Handlung zu unterscheiden. Vor dem Hintergrund der langfristig angelegten Modellierungseinheit konnte in dieser Studie festgestellt werden, dass eine Entwicklung des *handlungsorientierten* Typus hin zu einem *implementierenden* Typus möglich ist. Im Folgenden wird somit auch dargelegt, inwieweit Fälle, die anhand der Pre-Erhebung dem *handlungsorientierten* Typus zugeordnet wurden, im Verlauf der Studie reflektierte Handlungsoptionen implementiert und diese daraufhin in dem Interview der Post-Erhebung reflektiert haben. Ebenso wird dargelegt, inwieweit sich die Reflexionsfähigkeit der an der Studie teilnehmenden Lehrkräften im Allgemeinen entwickelt hat.

Weitere Analysen zur Reflexionsfähigkeit metakognitiver Prozesse

8

8.1 Entwicklung der Fälle im Pre-Post-Vergleich

Alle Fälle dieser Studie wurden zu Beginn (Pre-Erhebung) und zum Ende der Studie (Post-Erhebung) anhand ihrer Interviewdaten im Hinblick auf ihre Reflexionsfähigkeit untersucht. Im Pre-Post-Vergleich konnte eine deutliche Veränderung der Reflexionsarten der teilnehmenden Lehrkräfte sowohl über die metakognitiven Prozesse von Schülerinnen und Schülern als auch über ihr eigenes Lehrerhandeln festgestellt werden. Die nachstehenden Tabellen 8.1 und 8.2 zeigen die offensichtlich im Zuge der Projektphase veränderten Kompetenzen. Insbesondere die Betrachtung der jeweiligen Stufen, auf denen reflektiert wird (vgl. Tabelle 8.2), verdeutlicht, dass die Lehrkräfte zu Beginn der Studie nahezu gleichverteilt auf den Stufen 1 bis 3 und 4 bis 5 reflektiert haben. Sieben Lehrkräfte reflektierten zu Beginn der Studie im Rahmen eines Reflexionstypus auf den ersten drei Ebenen über metakognitive Schüleraktivitäten beim mathematischen Modellieren. Von diesen sieben Lehrkräften reflektierten vier Lehrkräfte nicht tiefgehend genug über die Prozesse in Bezug auf die Förderung metakognitiver Aktivitäten, da sie die eigene Person und allgemein das eigene Handeln während der Reflexion im Interview fokussierten.

Bei der Interpretation der Ergebnisse ist zu berücksichtigen, dass alle an der Studie teilnehmenden Lehrkräfte bereits vor der Pre-Erhebung an der ersten Fortbildung im Rahmen des Projektes teilgenommen hatten. Denjenigen Lehrkräften, die in der metakognitiven Vergleichsgruppe teilgenommen haben, war somit bereits das Konzept der Metakognition im Überblick vorgestellt worden.

© Der/die Autor(en), exklusiv lizenziert durch Springer Fachmedien Wiesbaden GmbH, ein Teil von Springer Nature 2021
L. Wendt, *Reflexionsfähigkeit von Lehrkräften Über metakognitive Schülerprozesse beim mathematischen Modellieren*, Perspektiven der Mathematikdidaktik, https://doi.org/10.1007/978-3-658-36040-5_8

Tabelle 8.1 Anzahl der aufgetretenen Reflexionstypen zur Pre- und Post-Erhebung

	Pre-Erhebung	Post-Erhebung
reflexionsfern	1	0
selbstbezogen	2	0
selbstreflektiert	1	0
analysierend	3	3
handlungsorientiert	6	5
implementierend	0	5 (+1)[1]

Tabelle 8.2 Anzahl der aufgetretenen Fälle auf den Reflexionsebenen zur Pre- und Post-Erhebung

	Pre-Erhebung	Post-Erhebung
Ebene 1: kaum Reflexion	1	0
Ebene 2: Lehrerorientierung	3	0
Ebene 3: umfassende Analyse der Schülerprozesse	3	3
Ebene 4: umfassende Analyse mit Handlungsorientierung	6	5
Ebene 5: umfassende Analyse mit Handlungsimplementierung	0	5 (+1)

Außerdem war ihnen mitgeteilt worden, dass sie in der Vertiefungsphase des ersten Modellierungsprozesses (der Modellierungsstunde der Datenerhebung) bereits eine metakognitive Strategie vertiefen sollten. Die Lehrkräfte in der mathematischen Vergleichsgruppe hatten in der Fortbildung keine theoretischen Inhalte zu dem Konzept der Metakognition thematisiert. Daher kann nicht davon ausgegangen werden, dass sie Kenntnisse über diese Inhalte hatten, obwohl natürlich nicht auszuschließen ist, dass sich Lehrkräfte entsprechendes Wissen im Selbststudium angeeignet haben können. Auf einen Vergleich der beiden Gruppen wird in Abschnitt 9.2 eingegangen. Anzumerken ist allerdings, dass die Lehrkräfte der metakognitiven Vergleichsgruppe vor dem ersten Interview lediglich in einem

---

[1] Die (+1) steht für einen Fall, der nur im Ansatz dem implementierenden Typus entspricht. Alle übrigen Fälle konnten eindeutig einem Typus zugeordnet werden, da sie diesem überwiegend entsprechen. Da es in der Typologie einen gravierenden Unterschied macht, ob die Lehrkraft umgesetzte Handlungsoptionen (im Ansatz) reflektiert, wurde dies durch die (+1) gekennzeichnet.

dreistündigen Termin über die Inhalte zu dem Konzept der Metakognition diskutieren konnten, weshalb zu diesem Zeitpunkt auch bezogen auf diese Lehrkräfte
eher geringe Kenntnisse zur Metakognition zu vermuten sind. Bestätigt wird diese
Annahme durch die qualitativen Daten, indem Lehrkräfte im fokussierten Teil
der Interviews mehrfach nachgefragt haben, welche metakognitiven Strategien
speziell gemeint seien. Somit kann davon ausgegangen werden, dass sich die
Teilnahme an der ersten Sitzung der Fortbildung in keinem starken Maße auf die
Fähigkeit der Lehrkräfte ausgewirkt hat, metakognitive Aktivitäten von Schülerinnen und Schülern wahrzunehmen. Wenn sie hierdurch Vorkenntnisse erworben
hatten, so wurden diese in den Daten dieser Studie kaum sichtbar.

Die Abfrage der persönlichen Daten durch den Fragebogen hat zudem ergeben, dass nur wenige der Teilnehmerinnen und Teilnehmer Fortbildungen zum
mathematischen Modellieren besucht haben. Die Mehrheit der Lehrkräfte hat
bekundet, über geringe Erfahrungen und wenig Vorwissen zu verfügen. Daher
kann davon ausgegangen werden, dass die Lehrerinnen und Lehrer zum Zeitpunkt der Pre-Erhebung überwiegend über gleiche (geringe) Erfahrungs- und
Wissensstände bezüglich der mathematischen Modellierung verfügt haben und
dass somit zu Beginn der Studie ähnliche Lernvoraussetzungen bestanden. Somit
bildeten die Teilnehmerinnen und Teilnehmer eine geeignete Stichprobe, um die
Interviewdaten der einzelnen Lehrkräfte in einem Pre- und Post-Vergleich zu
untersuchen.

Der Vergleich zeigt eine deutliche Veränderung der Reflexionsfähigkeit dieser
Lehrerinnen und Lehrer **im Verlauf der Studie**. Bezieht man den individuellen
Kompetenzzuwachs auf die Gesamtheit der Lehrkräfte, kann Folgendes festgestellt werden: Zum Zeitpunkt der Post-Erhebung am Ende der Studie **reflektiert
keine** der Lehrkräfte **auf den Ebenen 1 und 2**, d. h. in keinem Fall wird
die Reflexion von Schülerprozessen durch die reine Fokussierung des eigenen
Lehrerhandelns vernachlässigt. Die Anzahl der **analysierenden Reflexionstypen
liegt gleichbleibend** bei 3 Fällen. Hervorzuheben ist die **erhöhte Anzahl** an
Lehrkräften, die anhand der Post-Erhebung am Ende der Studie den **Ebenen
4** (umfassende Analyse mit Handlungsorientierung) **und 5** (umfassende Analyse
mit Handlungsimplementierung) zuzuordnen waren: Die Anzahl von zehn statt
zuvor sechs Lehrkräften, denen anhand ihrer Interviewaussagen die Handlungsorientierung oder -implementierung über metakognitive Prozesse zugesprochen
werden kann, entspricht einem positiv zu bewertenden Kompetenzzuwachs. Dieser kann entsprechend der Niveaustufen der vorliegenden Typologie bestimmt
werden. Die folgende Tabelle 8.3 zeigt die Entwicklung der Reflexionsfähigkeit
der teilnehmenden Lehrkräfte der metakognitiven Vergleichsgruppe unter Bezug
auf die Zuweisung von Reflexionstypen:

Tabelle 8.3 Übersicht der eingeordneten Fälle zur Pre- und Post-Erhebung

	Pre-Erhebung	*Post-Erhebung*
A. Metakognitive Vergleichsgruppe		
Herr Roth	handlungsorientiert	implementierend
Frau Schmidt	analysierend	analysierend
Frau Becker	handlungsorientiert	implementierend
Herr Müller	(lerngruppenbezogen) selbstreflektiert	handlungsorientiert
B. Mathematische Vergleichsgruppe		
Herr Toch	selbstbezogen	handlungsorientiert
Herr Jonas	handlungsorientiert	handlungsorientiert
Frau Nadler	handlungsorientiert	implementierend
Frau Winter	analysierend	analysierend
Frau Sommer	handlungsorientiert	handlungsorientiert
Herr Richter	selbstbezogen	implementierend
Herr Karsten	reflexionsfern	analysierend
Frau Kies	analysierend	handlungsorientiert (in Ansätzen implementierend)
Frau Schwabe	handlungsorientiert	implementierend

Die Betrachtung der Fälle auf der Individualebene verdeutlicht, dass keine Lehrkraft anhand der Post-Erhebung einem niedrigeren Reflexionsniveau zuzuordnen war als zu Beginn der Studie. Alle Teilnehmerinnen und Teilnehmer dieser Studie haben somit am Ende der Studie die metakognitiven Schülerprozesse auf der gleichen oder auf einer höheren Ebene reflektiert. Außerdem resultiert aus der Analyse, dass nur vier Lehrkräfte zu beiden Zeitpunkten in ihrer Reflexion das gleiche Niveau erreichen (Metakognitive Vergleichsgruppe: Frau Schmidt; mathematische Vergleichsgruppe: Herr Jonas, Frau Winter, Frau Sommer). Der Großteil der Teilnehmerinnen und Teilnehmer veränderte die Reflexion über metakognitive Prozesse somit während der Projektphase bezüglich einer höheren Ebene.

Abbildung 8.1 (auf der nachstehenden Seite) veranschaulicht, wie sich einzelne Lehrkräfte innerhalb der Typologie weiterentwickelt haben. Es wird deutlich, dass in den meisten Fällen mindestens das Erreichen der nächsthöheren Ebene rekonstruiert werden konnte. Bei drei Lehrkräften konnten die Aussagen am Ende der Studie sogar einem um zwei Ebenen höheren Reflexionsniveau als zu Beginn der Studie zugeordnet werden, bei einer weiteren Lehrkraft war ein drei Ebenen höheres Reflexionsniveau zu verzeichnen.

Wird die jeweilige Niveaustufe der Reflexionsfähigkeit der Lehrenden im Detail betrachtet, ist die positive Entwicklung hinsichtlich einer stärkeren Reflexion der Lehrkräfte über metakognitive Prozesse und insbesondere hinsichtlich deren Förderung am Ende der Studie deutlich:

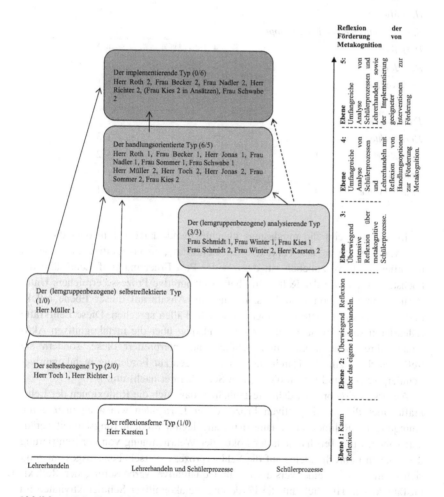

Abbildung 8.1 Entwicklung der Reflexionstypen im Pre-Post-Vergleich

Tabelle 8.4 Zuordnung der Niveaustufen zur Pre- und Posterhebung

	Pre-Erhebung	Post-Erhebung	Veränderung
A. Metakognitive Vergleichsgruppe			
Herr Roth	4	5	+ 1
Frau Schmidt	3	3	0
Frau Becker	4	5	+ 1
Herr Müller	2	4	+ 2
B. Mathematische Vergleichsgruppe			
Herr Toch	2	4	+ 2
Herr Jonas	4	4	0
Frau Nadler	4	5	+ 1
Frau Winter	3	3	0
Frau Sommer	4	4	0
Herr Richter	2	5	+ 3
Herr Karsten	1	3	+ 2
Frau Kies	3	4 (5)	+ 1 (+2)
Frau Schwabe	4	5	+ 1

Tabelle 8.4 zeigt die mindestens gleichbleibende Niveaustufe oder die positive Veränderung in der Fähigkeit der Lehrkräfte, metakognitive Prozesse zu reflektieren. Hervorzuheben ist, dass in der Post-Erhebung fünf Lehrkräfte die höchste Niveaustufe der Reflexion über metakognitive Prozesse erreichen. Unter Berücksichtigung von Frau Kies, die nur im Ansatz auf dieser Ebene reflektiert und handelt, könnte man sogar von sechs Fällen sprechen. Diese Lehrkräfte reflektieren somit nicht nur umfangreich adäquat über die metakognitiven Aktivitäten ihrer Schülerinnen und Schüler und interpretiert diese, sondern sie treffen auch spezifische Handlungsentscheidungen zur Förderung metakognitiver Schülerprozesse und setzen diese (dem Selbstbericht nach) um.

Als erstes Ergebnis ist daher festzuhalten, dass sich die Reflexionen der Lehrkräfte über die metakognitiven Prozesse der Lernenden wie auch über deren Anregung im Rahmen einer langfristig angelegten Modellierungseinheit verändert haben. Zum Teil hat sich der Fokus der Wahrnehmung von der Zentrierung des eigenen Lehrerhandelns auf die Schülerprozesse verschoben. Insgesamt zeigt sich deutlich, dass eine Verstärkung und qualitative Verbesserung der Reflexionsfähigkeit in Hinblick auf die Förderung metakognitiver Schüleraktivitäten im Rahmen dieser Einheit möglich war.

Dieses Ergebnis steht im Einklang mit den Ergebnissen von van Es und Sherin (2006, S. 129 f.; 2009, S. 25 ff.), die durch ihre Videoanalysen gezeigt haben, dass sich die Art ebenso wie der Fokus der Reflexion über Unterrichtssituationen verändern kann. Auch in dieser Studie haben die Lehrkräfte Videografien ihres eigenen Unterrichts analysiert und im Verlauf der Studie ihre Reflexionsart überwiegend verändert. Analog dazu ist bekannt, dass die Wahrnehmungsfähigkeit von Lehrkräften durch Videoanalysen gestärkt werden kann (Sherin & Dyer 2017). In der vorliegenden Studie zeigt sich nun passend dazu, dass nicht nur das Wahrnehmen allgemein gestärkt werden konnte, sondern das bewusste Wahrnehmen und Interpretieren von Prozessen metakognitiver Schüleraktivitäten sowie das Entscheiden über Interventionen zur Förderung metakognitiver Prozesse der Schülerinnen und Schüler. Kompetenzzuwächse dieser Art erscheinen schlüssig. Unklar ist jedoch, welche Faktoren die Stärkung der Reflexionsfähigkeit im Einzelnen bewirkt haben. Denkbar sind hier mehrere Einflussfaktoren bzw. auch ein Wirkungsgeflecht aus verschiedenen Faktoren, die den Erfolg unterrichtlicher Prozesse generell beeinflussen, wie hier unter anderem die spezifische Lernumgebung, das mehrmalige Durchführen des Modellierungsprozesses in einer bestimmten Lernumgebung, das mehrmalige Analysieren des eigenen videografierten Unterrichts oder auch etwaige Reflexionsimpulse durch die Nachfragen seitens der Interviewerin. Ein möglicher Einflussfaktor ist auch eine stärkere Berücksichtigung metakognitiver Prozesse durch die vertiefte Thematisierung dieser Prozesse mit den Lernenden im Rahmen der Teilnahme in der metakognitiven Vergleichsgruppe. Auch wenn die Datenerhebung im Rahmen dieser Studie nicht das Anliegen verfolgt hat, gezielt solche Einflussfaktoren zu identifizieren, wurden die Daten dennoch hinsichtlich möglicher Hinweise auf diese Faktoren untersucht. Daher sollen im Folgenden die Unterschiede in den Vergleichsgruppen vorgestellt und diskutiert werden, um herauszuarbeiten, inwieweit die vertiefte Auseinandersetzung mit den metakognitiven Aktivitäten von Schülerinnen und Schülern den Kompetenzzuwachs begünstigt haben könnte.

8.2 Untersuchung anhand der Vergleichsgruppen

Die Stichprobe der vorliegenden Studie teilt sich auf zwei Interventionsgruppen auf. Vier Lehrkräfte der metakognitiven Vergleichsgruppe haben den Einsatz metakognitiver Strategien während der Bearbeitung von mathematischen Modellierungsprozessen mit ihren Schülerinnen und Schülern vertieft thematisiert. Neun Lehrkräfte haben die Vermittlung mathematischer Basiskompetenzen anhand von Modellierungsproblemen im Rahmen ihrer Teilnahme in der mathematischen Vergleichsgruppe fokussiert. Da entsprechend der Vergleichsgruppen unterschiedliche Inhalte in den Fortbildungen vermittelt wurden und die Lehrkräfte unterschiedliche Vertiefungsphasen mit den Schülerinnen und Schülern durchgeführt haben, ist ein Vergleich dieser Gruppen ungeachtet der kleinen Stichprobe interessant. Wie in Abschnitt 8.1 erläutert, zeigt sich insgesamt betrachtet eine positive Entwicklung in der Reflexionsfähigkeit der teilnehmenden Lehrkräfte durch die Intervention. In der folgenden Tabelle 8.5 ist dargestellt, wie sich die Lehrerinnen und Lehrer in den beiden Gruppen mit unterschiedlicher Vertiefung entwickelt haben. Zunächst ist festzustellen, dass sich die Ergebnisse zum Zeitpunkt der Pre-Erhebung kaum unterscheiden. In beiden Gruppen konnten Reflexionsarten der Ebenen 2 bis 4 identifiziert werden, in der mathematischen Gruppe zudem einmal eine Reflexion der Ebene 1. In beiden Gruppen tritt mehrfach die Reflexionsart der Ebene 4 in Erscheinung: in der metakognitiven Vergleichsgruppe bei den Lehrkräften zweimal, in der mathematischen Vergleichsgruppe bei den Lehrkräften viermal. Da in der mathematischen Vergleichsgruppe gut doppelt so viele Lehrer-innen und Lehrer teilgenommen haben, korrelieren die Werte mit der Gruppengröße und sind vergleichbar. Gleiches gilt für die Ebenen 2 und 3, die in der mathematischen Vergleichsgruppe doppelt so oft auftreten. Anhand der Post-Erhebung zeigt sich ein ähnliches Bild: in beiden Gruppen können nur noch Reflexionen der Ebenen 3 bis 5 rekonstruiert werden. Auch die Verteilung der Reflexionsarten entsprechend dem Reflexionsniveau ist in beiden Gruppen ähnlich. Mit Blick auf die Veränderung der Reflexionsart im Verlauf der Studie kann in der metakognitiven Vergleichsgruppe eine durchschnittlich um eine Ebene höhere Reflexionsart konstatiert werden. In der mathematischen Vertiefungsgruppe ist diese geringfügig höher. In dieser Gruppe reflektieren die Lehrkräfte am Ende der Studie durchschnittlich auf einer nächsthöheren Reflexionsebene. Diese Aussage ist allerdings dahingehend einzuschränken, dass der Durchschnittswert aufgrund der geringen Fallzahlen bereits durch die eine Extremposition des Lehrers auf der Ebene 1 bewirkt worden sein kann, dessen Aussagen in der Post-Erhebung der Ebene 3 zuzuordnen waren.

Daher kann festgehalten werden, dass sich die Lehrkräfte beider Gruppen in ihrer Reflexionsfähigkeit ähnlich entwickelt haben. Es zeigen sich keine größeren Unterschiede in den Gruppen. Dies könnte somit darauf hinweisen, dass die unterschiedliche Vertiefungsphase auf die Entwicklung der Reflexion der Lehrkräfte über metakognitive Schülerprozesse beim mathematischen Modellieren keinen ausschlaggebenden Einfluss hatte. Gleiche Ergebnisse zeigen sich, wenn nicht die Veränderung der Reflexionsebene betrachtet wird, sondern die Veränderung der auftretenden Reflexionstypen, wie in der nachfolgenden Tabelle 8.6 dargestellt:

Tabelle 8.5 Vergleich der Fälle nach Ebene zur Pre- und Post-Erhebung

	Pre-Erhebung	Post-Erhebung	Veränderung
A. Metakognitive Vergleichsgruppe			
Herr Roth	4	5	+ 1
Frau Schmidt	3	3	0
Frau Becker	4	5	+ 1
Herr Müller	2	4	+ 2
			+ 4
B. Mathematische Vergleichsgruppe			
Herr Toch	2	4	+ 2
Herr Jonas	4	4	0
Frau Nadler	4	5	+ 1
Frau Winter	3	3	0
Frau Sommer	4	4	0
Herr Richter	2	5	+ 3
Herr Karsten	1	3	+ 2
Frau Kies	3	4 (5)	+ 1 (+2)
Frau Schwabe	4	5	+ 1
			+ 11 (+12)

Wie die Übersicht verdeutlicht, tritt in beiden Vergleichsgruppen am Anfang der Studie noch kein implementierender Typus auf. Dies ist darauf zurückzuführen, dass die Lehrkräfte mehrheitlich noch keine Vorerfahrungen mit der mathematischen Modellierung in den Projektklassen sammeln konnten. Daher konnten sie in diesem spezifischen Zusammenhang auch keine Defizite metakognitiver Prozesse wahrnehmen, denen sie entsprechend unmittelbar adaptiv hätten entgegenwirken müssen. Ebenso gut zu erkennen ist die hohe Anzahl der Fälle im Rahmen der Post-Erhebung mit Reflexionen auf den höchsten drei Niveaustufen: Keine Lehrkraft reflektiert am Ende der Studie auf dem Niveau des *reflexionsfernen*, des *selbstbezogenen* oder *selbstreflektierten* Typus. Diese Ergebnisse machen deutlich, dass die Reflexionsfähigkeit von Lehrkräften grundsätzlich durch ein langfristig angelegtes Modellierungsprojekt mit unterstützenden Elementen, wie sie die Lernumgebung des Projektes MeMo geboten hat, gestärkt werden kann.

Im direkten Vergleich hinsichtlich der Reflexionsebenen zeigt die metakognitive Vergleichsgruppe mit 2 von 4 Lehrkräften des implementierenden Reflexionstypus eine geringfügig höhere Reflexionsfähigkeit als die Gruppe der

Tabelle 8.6 Vergleich der Vergleichsgruppen nach Typen zur Pre- und Post-Erhebung

	Pre-Erhebung	Post-Erhebung
A. Metakognitive Vergleichsgruppe		
reflexionsfern	0	0
selbstbezogen	0	0
selbstreflektiert	1	0
analysierend	1	1
handlungsorientiert	2	1
implementierend	0	2
B. Mathematische Vergleichsgruppe		
reflexionsfern	1	0
selbstbezogen	2	0
selbstreflektiert	0	0
analysierend	2	2
handlungsorientiert	4	4
implementierend	0	3 (4)

mathematischen Vertiefung. Auch wenn die Ergebnisse aufgrund der geringen Stichprobe nicht generalisiert werden können und hier eher die ähnliche Entwicklung beider Gruppen hervorgehoben werden soll, ist dieses Ergebnis doch zu erklären. Es ist davon auszugehen, dass die Lehrerinnen und Lehrer in der metakognitiven Gruppe, die explizit zur Metakognition hinsichtlich der Theorie sowie hinsichtlich der Förderung metakognitiver Prozesse anhand des bereitgestellten Materials geschult wurden, zu einer stärkeren Reflexion angeregt wurden. Außerdem wurden diese Lehrkräfte explizit aufgefordert, die vermittelten Inhalte zur Förderung metakognitiver Strategien verbindlich durch die integrierte Vertiefungsphase umzusetzen. Demgegenüber erhielten die Lehrkräfte der mathematischen Vertiefungsgruppe weder umfangreiche theoretische Informationen zum Konzept der Metakognition, noch wurden sie auf die Bedeutsamkeit der Förderung metakognitiver Prozesse von Schülerinnen und Schülern bei der Bearbeitung dieser komplexen Modellierungsprobleme hingewiesen. Die Lehrkräfte der mathematischen Vergleichsgruppe erhielten außerdem keine Unterstützung durch die Projektgruppe in der Implementierung von Interventionen zur Anregung von Metakognition. Im Vergleich dazu wurde der Gruppe der metakognitiven Vertiefung speziell ausgefertigtes Material bereitgestellt. Aufgrund dessen wäre ein größerer Unterschied der Interventionsgruppen in der Reflexion über metakognitive Prozesse von Lernenden zu erwarten gewesen, insbesondere hinsichtlich der gezielten Anregung dieser Prozesse durch die Lehrkräfte. Insgesamt unterscheiden sich Ergebnisse im Vergleich der Gruppen jedoch nur geringfügig, weshalb zu vermuten ist, dass die Lehrkräfte der mathematischen Vertiefungsgruppe ohne externe Hinweise und Handreichungen ihr Bewusstsein für metakognitive Prozesse von Schülerinnen und Schülern selbstständig gestärkt und eigene Maßnahmen der Förderung von metakognitiven Aktivitäten erprobt und implementiert haben. Dies bestätigt erneut den Eindruck, dass nicht die Teilnahme an der jeweiligen unterschiedlichen Vergleichsgruppe entscheidend war für die Entwicklung der Reflexion über metakognitive Schülerprozesse, sondern vielmehr die unterrichtspraktischen Prozesse.

Daher soll als zweites Ergebnis festgehalten werden, dass Lehrkräfte ihren Fokus auf Metakognition und deren Anregung scheinbar auch ohne die Erarbeitung theoretischer Konzepte zur Metakognition, ohne die Information, dass Metakognitionen bedeutsam sind und ohne explizite Schulungen zur Förderung von Metakognition durch das mehrmalige Bearbeiten von Modellierungsprozessen durch Schülerinnen und Schüler stärken können. Anzumerken ist dabei, dass nicht auszuschließen ist, dass die teilnehmenden Lehrkräfte während der Studie Theorien zu Metakognition im Selbststudium erarbeitet haben.

Die insgesamt 13 Lehrkräfte dieser Studie haben sechs große Modellierungsprobleme mit ihren Schülerinnen und Schülern bearbeitet und hatten der Videografie der Bearbeitung des letzten Modellierungsproblems zugestimmt. Als engagierte Lehrkräfte waren sie sicherlich daran interessiert, dass die Lernenden am Ende der Studie über höhere Modellierungskompetenzen verfügten, um so auch den Erfolg des eigenen Lehrerhandelns zu bezeugen. Die Äußerungen in den Interviews zu beiden Erhebungszeitpunkten bestätigen, dass die Lehrkräfte grundsätzlich die Förderung der Modellierungskompetenz anstrebten. Zugleich wird deutlich, dass sie sich im Verlauf der Studie über mehrere Monate intensiv mit den Schwierigkeiten ihrer Schülerinnen und Schüler während der Modellierungsprozesse auseinandergesetzt haben – nicht nur während der videografierten Modellierungsprozesse, sondern auch während der vier nicht videografierten, sondern nur stichprobenartig hospitierten Modellierungsprozesse zwischen den Modellierungsproblemen 1 und 6. Dieser Aspekt wird in den Interviews der Post-Erhebung immer wieder angesprochen. Die Lehrkräfte bringen hier mehrfach Erfahrungen aus diesen Modellierungsprozessen ein. Sie haben somit scheinbar auch diese Prozesse umfassend und auch darüber reflektiert, wie die Lernenden Schwierigkeiten überwinden konnten und könnten. Vor dem Hintergrund, dass metakognitive Prozesse bei komplexen Bearbeitungsprozessen, wie es Modellierungsprozesse darstellen, von besonderer Bedeutung sind, erscheint es plausibel, dass Lehrkräfte im Laufe einer langfristig angelegten Modellierungseinheit die Notwendigkeit des metakognitiven Strategieeinsatzes selbst erkennen können und den Strategieeinsatz folglich nicht nur reflektieren, sondern auch anregen. In künftigen Studien sollte dieser Hinweis weiterverfolgt und untersucht werden, inwieweit Lehrkräfte in einer langfristig angelegten Modellierungseinheit tatsächlich eigenaktiv stärker über metakognitive Prozesse beim mathematischen Modellieren reflektieren oder welche Faktoren diese Reflexion und letztlich auch das Implementieren von Interventionen zur Förderung metakognitiver Prozesse bei den Schülerinnen und Schülern begünstigen können.

Schlussfolgerungen   9

9.1 Zusammenfassung und Diskussion der Ergebnisse

In der vorliegenden Studie wurde die Reflexionsfähigkeit von Lehrkräften bezüglich metakognitiver Prozesse von Schülerinnen und Schülern bei der Bearbeitung mathematischer Modellierungsprobleme untersucht. Dabei wurde erforscht, wie Lehrerinnen und Lehrer metakognitive Schülerprozesse wahrnehmen und reflektieren und weiterführend, inwiefern sie geeignete Interventionsmaßnahmen zur Förderung metakognitiver Aktivitäten bei den Lernenden reflektieren können. Darüber hinaus wurde untersucht, inwieweit verschiedene Arten der Reflexionspraxis von Lehrerinnen und Lehrern über metakognitive Aktivitäten beim mathematischen Modellieren typologisiert werden können. Daraus resultierten zunächst folgende Ergebnisse:

1. Es ist möglich, Lehrkräfte empirisch belegt nach der Art ihrer Reflexion über metakognitive Prozesse von Schülerinnen und Schülern beim mathematischen Modellieren zu unterscheiden.

1.1 Reflexionen von Lehrkräften über metakognitive Prozesse ihrer Schülerinnen und Schüler beim mathematischen Modellieren können empirisch belegt in die sechs Reflexionstypen *reflexionsarm, selbstbezogen, (lerngruppenbezogen) selbstreflektiert, analysierend, handlungsorientiert, implementierend* unterschieden werden.

1.2 In Bezug auf die Förderung metakognitiver Prozesse bei Schülerinnen und Schülern lassen sich empirisch belegt Niveaustufen der Reflexionsfähigkeit innerhalb der Typologie differenzieren.

© Der/die Autor(en), exklusiv lizenziert durch Springer Fachmedien Wiesbaden GmbH, ein Teil von Springer Nature 2021
L. Wendt, *Reflexionsfähigkeit von Lehrkräften Über metakognitive Schülerprozesse beim mathematischen Modellieren*, Perspektiven der Mathematikdidaktik, https://doi.org/10.1007/978-3-658-36040-5_9

2. Die Ergebnisse der Studie zeigen, dass sich die Reflexionsart der Lehrkräfte in einer langfristig angelegten Modellierungseinheit qualitativ verbessern und dass die Reflexionsfähigkeit bezüglich der Anregung metakognitiver Prozesse bei Schülerinnen und Schülern gestärkt werden kann.

3. Es zeigen sich Hinweise darauf, dass Lehrkräfte durch das Unterrichten mehrerer Modellierungsprozesse in einer langfristig angelegten Modellierungseinheit eigenständig ihr Bewusstsein für und ihre Reflexion über metakognitive Prozesse von Schülerinnen und Schülern weiterentwickeln.

Die empirischen Ergebnisse dieser Studie werden im Folgenden noch einmal detaillierter betrachtet und hinsichtlich der im theoretischen Teil dieser Arbeit vorgestellten Erkenntnisse diskutiert.

Es ist möglich, Lehrkräfte empirisch belegt nach der Art ihrer Reflexion über metakognitive Prozesse von Schülerinnen und Schülern beim mathematischen Modellieren zu unterscheiden.

Die vorliegende Untersuchung der Reflexionsfähigkeit von 13 Lehrerinnen und Lehrern über Modellierungsprozesse aus ihrem eigenen Unterricht hat gezeigt, dass Lehrkräfte auch in leitfadengestützten Interviews und der Verwendung ähnlicher[1] Videosequenzen einen unterschiedlichen Fokus in ihrer Unterrichtsanalyse setzen. Alle Reflexionen sind entsprechend des gewählten Settings der *reflection-on-action* nach Schön (1983) zuzuordnen, wobei manche Lehrkräfte in den Interviews darlegten, dass sie auch schon während der videografierten Modellierungsstunden im Sinne der *reflection-in-action* reflektierten. Die Reflexionen unterscheiden sich dabei nicht nur in der Schüler- oder Lehrerorientierung, sondern variieren auch in inhaltlichen Schwerpunkten. So haben die teilnehmenden Lehrkräfte metakognitive Prozesse während der Modellierungseinheit unterschiedlich stark fokussiert. Zum Teil galt die Aufmerksamkeit eher kooperativen Prozessen im Allgemeinen oder mathematischen Kompetenzen der Schülerinnen und Schüler als ihren metakognitiven Aktivitäten und deren Förderung. Dabei ist von unterschiedlichen wahrzunehmenden metakognitiven Prozessen der Schülerinnen und Schüler bei jeder Lerngruppe, von individuellen

---

[1] Bei allen Lehrkräften wurden Videosequenzen eingesetzt, (1) in denen die Schülerinnen und Schüler zunächst versucht haben, sich im Modellierungsprozess zu orientieren oder geplant haben, wie sie vorgehen möchten, (2) in denen die Schülerinnen und Schüler überwacht oder evaluiert haben, (3) in denen Schwierigkeiten in der Bearbeitung auftraten oder (4) in denen die Lehrkräfte interveniert oder nicht interveniert haben und wo die Intervention in einem möglichen Zusammenhang mit metakognitiven Schülerprozessen stand.

internen wie externen Faktoren sowie von diversen aufgetretenen Schwierigkeiten auszugehen (vgl. Krüger (2021) für eine Analyse dieser Faktoren bei den Lerngruppen dieser Studie, Goos 1998, Stillman 2011, Stillman & Galbraith 2012). Die Wahrnehmung der Lehrkräfte wurde daher sicherlich von den tatsächlichen, unterschiedlichen metakognitiven Prozessen der Lernenden beeinflusst, über die sie wiederum unterschiedlich reflektiert haben. Deutlich wurden dabei Unterschiede in der Tiefe der Reflexion und vor allem darin, inwieweit die Reflexion im Hinblick auf eine adäquate Förderung dieser metakognitiven Aktivitäten bei den Schülerinnen und Schülern erfolgte. Darüber hinaus unterschieden sich die Reflexionsarten über die wahrgenommenen metakognitiven Prozesse auch in der Angemessenheit und in ihrem Bewusstseinsgrad.

Reflexionen von Lehrkräften über metakognitive Prozesse ihrer Schülerinnen und Schüler beim mathematischen Modellieren können empirisch belegt in die sechs Reflexionstypen *reflexionsarm, selbstbezogen, (lerngruppenbezogen) selbstreflektiert, analysierend, handlungsorientiert, implementierend* unterschieden werden.

Zentrales Ergebnis der vorliegenden Untersuchung ist die generierte Typologie von Reflexionstypen von Lehrkräften über metakognitive Prozesse von Schülerinnen und Schülern beim mathematischen Modellieren. Bestehend aus sechs Typen berücksichtigt die Typologie aufeinander aufbauende Niveaustufen der Reflexion von keiner bzw. nur geringfügiger Reflexion (Stufe 1) bis hin zu einer umfassenden Reflexion über metakognitive Schülerprozesse einschließlich implementierter Unterstützungsmaßnahmen zu deren Förderung (Stufe 5). Alle Fälle der empirischen Studie konnten eindeutig einem Typus dieser Typologie zugeordnet werden.

Die gefundenen Typen stehen unter anderem im Einklang mit früheren und aktuellen Forschungen zu Modellen der Reflexion: Der *reflexionsarme* Typus ist dem *descriptive writing* der verschiedenen Typen schriftlicher Reflexion bei Hatton und Smith (1995) oder dem *deskriptiven Schreiben* bei Borromeo Ferri (2018) ähnlich. Äußerungen dieses Typus sind außerdem mit der Phase der *Description* bei Gibbs (1998) oder mit dem *Darstellen* bei Aeppli und Lötscher (2016) vergleichbar. Das Auftreten dieses Typus in anderen Arbeiten zeigt auch die Sinnhaftigkeit des Vorgehens an dieser Stelle, die Typologie partiell ergänzend zu konstruieren bzw. den Prototyp des *reflexionsarmen* Typus vergleichsweise etwas stärker zu abstrahieren.

Ein *selbstbezogener* oder *lerngruppenbezogener selbstreflektierter* Typus wurde bislang nicht in anderen Arbeiten differenziert. Beide sind jedoch an die *begründete Reflexion* von Borromeo Ferri (2018) anschlussfähig. Der *analysierende* Typus spiegelt die Phase der *Analyse* bei Gibbs (1998) wider und ähnelt dem Typus der *abwägenden Reflexion* bei Borromeo Ferri (2018), da diese Lehrerinnen und Lehrer Stärken und Schwächen reflektieren und in ihre Überlegungen Alternativen einbeziehen. Darüber hinaus sprechen auch Aeppli und Lötscher (2016) von einer solchen Reflexionsphase. Bei Borromeo Ferri (2018) gibt es zudem den Typus der *theoriebasierten Reflexion*. Der analysierende Typus in dieser Studie reflektiert zwar zum Teil unter Einbezug theoretischer Erkenntnisse, in den empirischen Daten dieser Studie ergaben sich diesbezüglich jedoch keine Fokussierungen oder Muster in den Reflexionen der Lehrkräfte. Dies könnte auf die unterschiedliche Erhebungsart zurückgeführt werden, da die Reflexionstypen bei Borromeo Ferri (2018) durch die Analyse schriftlicher Reflexionen rekonstruiert wurden. Zudem wurden bei Borromeo Ferri (2018) keine praktizierenden Lehrerinnen und Lehrer im alltäglichen Beruf befragt, sondern Studierende, die es in ihrer Lernpraxis gewohnt sind, theoretische Erkenntnisse in ihre Überlegungen einzubeziehen und ihre Argumentationen zu belegen. Im schulischen Kontext rückt dies bei praktizierenden Lehrerinnen und Lehrern stärker in den Hintergrund. Sie argumentieren stattdessen eher mit Erfahrungen und praxisbezogenen Erkenntnissen aus dem Schulalltag.

Der *handlungsorientierte* und der *implementierende* Reflexionstypus finden sich in der Typologie von Borromeo Ferri (2018) durch die Entwicklung von Handlungsalternativen in Form der *perspektivischen Reflexion* und noch deutlicher bei Aeppli und Lötscher (2016) durch die Unterscheidung der Phasen *Handlungsmöglichkeiten entwickeln, Konsequenzen ziehen* und *Anwenden – Maßnahmen umsetzen, erproben* wieder.

In Bezug auf die Förderung metakognitiver Prozesse bei Schülerinnen und Schülern lassen sich empirisch belegt Niveaustufen der Reflexionsfähigkeit innerhalb der Typologie differenzieren.

Die Einordnung der Reflexionstypen *reflexionsarm, selbstbezogen, (lerngruppenbezogen) selbstreflektiert, analysierend, handlungsorientiert* und *implementierend* in Niveaustufen erfolgte entsprechend des Modells der professionellen Unterrichtswahrnehmung (Kaiser et al. 2015b). Lehrkräfte müssen zunächst auf der Ebene der Wahrnehmung Schülerprozesse hinsichtlich der metakognitiven Aktivitäten erkennen und weiter auch in geeigneter Weise interpretieren können, um darauf aufbauend bezüglich der Förderung metakognitiver Prozesse Handlungsalternativen bzw. Interventionen entwickeln zu können, die letztendlich implementiert werden. Die Niveaustufen der Typologie wurden auf dieser Grundlage definiert: Je höher die Stufe, auf der eine Reflexion stattfindet, desto umfassender ist die Reflexion. Ab Stufe 4 ist sie zudem durch die Reflexion geeigneter Interventionen zur Förderung metakognitiver Prozesse im Bereich des *decision-making* verortet. Wie zuvor dargestellt lassen sich die verschiedenen Reflexionstypen hinsichtlich metakognitiver Schülerprozesse beim mathematischen Modellieren neben den Arbeiten zu Phasen der Reflexion auch den Modellen von Hatton und Smith (1995) oder Borromeo Ferri (2018) zuordnen, die ebenfalls Stufen der Reflexion betrachten. Das Modell von Borromeo Ferri (2018) enthält ebenfalls fünf Niveaustufen zur Reflexionstiefe.

Die Ergebnisse der Studie zeigen, dass sich die Reflexionsart der Lehrkräfte in einer langfristig angelegten Modellierungseinheit qualitativ verbessern und dass die Reflexionsfähigkeit bezüglich der Anregung metakognitiver Prozesse bei Schülerinnen und Schülern gestärkt werden kann.

Neben der Typenbildung wurden weiterführende Analysen zur Veränderung der Reflexionsart durchgeführt. Als weiteres Ergebnis dieser Studie konnte festgestellt werden, dass sich die Reflexionsart einer Lehrkraft im Rahmen einer langfristig angelegten Modellierungseinheit, die das intensive Reflektieren über diese Prozesse im Rahmen einer Analyse des videografierten eigenen Unterrichts beinhaltet, verändern und stärken lässt. In diesem Zusammenhang gilt dies insbesondere für die Reflexion hinsichtlich der Förderung metakognitiver Prozesse. In keinem Fall der Stichprobe konnte eine geringere Reflexionsfähigkeit am Ende der Studie entsprechend den Stufen der Typologie festgestellt werden. Da vielmehr in allen Fällen eine gleichbleibende oder verstärkte Reflexion identifiziert werden konnte, kann auch trotz der geringen Anzahl von Teilnehmerinnen und Teilnehmern an der Studie vermutet werden, dass eine Studie mit größeren Fallzahlen zu ähnlichen Hinweisen bzw. Ergebnissen führen würde.

Die empirischen Ergebnisse anderer Studien zur professionellen Unterrichtswahrnehmung belegen umfassend, dass Wahrnehmungen von Lehrkräften durch videobasierte Analysen gestärkt werden können und dass auch der Fokus der eigenen Wahrnehmung verändert werden kann (Stahnke et al. 2016, S. 23; Star & Strickland 2008, S. 109; van Es & Sherin 2006, S. 129 f.; 2009, S. 25 ff.). Die Lehrerinnen und Lehrer dieser Studie haben neben dem Unterrichten mehrerer Modellierungsaktivitäten zu zwei Zeitpunkten im Rahmen der Interviews umfassend Videosequenzen ihres eigenen Unterrichts betrachten und analysieren können. Es ist somit zu vermuten, dass vor allem auch die Intervention durch die Interviews zur Datenerhebung die Wahrnehmung und Art der Reflexion der Lehrkräfte beeinflusst hat. Die Einbindungen von Äußerungen zu einzelnen Erfahrungen, welche die Lehrkräfte bei der Betreuung von nicht-videografierten Modellierungsproblemen gemacht haben, sind allerdings ein Hinweis darauf, dass die teilnehmenden Lehrkräfte auch diejenigen metakognitiven Aktivitäten, die nicht in den Videosequenzen im Interview gezeigt wurden, nachträglich reflektiert haben. Dieser Prozess der *reflection-on-action* (Schön 1983) erfolgte überwiegend eigenständig, ohne explizite Anregung durch die Interviewerin. Dabei kann der Grad der Bewusstheit der Reflexionen nicht beurteilt und nur festgestellt werden, dass sich die Lehrkräfte im Interview, zum Teil auch mehrere Wochen nach der Durchführung der Modellierungsaktivitäten, an solche Aspekte erinnerten und diese in die Analyse der aktuellen Prozesse haben einfließen lassen. Dies könnte ein Indiz dafür sein, dass auch die langfristig angelegte Modellierungseinheit als Einflussfaktor auf die Stärkung der Reflexionsfähigkeit gewirkt hat. Van Es und Sherin (2006, S. 129 f.; 2009, S. 25 ff.) heben durch ihre empirischen Ergebnisse vor allem hervor, dass nicht nur die Art der Reflexion im Rahmen von Videoanalysen des eigenen Unterrichts verändert werden kann, sondern dass auch Begründungen verändert werden können. Diese Erkenntnis passt zu den Veränderungen der Reflexionsebenen der beteiligten Lehrkräfte dieser Studie, da ein Erreichen einer höheren Ebene zum Teil auch mit der Stärkung von Begründungen verbunden war. Dies wird zum Beispiel dadurch deutlich, dass eine Lehrkraft erst auf der Stufe 3 des *analysierenden* Typus umfassender begründet, wahrgenommene Sachverhalte und Prozesse gegeneinander abwägt und in ihren Ausführungen auch Alternativen heranzieht. Die Fähigkeit zur Veränderung bzw. Weiterentwicklung der Reflexionsart ist in dieser Studie vor allem hinsichtlich der Anregung von metakognitiven Prozessen bedeutend. Während mehrere Lehrkräfte zu Beginn der Studie nicht über ihre eigenen Interventionen zur Stimulierung und Stärkung von metakognitiven Prozessen reflektiert haben, finden sich in der Post-Erhebung mehr Reflexionen, die dieses berücksichtigen.

Abgesehen von den genannten Aspekten wird die professionelle Unterrichtswahrnehmung unter anderem von Wolters (2014, S. 21 f.) als wissensgeleitet betrachtet. Auch bezogen auf diesen Aspekt lassen sich Bezüge zu den Ergebnissen herstellen: Die Lehrerinnen und Lehrer haben durch Lehrerfortbildungen regelmäßig theoretischen Input zu den verschiedenen zugrunde liegenden Konzepten erhalten. Sie hatten daher nicht nur die Möglichkeit, durch die Durchführung der Modellierungsaktivitäten mit ihren Lerngruppen an Erfahrungen zu gewinnen, sondern sie konnten sich auch neue theoretische und empirische Erkenntnisse aneignen. Zu Beginn der Studie konnte nur für wenige Lehrkräfte ein Reflexionstypus auf den Stufen 3 bis 5 der Reflexion rekonstruiert werden. Dies kann durch mehrere Aspekte begründet sein. Zum einen ist allgemein bekannt, dass Lehrerinnen und Lehrer im komplexen Unterrichtsgeschehen wahrzunehmende Prozesse filtern müssen (van Es & Sherin 2002, S. 573). Für die Mehrheit der teilnehmenden Lehrkräfte war das Modellieren mit ihrer eigenen Lerngruppe neu oder zumindest noch nicht geübt und routiniert. Hinzu kam das besondere Setting durch die Aufnahme von Ton und Bild. Für die Videografie der ersten Modellierungsaktivität ist somit davon auszugehen, dass das Lehrerhandeln durch neue und besondere Eindrücke beeinflusst war. Darüber hinaus wussten die Lehrkräfte zu Beginn der Studie noch nicht, welchen Anforderungen sie in den Interviews begegnen würden. Ihnen wurde zwar der Ablauf der Interviews bereits ganz zu Beginn theoretisch erläutert, zum Zeitpunkt der Post-Erhebung waren sie sicherlich geübter und wussten beispielsweise, dass sie die Videosequenzen erst beschreiben und dann bewerten sollten. Bei der Analyse der Videosequenzen haben die Lehrkräfte selbst eine Meta-Metaebene eingenommen und über die metakognitiven Prozesse ihrer Lernenden reflektiert. Dies bedeutet somit, dass auch die Lehrkräfte im Interview metakognitiv aktiv werden mussten. Durch verschiedene empirische Untersuchungen von Trainingssettings ist aber bekannt, dass gerade die Betonung der Bedeutsamkeit metakognitiver Strategien zu einer erhöhten Anwendung von Strategien führen kann (Hasselhorn 1992, S. 54). Den Lehrerinnen und Lehrern der metakognitiven Vergleichsgruppe wurde die Bedeutsamkeit metakognitiver Aktivitäten vielfach verdeutlicht, beispielsweise in den Theorieinhalten der Fortbildungen und vor allem durch die Vorstellung erster Ergebnisse zu dem Strategieeinsatz ihrer Schülerinnen und Schüler in der letzten Fortbildung. Unbewusster vermittelt worden sein könnte die Relevanz durch die Interviews: Da am Ende des ersten Interviews in der metakognitiven Vergleichs-gruppe nach verwendeten metakognitiven Strategien gefragt wurde, ist es möglich, dass Lehrkräfte diesen Bereich als für die Interviewerin wichtig abgespeichert haben. In der mathematischen Vergleichsgruppe wurde die Bedeutsamkeit metakognitiver Strategien im Zusammenhang der Studie zu keinem Zeitpunkt genannt. Im Interview wurde stattdessen immer nach strategischen Vorgehensweisen gefragt. Auch hier ist dennoch eine Beeinflussung denkbar.

Es zeigen sich Hinweise darauf, dass Lehrkräfte durch das Unterrichten mehrerer Modellierungsprozesse in einer langfristig angelegten Modellierungseinheit eigenständig ihr Bewusstsein für und ihre Reflexion über metakognitive Prozesse von Schülerinnen und Schülern weiterentwickeln.

In der vorliegenden Studie konnten kaum Unterschiede zwischen den Vergleichsgruppen rekonstruiert werden. Daraus kann geschlossen werden, dass nicht das explizite praktische Vertiefen metakognitiver Prozesse durch die vorgegebene Vertiefungsphase und die theoretische Vertiefung durch die Fortbildung zur Metakognition entscheidend waren, sondern vielmehr das mehrmalige Modellieren als Unterrichtspraxis und Reflektieren über diese Modellierungsprozesse. Dies hat die Lehrkräfte wohlmöglich darin unterstützt, intrinsisch motiviert stärker auf metakognitive Prozesse bei den Lernenden zu achten und diese zu fördern. Es ist zu vermuten, dass die Lehrkräfte durch die Modellierungseinheit erkannt haben, dass die Anwendung bestimmter Strategien den Schülerinnen und Schülern die Bearbeitung der Modellierungsprobleme erleichtern. Erkennbar ist dies auch durch die Reflexion der Lehrenden hinsichtlich strategischer Vorgehensweisen und Strukturen. Die Lehrerinnen und Lehrer dieser Studie, die durch die Teilnahme in der Gruppe der mathematischen Vertiefung die metakognitiven Strategien der Schülerinnen und Schüler nicht explizit thematisiert haben, könnten somit eigenaktiv die Bedeutsamkeit metakognitiver Prozesse erkannt haben.

Beide Interventionsgruppen haben gemeinsam, dass dieselben sechs Modellierungsprobleme mit gleicher Terminierung der Einheit eingesetzt und deren Bearbeitung durch die Lehrkräfte selbst betreut wurden. Alle Beteiligten haben Videografien ihres eigenen Unterrichts hinsichtlich metakognitiver Prozesse umfangreich analysiert. Da diese Einflussfaktoren Bestandteil der Interventionsmaßnahmen in beiden Gruppen waren, können die langfristig angelegte Modellierungseinheit und die Videoanalyse Einfluss auf die Veränderung der Reflexionsart der Lehrkräfte gehabt haben. Dieser Hinweis könnte in eine Hypothese überführt werden, die in künftigen Studien zu überprüfen wäre.

9.2   Grenzen der Studie und Ausblick

Die bereits angedeuteten Grenzen der Studie sollen im Folgenden noch einmal zusammenfassend dargestellt werden. Die Arbeit schließt mit einem Ausblick auf mögliche weiterführende Forschungsfragen.

Bezüglich der rekonstruierten Reflexionstypen von Lehrkräften im Zusammenhang der metakognitiven Prozesse von Schülerinnen und Schülern ist zunächst zu bedenken, dass diese Rekonstruktion anhand der Interviewaussagen von Lehrkräften erfolgte. Grundlage bildeten somit ausschließlich die subjektiven, selbstberichteten Sichtweisen der befragten Lehrkräfte. So berichtet der *implementierende* Typus von eingesetzten Interventionen, die metakognitive Prozesse bei den Lernenden initiieren oder stärken sollten. In dieser Studie wurde jedoch nicht abgeglichen, inwieweit die Lehrkräfte die von ihnen berichteten Handlungen wie Interventionen tatsächlich eingesetzt haben. Hierfür wäre eine Analyse des vorliegenden Videomaterials notwendig gewesen, die jedoch nur in einem sehr viel umfangreicheren (und ggf. modifizierten) Studiendesign durchgeführt werden kann. Sie würde ermöglichen, auch die Selbst- und die Fremdwahrnehmung der Lehrkräfte zu untersuchen. Dabei könnte analysiert werden, inwieweit die wahrgenommenen und im Interview beschriebenen und reflektierten Schülerprozesse und die eigenen Lehrerhandlungen aus der Lehrerperspektive mit der Analyse von externen Ratern übereinstimmt.

Daneben ist eine weitere Einschränkung der Typologie anzumerken: Die Typologie wurde anhand der vorliegenden empirischen Daten der Studie generiert und geringfügig künstlich ergänzt, indem nur im Falle des *reflexionsfernen* Prototypus geringfügig stärker abstrahiert wurde. In dem zum ersten Messzeitpunkt erhobenen Videomaterial konnten jedoch kaum Videosequenzen identifiziert werden, in denen der Evaluationsprozess der Schülerinnen und Schüler sichtbar war. Auch in den Videografien der Post-Erhebung wurden die Strategien zur Evaluation von den Lernenden deutlich weniger eingesetzt als Strategien der anderen metakognitiven Strategiebereiche. Somit beruht die generierte Typologie vor allem auf der Analyse von Videosequenzen, in denen Strategien zur Planung sowie Überwachung und Regulation eingesetzt wurden. Hier wäre zu untersuchen, ob sich die identifizierten Reflexionstypen verändern, wenn die Möglichkeit besteht, mehr Videosequenzen zur Evaluation zu analysieren.

Auch allgemein ist die Vorauswahl der Videosequenzen und die Länge der gewählten Sequenzen als Limitation der Studie zu hinterfragen bzw. es ist zu diskutieren, inwieweit die Wahrnehmung von metakognitiven Prozessen seitens der Lehrkräfte durch diese Vorauswahl beeinflusst wurde. Für die Durchführbarkeit der Datenerhebung und -analyse war eine Reduzierung des Videomaterials zwingend, weil für jede Lehrkraft bis zu neun Stunden Videomaterial vorlag. Es wäre denkbar gewesen, den Untersuchungsprozess noch offener zu gestalten, indem jede Lehrkraft beispielsweise einen gesamten Bearbeitungsprozess einer Lerngruppe analysiert statt mehrerer Teilprozesse verschiedener Lerngruppen. Ein solches Vorgehen hätte jedoch die Reichhaltigkeit des Materials nicht genutzt und bedeutet, dass die Lehrerinnen und Lehrer nur über einen bestimmten Modellierungsprozess einer Schülergruppe reflektieren (eines bestimmten Leistungsstandes und einer Arbeitsweise) statt über unterschiedliche Heran- und Vorgehensweisen verschiedener Gruppen – entsprechend ihrer alltäglichen Unterrichtspraxis. Diese Limitation ist auch dadurch zu relativieren, dass manche der teilnehmenden Lehrkräfte trotz der Vorauswahl des Videomaterials kaum über metakognitive Prozesse reflektiert oder eigene Schwerpunkte gesetzt haben. Dies verdeutlicht wiederum die Komplexität des Unterrichtsgeschehens, in dem sich

immer mehrere Prozesse gleichzeitig ereignen. Selbst in einer kurzen Videosequenz zu einer Lerngruppe konnten sich die Lehrkräfte entsprechend ihren
eigenen Einstellungen und Schwerpunktsetzungen auf andere Aspekte außerhalb
des Themenbereiches der Metakognition beziehen.

Weiterhin ist anzumerken, dass die Reflexionsfähigkeit der Lehrkräfte im
Rahmen von bestimmten Modellierungsproblemen (und damit Themenberei-
chen) und vorgegebenen Klassenstufen erforscht wurde. Eine Übertragbarkeit der
Ergebnisse auf andere Klassenstufen wäre zu prüfen.

Schließlich müssen die Ergebnisse der weiterführenden Analysen als Hypothesen aufgefasst werden. Angesichts der geringen Stichprobengröße sind alle
Hinweise durch Untersuchungen mit einer größeren Stichprobe zu prüfen. Auch
der Vergleich der beiden Gruppen war durch die geringe (und unausgewo-
gene) Stichprobengröße begrenzt aussagekräftig. Diesbezüglich wären durch
eine höhere Stichprobengröße auch Vergleiche mit Blick auf die Lehrkräfte
verschiedener Schulformen (Stadtteilschule und Gymnasium), eventuell auch
Unterschiede hinsichtlich der KESS-Faktoren der Schulen in Hamburg möglich.
In dieser Stichprobe hat die Lehrkraft Herr Müller an einer Schule mit eher nied-
rigerem KESS-Faktor gearbeitet. Seine Lerngruppe zeigte sich im Vergleich zu
den anderen Lerngruppen, welche in dieser Studie beobachtet wurden, deutlich
demotivierter wie auch leistungsschwächer.

Beeinflussungen der Ergebnisse durch mögliche Lenkungen seitens der Interviewerin, ggf. auch durch deren Subjektivität und ähnliche Faktoren sind wie bei
jeder qualitativen Forschungsarbeit nicht auszuschließen. Der Aspekt der sozialen Erwünschtheit hingegen scheint als möglicher Einflussfaktor hier eher keine
Rolle zu spielen, da deutlich wurde, dass die Lehrerinnen und Lehrer der Stichprobe offenbar sehr ehrlich und kritisch gegenüber dem eigenen Handeln waren.
Als weitere Einschränkung ist die Positivauswahl der Stichprobe zu nennen, da
angenommen werden kann, dass nur Lehrkräfte an dieser Studie teilgenommen
haben, die grundsätzlich zur Reflexion ihres eigenen Unterrichts und speziell des
eigenen Handelns bereit waren.

Die Ergebnisse dieser Studie und die hier abgeleiteten Hinweise machen
insgesamt deutlich, dass eine weiterführende Untersuchung einen hohen Erkennt-
niswert verspricht. Es konnte herausgearbeitet werden, dass Lehrkräfte bei der
Reflexion metakognitiver Aktivitäten einem bestimmten Typus entsprechen und
im Rahmen dessen nach bestimmten Mustern reflektieren. In der Post-Erhebung
der langfristig angelegten Untersuchung hat sich ihre Reflexionsart und somit
der Grad ihrer Reflexionsfähigkeit positiv verändert. Die Lehrkräfte reflektieren überwiegend umfassender über die Metakognitionen ihrer Schülerinnen und
Schüler und gehen dabei vertieft auf eigene Handlungsintentionen wie auch

implementierte Intervention ein, durch die metakognitive Prozesse bei den Lernenden initiiert oder gestärkt werden sollen. In weiterführenden Untersuchungen wäre es somit besonders interessant, den Zusammenhang zwischen der Reflexionsfähigkeit und der tatsächlich geförderten metakognitiven Kompetenzen der Lernenden zu untersuchen. Da die Daten zu den metakognitiven Kompetenzen der Schülerinnen und Schüler dieser Studie durch Vorhölter (2018, 2019) vorliegen, wäre eine Triangulation der qualitativen und quantitativen Daten von höchstem Interesse. Darüber hinaus wäre auch ein Vergleich der unterschiedlichen qualitativen Datensätze zielführend, indem die Sichtweisen der Schülerinnen und Schüler auf die von ihnen eingesetzten metakognitiven Strategien mit den diesbezüglichen Reflexionen der Lehrkräfte verglichen werden. Ein weiterer Aspekt betrifft die Auslöser und Auswirkungen metakognitiver Schüleraktivitäten beim mathematischen Modellieren. Hier kann folgende Annahme formuliert werden: Würden Lehrkräfte verschiedene solcher Auslöser und Auswirkungen kennen und für diese sensibilisiert werden, könnten sie ihre Analyse der metakognitiven Prozesse tiefergehend durchführen und zudem möglicherweise individueller und adaptiver handeln. Die empirische Identifizierung von inneren und äußeren Faktoren als Auslöser für den Einsatz metakognitiver Strategien durch Lernende wie auch die Bestimmung von Auswirkungen durch die Anwendung metakognitiver Strategien im Rahmen der Dissertation von Alexandra Krüger (2021) bietet hier wichtige Bezugspunkte. Sie könnten im Rahmen einer künftigen, tiefergehenden Studie aufgegriffen werden, um zu ergründen, inwieweit Lehrkräfte die Auslöser und Auswirkungen des Einsatzes metakognitiver Strategien durch Schülerinnen und Schüler wahrnehmen, interpretieren und entsprechende Handlungsentscheidungen treffen zur Förderung metakognitiver Modellierungskompetenzen. Die Erkenntnisse wiederum könnten gezielt im Rahmen der Lehrerbildung implementiert werden. Gleiches gilt für weitere Erkenntnisse zu den Einflussfaktoren für die Stärkung der Reflexionsfähigkeit über metakognitive Schülerprozesse. Erste Hinweise auf Einflussfaktoren zur Stärkung der Reflexionsfähigkeit haben sich hier in der Videoanalyse des eigenen Unterrichts im Interview, im mehrmaligen Betreuen von Modellierungsprozessen im Rahmen einer langfristig angelegten Modellierungseinheit, aber auch im Austausch mit anderen Personen über die Modellierungsprozesse gezeigt. Diese gilt es zu prüfen, um die Reflexionsfähigkeit von (angehenden) Lehrerinnen und Lehrern über metakognitive Schülerprozesse beim mathematischen Modellieren fördern zu können.

Literaturverzeichnis

Abels, S. (2011). LehrerInnen als „Reflective Practitioner". Reflexionskompetenz für einen demokratieförderlichen Naturwissenschaftsunterricht. Wiesbaden: VS Verlag für Sozialwissenschaften, Springer Fachmedien Wiesbaden GmbH.

Adamek, C. (2016). Der Lösungsplan als Strategiehilfe beim mathematischen Modellieren – Ergebnisse einer Fallstudie. In Institut für Mathematik und Informatik der Pädagogischen Hochschule Heidelberg (Hrsg.), *Beiträge zum Mathematikunterricht 2016*. Münster: WTM.

Aebli, H. (1983). Zwölf Grundformen des Lehrens. Eine Allgemeine Didaktik auf psychologische Grundlage. Stuttgart: Klett-Cotta.

Aeppli, J. & Lötscher, H. (2016). EDAMA – Ein Rahmenmodell für Reflexion. *Beiträge zur Lehrerinnen- und Lehrerbildung* 34 (1), 78–97.

Alfke, D. (2017). Mathematical Modelling with Increasing Learning Aids: A Video Study. In G. A. Stillman, W. Blum, G. Kaiser (Hrsg.), *Mathematical Modelling and Applications. Crossing and Researching Boundaries in Mathematics Education* (S. 25–35). Cham, Switzerland: Springer International Publishing AG.

Altrichter, H. (2000). Handlung und Reflexion bei Donald Schön. In G. H. Neuweg (Hrsg.), *Wissen – Können – Reflexion* (S. 201–221). München, Innsbruck, Wien: StudienVerlag.

Artelt, (2000). Strategisches Lernen. Münster: Waxmann.

Artelt, C.; Demmrich, A & Baumert, J. (2001). Selbstreguliertes Lernen. In J. Baumert et al. (Hrsg.), Pisa 2000. Basiskompetenzen von Schülerinnen und Schülern im internationalen Vergleich (S. 271–298). Opladen: Leske + Budrich.

Artelt, C. & Neuenhaus, N. (2010). Metakognition und Leistung. In W. Bos, O. Köller, & E. Klieme (Hrsg.), *Schulische Lerngelegenheiten und Kompetenzentwicklung* (S. 127–146). Münster: Waxmann.

Artzt, A. F. (1999). A structure to enable preservice teachers of mathematics to reflect on their teaching. *Journal of Mathematics Teacher Education*, 2, 143–144.

Artzt, A. F., & Armour-Thomas, E. (1992). Development of a cognitive-metacognitive framework for protocol analysis of mathematical problem solving. *Cognition and Instruction*, 9, 137–175.

© Der/die Herausgeber bzw. der/die Autor(en), exklusiv lizenziert durch Springer Fachmedien Wiesbaden GmbH, ein Teil von Springer Nature 2021
L. Wendt, *Reflexionsfähigkeit von Lehrkräften Über metakognitive Schülerprozesse beim mathematischen Modellieren*, Perspektiven der Mathematikdidaktik, https://doi.org/10.1007/978-3-658-36040-5

Babbs, P. J. & Moe, A. J. (1983). A Key for Independent Learning from Text. *The Reading Teacher*, Vol. 36, No. 4, 422–426.

Baker, L. & Brown, A. L. (1980). Metacognitive skills and reading. In P. D. Pearson (Hrsg.), *Handbook of Reading Research* (S. 353–394), New York: Longman.

Bannert, M. (2007). Metakognition beim Lernen mit Hypermedien. Erfassung, Beschreibung und Vermittlung wirksamer metakognitiver Strategien und Regulationsaktivitäten. Münster, New York, München, Berlin: Waxmann Verlag.

Bannert, M. (2003). Effekte metakognitiver Lernhilfen auf den Wissenserwerb in vernetzten Lernumgebungen. *Zeitschrift für Pädagogische Psychologie/ German Journal of Educational Psychology*, 17(1), 13–25.

Bannert, M. & Mengelkamp, C. (2008). Assessment of metacognitive skills by means of instruction to think aloud and reflect when prompted. Does the verbalisation method affect learning? *Metacognition and Learning* 3, 39–58.

Barzel, B. & Selter, C. (2015). Die DZLM-Gestaltungsprinzipien für Fortbildungen. In A. Heinze, S. Hußmann & P. Scherer (Hrsg.), *Journal für Mathematik-Didaktik* (S. 259–284). Heidelberg: Springer.

Baten, E., Praet, M., & Desoete, A. (2017). The relevance and efficacy of metacognition for instructional design in the domain of mathematics. *ZDM - The International Journal on Mathematics Education*, 49(4), 613–623.

Beck, C. & Maier, H. (1993). Das Interview in der mathematikdidaktischen Forschung. *JMD*, 14(2), 147–179.

Beckschulte, C. (2019). Mathematisches Modellieren mit Lösungsplan. Eine empirische Untersuchung zur Entwicklung der Modellierungskompetenzen von Schülerinnen und Schüler. Wiesbaden: Springer Fachmedien Wiesbaden GmbH.

Bikner-Ahsbahs, A. (2003). Empirisch begründete Idealtypenbildung. Ein methodisches Prinzip zur Theoriekonstruktion in der interpretativen mathematikdidaktischen Forschung. *ZDM*, 35(5), 208–223.

Blömeke, S.; Gustafsson, J.-E. & Shavelson, R. J. (2015). Beyond Dichotomies. Competence Viewed as a Continuum. *Zeitschrift für Psychologie*, Vol. 223 (1), S. 3–13.

Blomhøj, M. & Jensen, T. H. (2003). Developing mathematical modelling competence: conceptual clarification and educational planning. *Teaching mathematics and its applications*, 22 (3), S. 123–139.

Blomhøj, M. & Kjeldsen, T. (2006). Teaching mathematical modelling through project work. *Zentralblatt für Didaktik der Mathematik*, 38 (2), 163–177.

Blum, W. (2015). Quality Teaching of Mathematical Modelling: What Do We Know, What Can We Do? In S. J. Cho (Hrsg.), *The Proceedings of the 12th International Congress on Mathematical Education* (S. 73–96), Cham, Heidelberg, New York, Dordrecht, London: Springer.

Blum, W. (2011). Can Modelling Be Taught and Learnt? Some Answers from Empirical Research. In G. Kaiser et al. (Hrsg.), *Trends in Teaching and Learning of Mathematical Modelling* (S. 15–30), Springer Science+Business Media B. V.

Blum, W. (2007). Mathematisches Modellieren – zu schwer für Schüler und Lehrer? In *Beiträge zum Mathematikunterricht 2007* (S. 3–12). Hildesheim: Franzbecker.

Blum, W. (2006). Modellierungsaufgaben im Mathematikunterricht – Herausforderung für Schüler und Lehrer. In A. Büchter; H. Humenberger; S. Hußmann; S. Prediger (Hrsg.),

Realitätsnaher Mathematikunterricht – vom Fach aus und für die Praxis: Festschrift für Hans-Wolfgang Henn zum 60. Geburtstag (S. 8–23), Hildesheim: Franzbecker.

Blum, W. (1985). Anwendungsorientierter Mathematikunterricht in der didaktischen Diskussion. In Kahle et al. (Hrsg.), *Mathematische Semesterberichte. Zur Pflege des Zusammenhangs zwischen Schule und Universität*, Band XXXII (S. 195–232). Vandenhoeck & Ruprecht: Göttingen.

Blum, W. & Kaiser, G. (2018). Zum Lehren und Lernen des mathematischen Modellierens – eine Einführung in theoretische Ansätze und empirische Erkenntnisse. In H. S. Siller, G. Greefrath, W. Blum (Hrsg.), *Neue Materialien für einen realitätsbezogenen Mathematikunterricht, Band 4* (S. 1–16). Wiesbaden: Springer Spektrum.

Blum, W. & Schukajlow, S. (2018). Selbständiges Lernen mit Modellierungsaufgaben – Untersuchung von Lernumgebungen zum Modellieren im Projekt DISUM. In S. Schukajlow & W. Blum (Hrsg.), *Evaluierte Lernumgebungen zum Modellieren, Realitätsbezüge im Mathematikunterricht* (S. 51–72). Springer Fachmedien Wiesbaden GmbH.

Blum, W. & Leiss, D. (2005). Modellieren im Unterricht mit der "Tanken"-Aufgabe. *Mathematik lehren*, 128, 18–21.

Borromeo Ferri, R. (2018). Reflexionskompetenzen von Studierenden beim Lehren und Lernen mathematischer Modellierung. In R. Borromeo Ferri und W. Blum (Hrsg.), *Lehrerkompetenzen zum Unterrichten mathematischer Modellierung. Konzepte und Transfer* (S. 3–20), Realitätsbezüge im Mathematikunterricht. Wiesbaden: Springer Fachmedien Wiesbaden GmbH.

Borromeo Ferri, R. (2011). Wege zur Innenwelt des mathematischen Modellierens. Kognitive Analysen zu Modellierungsprozessen im Mathematikunterricht. Wiesbaden: Vieweg+Teubner.

Borromeo Ferri, R. & Kaiser, G. (2008). Aktuelle Ansätze und Perspektiven zum Modellieren in der nationalen und internationalen Diskussion. In A. Eichler & F. Förster (Hrsg.), *Materialien für einen realitätsbezogenen Mathematikunterricht* (Bd. 12, S. 1–10). Hildesheim: Franzbecker.

Brand, S. (2014). Erwerb von Modellierungskompetenzen. Empirischer Vergleich eines holistischen und eines atomistischen Ansatzes zur Förderung von Modellierungskompetenzen. Wiesbaden: Springer Spektrum.

Bromme, R. (1992). Der Lehrer als Experte. Zur Psychologie des professionellen Wissens. Bern: Verlag Hans Huber.

Brown, A. L. (1987). Metacognition, executive control, self-regulation, and other more mysterious mechanisms. In F. E. Weinert & R. H. Kluwe (Hrsg.), *Metacognition, motivation and understanding* (S. 65–116). Hillsdale, NJ: Erlbaum.

Brown, A. L. (1984). Metakognition, Handlungskontrolle, Selbststeuerung und andere, noch geheimnisvollere Mechanismen. In F. E. Weinert & R. H. Kluwe (Hrsg.), *Metakognition. Motivation und Lernen* (S. 60–108), Stuttgart, Berlin, Köln, Mainz: Kohlhammer.

Busse, A. (2009). Umgang Jugendlicher mit dem Sachkontext realitätsbezogener Mathematikaufgaben. Ergebnisse einer empirischen Studie. Hildesheim, Berlin: Franzbecker.

Busse, A.; Borromeo Ferri, R. (2003). Methodological reflections on a three- step-design combining observation, stimulated recall and interview. *ZDM*, 35 (6), 257–264.

Berthold, K.; Nückles, M. & Renkl, A. (2007). Do learning protocols support learning strategies and outcomes? The role of cognitive and metacognitive prompts. *Learning and Instruction*, 17, 564–577.

Chalmers, C. (2009). Group Metacognition During Mathematical Problem Solving. In R. Hunter, B. Bicknell, & T. Burgess (Hrsg.), *Crossing divides: Proceedings of the 32nd annual conference of the Mathematics Education Research Group of Australasia* (Vol. 1, S. 105–112). Palmerston North, NZ: MERGA.

Cohors-Fresenborg, E., Kramer, S.; Pundsack, F.; Sjuts, J. & Sommer, N. (2010). The role of metacognitive monitoring in explaining differences in mathematics achievement. *ZDM Mathematics Education*, 42, 231–244.

Copeland, W. D., Birmingham, C., De la Cruz, E., & Lewin, B. (1993). The Reflective Practitioner in Teaching: Toward a Research Agenda. *Teaching and Teacher Education, 9* (4), 347–359.

Choy, B. H., Thomas, M. O. J. & Yoon, C. (2017). The FOCUS Framework: Characterising Productive Noticing During Lesson Plannung, Delivery and Review. In E. O. Schack, M. H. Fisher & J. A. Wilhelm (Hrsg.), *Teacher Noticing: Bridging and Broadening Perspectives, Contexts, and Frameworks* (S. 445–466). Cham: Springer.

Desoete, A. & De Craene, B. (2019). Metacognition and mathematics education: an overview. *ZDM Mathematics Education* 51, 565–575.

Desoete, A. & Veenman, M. (2006). Metacognition in Mathematics: Critical Issues on Nature, Theory, Assessment and Treatment. In A. Desoete and M. Veenman (Hrsg.), *Metacognition in Mathematics Education* (S. 1–10). New York: Nova Science Publishers.

Dewey, J. (1933). How we think. Chicago: Regnery.

Diekmann, A. (2013). Empirische Sozialforschung. Grundlagen, Methoden, Anwendungen. Reinbek bei Hamburg: Rowohlts Enzyklopädie.

Dittmar, N. (2004). Transkription. Ein Leitfaden mit Aufgaben für Studenten, Forscher und Laien. Wiesbaden: Verlag für Sozialwissenschaften.

Döring, N. & Bortz, J. (2016). Forschungsmethoden und Evaluation in den Sozial- und Humanwissenschaften. Wiesbaden: Springer.

Efklides, A. (2009). The role of metacognitive experiences in the learning process. *Psicothema*. Vol. 21 (1), 76–82.

Efklides, A. (2008). Metacognition. Defining Its Facets and Levels of Functioning in Relation to Self-Regulation and Co-regulation. *European Psychologist*. Vol. 13 (4), 277–287.

Efklides, A.; Kiorpelidou, K.; Kiosseoglou, G. (2006). Worked-out examples in mathematics: Effects on performance and metacognitive experiences. In A. Desoete and M. Veenman (Hrsg.), *Metacognition in Mathematics Education* (S. 11–33). New York: Nova Science Publishers.

Flavell, J. H. (1987). Speculation about the nature and development of metacognition. In F. E. Weinert & R. H. Kluwe (Hrsg.), *Metacognition, Motivation and Understanding* (S. 21–29). Hillsdale, NJ: Lawrence Erlbaum Associates.

Flavell, J. H. (1979). Metacognition and cognitive monitoring - A new area of cognitive-developmental inquiry. *American Psychologist*, 34, 906–911.

Flavell, J. H. (1976). Metacognitive aspects of problem solving. In L. B. Resnick (Hrsg.), *The nature of intelligence* (S. 231–235). Hillsdale, NJ: Erlbaum.

Flavell, J. H. (1971). First discussant's comments: What is memory development the development of? *Human Development*, 14(4), 272–278.

Flavell, J. H., Miller, P. H. & Miller, S. A. (1993). Cognitive development. 3. ed. Englewood Cliffs, NJ: Prentice Hall.

Flavell, J. H. & Wellman, H. M. (1977). Metamemory. In R. V. Kail & W. Hagen (Hrsg.), Perspectives on the Development of Memory and Cognition. Hillsdale, NJ: Erlbaum.

Flick, U.; v. Kardorff, E; Steinke, I. (2013). Was ist qualitative Forschung? Einleitung und Überblick. In U. Flick, E. v. Kardorff, I. Steinke (Hrsg.), *Handbuch qualitative Sozialforschung: Grundlagen, Konzepte, Methoden und Anwendungen* (S. 13–29). Weinheim: Beltz.

Fuß, S.; Karbach, U. (2014). Grundlagen der Transkription. Eine praktische Einführung. Opladen und Toronto: Verlag Barbara Budrich.

Galbraith, P. & Stillman, G. (2006). A Framework for Identifying Student Blockages during Transitions in the Modelling Process. *ZDM Mathematics Education,* 38 (2), 143–162.

Garofalo, J. & Lester, F. K. (1985). Metacognition, cognitive monitoring, and mathematical performance. *Journal of Research in Mathematics Education,* 16, 163–176.

Gass, S. & Mackey, A. (2000). Stimulated recall methodology in second language research. Mahwah, NJ: Erlbaum.

Gerhardt, U. (1986). Patientenkarrieren. Eine medizinsoziologische Studie. Frankfurt/Main: Suhrkamp.

Gerhardt, U. (1995). Typenbildung. In U. Flick (Hrsg.), Handbuch qualitative Sozialforschung: Grundlagen, Konzepte, Methoden und Anwendungen (S. 435–439). Weinheim: Beltz.

Gibbs, G. (1988). *Learning by Doing: A guide to teaching and learning methods.*

Goos, M. (1995). Metacognitive Knowledge, Beliefs and Classroom Mathematics. In W. Atweh and S. Flavel (Hrsg.), *Galtha, Proceedings of the 18th annual conference of the Mathematics Education Research Group of Australasia,* (S. 300–306). MERGA: Darwin.

Goos, M.; Galbraith, P. & Renshaw, P. (2002). Socially mediated metacognition: creating collaborative zones of proximal development in small group problem solving. *Educational Studies in Mathematics,* 49, 193–223.

Greefrath G. (2010a). Problemlösen und Modellieren - Zwei Seiten der gleichen Medaille. *Der Mathematikunterricht,* 56(3), 43–56.

Greefrath, G. (2010b). Modellieren lernen – mit offenen realitätsnahen Aufgaben. Köln: Aulis Verlag.

Greefrath, G. & Maaß, K. (2020). Diagnose und Bewertung beim mathematischen Modellieren. In G. Greefrath & K. Maaß (Hrsg.), *Modellierungskompetenzen – Diagnose und Bewertung* (S. 1–20). Berlin: Springer Spektrum.

Greefrath, G.; Kaiser, G., Blum, W. & Borromeo Ferri, R. (2013). Mathematisches Modellieren. Eine Einführung in theoretische und didaktische Hintergründe. In R. Borromeo Ferri (Hrsg.), *Mathematisches Modellieren für Schule und Hochschule* (S. 11–37). Wiesbaden: Springer Fachmedien.

Grigutsch, S., Raatz, U. & Törner, G. (1998). Einstellungen gegenüber Mathematik bei Mathematiklehrern. JMD 19 (98), 3–45.

Hammond, J. & Gibbons, P. (2005). Putting scaffolding to work: The contribution of scaffolding in articulating ESL education. *Prospect* Vol. 20, 6–30.

Hartman, H. J. (2001). Developing students' metacognitive knowledge and skills. In H. J. Hartman (Hrsg.), Metacognition in Learning and Instruction: Theory, research and practice (S. 33–68). Dordrecht (u.a.): Kluwer Academic Publishers.

Hasselhorn, M. (1992). Metakognition und Lernen. In G. Nold (Hrsg.), *Lernbedingungen und Lernstrategien: welche Rolle spielen kognitive Verstehensstrukturen?* (S. 35–63) Tübingen: Narr.

Hasselhorn, M & Gold, A. (2017). Pädagogische Psychologie. Erfolgreiches Lernen und Lehren. Stuttgart: Kohlhammer Verlag.

Hasselhorn, M & Gold, A. (2006). Pädagogische Psychologie. Erfolgreiches Lernen und Lehren. Stuttgart: Kohlhammer Verlag.

Hasselhorn, M., Hager, W., & Baving, L. (1989). Zur Konfundierung metakognitiver und motivationaler Aspekte im Prädiktionsverfahren. *Zeitschrift für Experimentelle und Angewandte Psychologie, 36*, 31–41.

Hasselhorn, M.; Hager, W.; Möller, H. (1987). Metakognitive und motivationale Bedingungen der Prognose eigener Gedächtnisleistungen. In Zeitschrift für experimentelle und angewandte Psychologie, Band XXXIV, Heft 2, 195–211.

Hattie, J. (2009). Visible learning: A synthesis of over 800 meta-analyses relating to achievement. London: Routledge.

Hattie, J., Biggs, J. & Purdie, N. (1996). Effects of Learning Skills Interventions on Student m Learning: A Meta-Analysis. *Review of Educational Research* 66 (2), 99–136.

Hatton, N. & Smith, D. (1995). Reflection in teacher education: Towards definition and implementation. *Teaching and Teacher Education*, 11 (1), 33–49.

Helfferich, C. (2011). Die Qualität qualitativer Daten. Manual für die Durchführung qualitativer Interviews. Wiesbaden: Springer.

Herget, W.; Jahnke, T.; Kroll, W. (2001). Produktive Aufgaben für den Mathematikunterricht in der Sekundarstufe I. 1. Aufl., Berlin: Cornelsen.

Hidayat, R.; Zulnaidi, H.; Syed Zamri, S. N. A. (2018). Roles of metacognition and achievement goals in mathematical modeling competency: A structural equation modeling analysis. PloS ONE 13 (11):e0206211, https://doi.org/10.1371/journal.pone.0206211

Hinrichs, G. (2008). Modellierung im Mathematikunterricht. Heidelberg: Spektrum akademischer Verlag.

Hoffmann-Riem, C. (1994). Elementare Phänomene der Lebenssituation. Ausschnitte aus einem Jahrzehnt soziologischen Arbeitens. Weinheim: Deutscher Studien Verlag.

Hopf, C. (2016). Schriften zur Methodologie und Methoden qualitativer Sozialforschung. Wiesbaden: Springer.

Hron, A. (1982). Interview. In G. L. Huber & H. Mandl (Hrsg.), *Verbale Daten – Eine Einführung in die Grundlagen und Methoden der Erhebung und Auswertung* (S. 119–140). Weinheim und Basel.

Iiskala, T. (2015). Socially shared metacognitive regulation during collaborative learning processes in student dyads and small groups. *Dissertationsschrift an der University of Turku.* Turku: Turun yliopisto.

Iiskala, T.; Vauras, M.; Lehtinen, E. & Salonen, P. (2011). Socially shares metacognition of dyads of pupils in collaborative mathematical problem-solving processes. *Learning and Instruction*, 21, 379–393.

Jacobs, V. R.; Lamb, L. L. C., & Philipp, R. A. (2010). Professional Noticing of Children's Mathematical Thinking. *Journal for Research in Mathematics Education*, Vol. 41, 2, 169–202.

Jahn, G.; Stürmer, K.; Seidel, T. & Prenzel, M. (2014). Professionelle Unterrichtswahrnehmung von Lehramtsstudierenden. Eine Scaling-up Studie des Observe-Projekts. *Zeitschrift für Entwicklungspsychologie und Pädagogische Psychologie*, 46 (4), 171–180.

Kaiser, A. & Kaiser, R. (2018). Die Neue Didaktik. In A. Kaiser, R. Kaiser, A. Lambert, K. Hohenstein (Hrsg.), *Metakognition: Die Neue Didaktik. Metakognitiv fundiertes Lehren und Lernen ist Grundbildung* (S. 21–31). Göttingen: Vandenhoeck & Ruprecht GmbH.

Kaiser, G. (2017). The Teaching and Learning of Mathematical Modeling. In J. Cai (Hrsg.), *Compendium for Research in Mathematics Education* (S. 267–291). Reston, VA: National Council of Teachers of Mathematics.

Kaiser, G. (2007). Modelling and modelling competencies in school. In C. Haines et al. (Hg.), *Mathematical Modelling (ICTMA 12): Education, Engineering and Economics* (S. 110–119). Chichester: Horwood Publishing.

Kaiser, G. (1995). Realitätsbezüge im Mathematikunterricht – Ein Überblick über die aktuelle und historische Diskussion. In G. Graumann, T. Jahnke, G. Kaiser, J. Meyer (Hrsg.), *Materialien für einen realitätsbezogenen Mathematikunterricht*, Bd. 2 (S. 66–84). Hildesheim: Franzbecker.

Kaiser-Meßmer, G. (1986). Anwendungen im Mathematikunterricht. Bd. 1 – Theoretische Konzeptionen. Bad Salzdetfurth: Verlag Franzbecker.

Kaiser, G.; Blum, W.; Borromeo Ferri, R & Greefrath, G. (2015a). Anwendungen und Modellieren. In R. Bruder et al. (Hrsg.). *Handbuch der Mathematikdidaktik* (S. 357–383). Berlin, Heidelberg: Springer Spektrum.

Kaiser, G.; Busse, A.; Hoth, J.; König, J.; Blömeke, S. (2015b). About the Complexities of Video-Based Assessments: Theoretical and Methodological Approaches to Overcoming Shortcomings of Research on Teachers' Competence. *International Journal of Science and Mathematics Education* 13, 369–387.

Kaiser, G. & Brand, S. (2015). Modelling Competencies: Past Development and Further Perspectives. In G. A. Stillman et al. (Hrsg.), *Mathematical Modelling in Education Research and Practice*, International Perspectives on the Teaching and Learning of Mathematical Modelling (S. 129–149), New York: Springer.

Kaiser, G. & Stender, P. (2013). Complex Modelling Problems in Cooperative, Self-Directed Learning Environments. In G. A. Stillman et al. (Hrsg.), *Teaching Mathematical Modelling: Connecting to Research and Practice* (S. 277–293). Heidelberg, New York, London: Springer Science + Business Media Dordrecht.

Kaiser, G; Schwarz, B. & Buchholtz, N. (2011). Authentic Modelling Problems in Mathematics Education. In G. Kaiser et al. (Hrsg.). *Trends in Teaching and Learning of Mathematical Modelling. ICTMA 14* (S. 591–601). New York: Springer.

Kaiser, G. & Schwarz, B. (2010). Authentic modelling problems in mathematics education – Examples and experiences. *Journal für Mathematik-Didaktik*, 31(1), 51–76.

Kaiser, G. & Sriraman, B. (2006). A global survey of international perspectives on modelling in mathematics education. *ZDM*, 38(3), 302–310.

Keleman, W. L.; Frost, P. J. & Weaver III, C. A. (2000). Individual differences in metacognition: Evidence against a general metacognitive ability. *Memory & Cognition*, 28, 92–107.

Kelle, U. & Kluge, S. (2010). Vom Einzelfall zum Typus. Fallvergleich und Fallkontrastierung in der qualitativen Sozialforschung. Wiesbaden: Springer.

Keune, M. (2004). Niveaustufenorientierte Herausbildung von Modellbildungskompetenzen. In A. Heinze (Hrsg.), *Beiträge zum Mathematikunterricht* (S. 289–292). Hildesheim: Franzbecker.

Klauer, K. C. (2000). Planen im Alltag: Ein wissensbasierter Prozeß. In J. Möller, B. Strauß, S. M. Jürgensen (Hrsg.), *Psychologie und Zukunft. Prognosen. Prophezeiungen. Pläne* (S. 171–187). Göttingen u. a.: Hogrefe.

KMK (2004a). Bildungsstandards im Fach Mathematik für den Mittleren Bildungsabschluss. Beschluss vom 4.12.2003. München: Wolters Kluwer.

KMK (2004b). Bildungsstandards im Fach Mathematik für den Primarbereich. Beschluss vom 15.10.2004. München: Wolters Kluwer.

KMK (2012). Bildungsstandards im Fach Mathematik für die Allgemeine Hochschulreife. Beschluss der Kultusministerkonferenz vom 18.10.2012, online verfügbar unter http://www.kmk.org/fileadmin/veroeffentlichungen_beschluesse/2012/2012_10_18-Bildungss tandards-Mathe-Abi.pdf (letzter Zugriff: 15.9.2015).

König, E. (2002). Qualitative Forschung im Bereich subjektiver Theorien. In E. König & P. Zedler (Hrsg.), *Qualitative Forschung* (S. 55–69). Weinheim: Beltz.

Kramarski, B. & Mevarech, Z. R. (2003). Enhancing Mathematical Reasoning in the Classroom: The Effects of Cooperative Learning and Metacognitive Training. *American Educational Research Journal*, 40 (1), 281–310.

Kramarski, B.; Mevarech, Z. R. & Arami, M. (2002). The effects of metacognitive instruction on solving mathematical authentic tasks. *Educational Studies in Mathematics*, 49, 225–250.

Krüger, A. (2021). Metakognition beim mathematischen Modellieren. Strategieeinsatz aus Schülerperspektive. Wiesbaden: Springer Spektrum.

Kuckartz, U. (2016). Qualitative Inhaltsanalyse. Methoden, Praxis, Computerunterstützung. Weinheim und Basel: Beltz.

Kuhn, D.; Pearsall, S. (1998). Relations between metastrategic knowledge and strategic performance. *Cognitive Development*, 13, 227–247.

Lamnek, S. (2005). Qualitative Sozialforschung. Lehrbuch. Weinheim, Basel: Beltz.

Lazarevic, C. (2017). Professionelle Wahrnehmung und Analyse von Unterricht durch Mathematiklehrkräfte, Perspektiven der Mathematikdidaktik. Wiesbaden: Springer Fachmedien.

Leiss, D. (2007). „Hilf mir es selbst zu tun". Lehrerinterventionen beim mathematischen Modellieren. Hildesheim und Berlin: Franzbecker.

Leiss, D. & Tropper, N. (2014). Umgang mit Heterogenität im Mathematikunterricht. Berlin: Springer-Verlag.

Leiss, D., Möller, V., Schukajlow, S. (2006). Bier für den Regenwald – Diagnostizieren und Fördern mit Modellierungsaufgaben. In G. Becker et al. (Hrsg.), *Diagnostizieren und Fördern – Stärken entdecken – Können entwickeln* (Friedrich Jahresheft XXIV), 89–91.

Leutwyler, B. (2009). Metacognitive learning strategies: differential development patterns in high school. *Metacognition and Learning*, 4, 111–123.

Lin, X. (2001). Designing Metacognitive Activities. *Educational Technology Research & Development*, 49(2), 23–40.

Lindmeier, A.; Ufer, S. & Reiss, K. (2018). Modellieren lernen mit heuristischen Lösungsbeispielen. Interventionen zum selbstständigkeitsorientierten Erwerb von Modellierungskompetenzen. In S. Schukajlow & W. Blum (Hrsg.), *Evaluierte Lernumgebungen zum*

Modellieren, Realitätsbezüge im Mathematikunterricht (S. 265–288). Springer Fachmedien Wiesbaden GmbH.

Lingel, K.; Neuenhaus, N.; Artelt, C. & Schneider, W. (2014). Der Einfluss metakognitiven Wissens auf die Entwicklung der Mathematikleistung am Beginn der Sekundarstufe I. JMD *35*, 49–77.

Link, F. (2011). Problemlöseprozesse selbstständigkeitsorientiert begleiten. Kontexte und Bedeutungen strategischer Lehrerinterventionen in der Sekundarstufe I. Wiesbaden: Vieweg + Teubner Verlag.

Lipowsky, F. (2010). Lernen im Beruf. Empirische Befunde zur Wirksamkeit von Lehrerfortbildung. In F. Müller et al. (Hrsg.), *Lehrerinnen und Lehrer Lehren - Konzepte und Befunde zur Lehrerfortbildung* (S. 51–72). Münster: Waxmann.

Niebert, K.; Gropengießer, H. (2014). Leitfadengestützte Interviews. In D. Krüger, I. Parchmann & H. Schecker (Hrsg.), *Methoden in der naturwissenschaftlichen Forschung* (S. 121–132). Springer-Verlag: Berlin, Heidelberg.

Maaß, K. (2009). Mathematikunterricht weiterentwickeln. Aufgaben zum mathematischen Modellieren. Erfahrungen aus der Praxis. Für die Klassen 1 bis 4. Berlin: Cornelsen Verlag.

Maaß, K. (2007). Mathematisches Modellieren. Aufgaben für die Sekundarstufe 1. Berlin: Cornelsen.

Maaß, K. (2006). What are modeling competencies? *ZDM*, 38(2), 113–142.

Maaß, K (2005). Modellieren im Mathematikunterricht der Sekundarstufe I. *Journal für Mathematikdidaktik*, 26 (2), 114–142.

Maaß, K. (2004). Mathematisches Modellieren im Unterricht – Ergebnisse einer empirischen Studie. Hildesheim: Franzbecker.

Marcos, J. M.; Sanches, E. & Tillema, H. H. (2011). Promoting teacher reflection: what is said to be done. *Journal of Education for Teaching*, 37(1), 21–36

Marotzki, W. (2010). Leitfadeninterview. In R. Bohnsack, W. Marotzki, M. Meuser (Hrsg.), *Hauptbegriffe Qualitativer Sozialforschung* (S. 114). Opladen: Budrich.

Mayring, P. (2010). Einführung in die qualitative Sozialforschung. Weinheim und Basel: Beltz Verlag.

Mayring, P. (2002). Einführung in die qualitative Sozialforschung. Eine Anleitung zu qualitativem Denken. Weinheim und Basel: Beltz Verlag.

Merkens, H. (2013). Auswahlverfahren, Sampling, Fallkonstruktion. In U. Flick, E. v. Kardorff, I. Steinke (Hrsg.), *Handbuch qualitative Sozialforschung: Grundlagen, Konzepte, Methoden und Anwendungen* (S. 286–299). Weinheim: Beltz Verlag.

Mevarech, Z. R.; Tabuk, A. & Sinai, O. (2006). Meta-cognitive instruction in mathematics classrooms: effects on the solution of different kinds of problems. In A. Desoete and M. Veenman (Hrsg.), *Metacognition in Mathematics Education* (S. 73–81). New York: Nova Science Publishers.

Mevarech, Z. R. & Kramarski, B. (1997). IMPROVE: A Multidimensional Method for Teaching Mathematics in Heterogeneous Classrooms. *American Educational Research Journal*, 34 (2), 365–394.

Moreno, J.; Sanabria, L. & Lopez, O. (2016). Theoretical and Conceptual Approaches to Co-Regulation: A Theoretical Review. *Psychology* 7, 1587–1607.

Pólya, G. (2010). *Schule des Denkens: Vom Lösen mathematischer Probleme* (4. Aufl.). Sammlung Dalp. Tübingen: Francke.

Rogat, T. K. & Adams-Wiggins, K. R. (2014). Other-regulation in collaborative groups: implications for regulation quality. *Instruction Science*, 42, 879–904.

Sandmann, A. (2014). Lautes Denken – die Analyse von Denk-, Lern- und Problemlöseprozessen. In D. Krüger et al. (Hrsg.), *Methoden in der naturwissenschaftsdidaktischen Forschung* (S. 179–188). Berlin, Heidelberg: Springer-Verlag.

Santagata, R. & Yeh, C. (2015). The role of perception, interpretation, and decision making in the development of beginning teachers' competence. *ZDM Mathematics Education*, 153–165.

Scheufele, B. & Schieb, C. (2018). Welchen Mehrwert haben qualitative Typologien jenseits einer bloßen Klassifizierung? Zu Handlungsempfehlungen und theoriebildenden Kombinationen von Typologien. In A. M. Scheu (Hrsg.), *Auswertung qualitativer Daten. Strategien, Verfahren und Methoden der Interpretation nicht-standardisierter Daten in der Kommunikationswissenschaft* (S. 41–56). Wiesbaden: Springer.

Schneider, W. (2010). Metacognition and memory development in childhood and adolescence. In H. S. Waters & W. Schneider (Hrsg.), *Metacognition, strategy use, and instruction* (S. 54–81). New York: Guilford Press.

Schneider, W. (1989). Zur Entwicklung des Meta-Gedächtnisses bei Kindern. Bern: Huber.

Schneider, W., Lingel, K. Artelt, C. & Neuenhaus, N. (2017). Metacognitive Knowledge in Secondary School Students: Assessment, Structure, and Developmental Change. In D. Leutner, J. Fleischer, J. Grünkorn & E. Klieme (Hrsg.), *Competence Assessment in Education: Research, Models and Instruments, Methodology of Educational Measurement and Assessment.* (S. 285 – 302). Heidelberg: Springer.

Schneider, W. & Artelt, C. (2010). Metacognition and mathematics education. *ZDM Mathematics Education*, 42, 149–161.

Schön, D. A. (1983). The Reflective Practitioner. How Professionals Think in Action. The United States of America: Basic Books, Inc.

Schoenfeld, A. H. (1985). Mathematical Problem Solving. New York: Academic Press.

Schraw, G. (1998). Promoting general metacognitive awareness. *Instructional Science* 26, 113–125.

Schraw, G. & Dennison, R. S. (1994). Assessing Metacognitive Awareness. *Contemporary Educational Psychology*, 19, 460–475.

Schraw, G. & Moshman, G. (1995). Metacognitive Theories. *Educational Psychology Review* 7 (4), 351–371.

Schraw, G.; Dunkle, M. E.; Bendixen, L. D. & Roedel, T. D. (1995). Does a general monitoring skill exist? *Journal of Educational Psychology*, 87, 433–444.

Schreblowski, S. & Hasselhorn, M. (2006). Selbstkontrollstrategien: Planen, Überwachen, Bewerten. In H. Mandl & F. Friedrich (Hrsg.), *Handbuch Lernstrategien* (S. 151–161). Göttingen: Hogrefe.

Schreier, M. (2014). Varianten qualitativer Inhaltsanalyse: Ein Wegweiser im Dickicht der Begrifflichkeiten. *Forum Qualitative Sozialforschung*, 15 (1), Art. 18, http://nbn-resolv ing.de/urn:nbn:de:0114-fqs1401185.

Schukajlow-Wasjutinski, S. (2011). Schüler-Schwierigkeiten und Schüler-Strategien beim Bearbeiten von Modellierungsaufgaben als Bausteine einer lernprozessorientierten Didaktik. *Dissertation zur Erlangung des akademischen Grades eines Doktors der Philosophie (Dr. phil.) im Fachbereich Erziehungswissenschaft / Humanwissenschaften der Universität Kassel.*

Schukajlow, S. & Krug, A. (2013). Planning, monitoring and multiple solutions while solving modelling problems. In A. M. Lindmeier & A. Heinze (Hrsg.), *Proceedings of the 37th Conference of the International Group for the Psychology of Mathematics Education*, Vol. 4 (S. 177–184). Kiel, Germany: PME.

Schukajlow, S.; Blum, W. & Krämer, J. (2011). Förderung der Modellierungskompetenz durch selbständiges Arbeiten im Unterricht mit und ohne Lösungsplan. *Praxis der Mathematik in der Schule*, 53(38), 40–45.

Schukajlow, S. & Leiss, D. (2011). Selbstberichtete Strategienutzung und mathematische Modellierungskompetenz. JMD 32, 53–77.

Schukajlow, S. et al. (2010). Lösungsplan in Schülerhand: zusätzliche Hürde oder Schlüssel zum Erfolg? In A. Lindmeier & S. Ufer (Hrsg.), *Beiträge zum Mathematikunterricht 2010* (S. 771–774). Münster: WTM Verlag.

Sellars, M. (2012). Teachers and change: The role of reflective practice. International conference on new horizons in education INTE2012. *Procedia – Social and Behavioral Sciences* 55, 461–469.

Sherin, M. G. (2017). Exploring the boundary of teacher noticing: A commentary. In E. O. Schack et al. (Hrsg.), *Teacher Noticing: Bridging and Broadening Perspectives, Contexts, and Frameworks* (S. 401–408). Research in Mathematics Education.

Sherin, M. G. & Dyer, E. B. (2017). Mathematics teachers' self-captured video and opportunities for *learning. Journal of Mathematics Teacher Education*, 20, 477–495.

Sherin, M. G.; Jacobs, V. R. & Philipp, R. A. (2011). Situating the study of teacher noticing. In M. G. Sherin, V. R. Jacobs, & R. A. Philipp (Hrsg.), *Mathematics teacher noticing: Seeing through teachers eyes* (S. 3–14). London: Routledge.

Sherin, M. G. & van Es, E. A. (2009). Effects of Video Club Participation on Teachers' Professional Vision. *Journal of Teacher Education*, 60, 20–37.

Shulman, L. S. (1987). Knowledge and Teaching: Foundations of the New Reform. *Harvard Educational Review*, 57(1), 1–22.

Shulman, L. S. (1986). Those who understand: Knowledge growth in teaching. *Educational researcher*, 15(2), 4–14.

Stahnke, R.; Schueler, S. & Roesken-Winter, B. (2016). Teachers' perception, interpretation, and decision-making: a systematic review of empirical mathematics education research. *ZDM Mathematics Education*, 48, 1–27.

Star, J. R. & Strickland, S. K. (2008). Learning to observe: Using video to improve preservice mathematics teachers' ability to notice. *Journal of Mathematics Teacher Education*, 11 (2), 107–125.

Stender, P. (2019). Heuristische Strategien – ein zentrales Instrument beim Betreuen von Schülerinnen und Schülern, die komplexe Modellierungsprobleme bearbeiten. In I. Grafenhofer & J. Maaß (Hrsg.), *Neue Materialien für einen realitätsbezogenen Mathematikunterricht 6. ISTRON-Schriftenreihe* (S. 137–150). Wiesbaden: Springer Spektrum.

Stender, P. (2018). Lehrerinterventionen bei der Betreuung von Modellierungsfragestellungen auf Basis von heuristischen Strategien. In R. Borromeo Ferri & W. Blum (Hrsg.), *Lehrerkompetenzen zum Unterrichten mathematischer Modellierung, Realitätsbezüge im Mathematikunterricht* (S. 101–122). Springer Fachmedien Wiesbaden GmbH.

Stender, P. (2016). Wirkungsvolle Lehrerinterventionsformen bei komplexen Modellierungsaufgaben. Wiesbaden: Springer Fachmedien Wiesbaden.

Stigler, H.; Felbinger, G. (2005). Der Interviewleitfaden im qualitativen Interview. In H. Stigler & H. Reicher (Hrsg.), *Praxisbuch Empirische Sozialforschung in den Erziehungs- und Bildungswissenschaften* (S. 129–134). Innsbruck: Studien Verlag.

Steinke, I. (1999). Kriterien qualitativer Forschung. Ansätze zur Bewertung qualitativ-empirischer Sozialforschung. Weinheim: Juventa.

Stillman, G. (2011). Applying Metacognitive Knowledge and Strategies in Applications and Modeling Tasks at Secondary School. In G. Kaiser, W. Blum, R. Borromeo Ferri, G. Stillman (Hrsg.), *Trends in Teaching and Learning of Mathematical Modelling: ICTMA14* (S. 165–180), Dordrecht, The Netherlands: Springer Science+Business Media B. V.

Stillman, G. & Galbraith, P. (2012). Mathematical Modelling: Some Issues and Reflections. In W. Blum et al. (Hrsg.), *Mathematikunterricht im Kontext von Realität, Kultur und Lehrerprofessionalität. Festschrift für Gabriele Kaiser* (S. 97–105). Wiesbaden: Vieweg+Teubner Verlag, Springer Fachmedien Wiesbaden.

Stillman, G. & Mevarech, Z. (2010). Metacognition research in mathematics education: from hot topic to mature field. *ZDM Mathematics Education, 42,* 145–148.

Stillman, G.; Brown, J. & Galbraith, P. (2010). Identifying Challenges within Transition Phases of Mathematical Modelling Activity at Year 9. In R. Lesh, P. Galbraith, C. Haines, & A. Hurford (Hrsg.), *Modelling students' mathematical modelling competencies* (S. 385–398). New York: Springer.

Stillman, G. & Galbraith, P. (1998). Applying mathematics with real world connections: metacognitive characteristics of secondary students. *Educational Studies in Mathematics,* 36, (2), 157–195.

Stöber, R. (2018). Wenn sie wissen was sie tun ... aber nicht unbedingt warum. Anmerkungen zu Methodik, Erkenntnisinteresse und Folgen für Ausbildung und Innovation. In A. M. Scheu (Hrsg.), *Auswertung qualitativer Daten. Strategien, Verfahren und Methoden der Interpretation nicht-standardisierter Daten in der Kommunikationswissenschaft* (S. 13–27). Wiesbaden: Springer.

Palincsar, A. S. & Brown, A. K. (1984). Reciprocal Teaching of Comprehension – Fostering and Comprehension – Monitoring Activities. Cognition and Instruction, I (2), 117–175.

Törner, G. (2015). Verborgene Bedingungs- und Gelingensfaktoren bei Fortbildungsmaßnahmen in der Lehrerbildung Mathematik – subjektive Erfahrungen aus einer deutschen Perspektive. In A. Heinze, S. Hußmann & P. Scherer (Hrsg.), *Journal für Mathematik-Didaktik.* (S. 196–232). Heidelberg: Springer.

Treilibs, V. (1979). Formulation Processes in mathematical modelling. Thesis submitted to the University of Nottingham for the degree of Master of Philosophy.

Tropper, N. (2019). Strategisches Modellieren durch heuristische Lösungsbeispiele. Untersuchungen von Lösungsprozeduren und Strategiewissen zum mathematischen Modellieren. Wiesbaden: Springer Spektrum.

Van de Pol, J., Volman, M. & Beishulzen, J. (2010). Scaffolding in teacher-student interaction: A decade of research. *Educational Psychology Review* (22), 271–296.

Van Es, E. A. & Sherin, M. G. (2010). The influence of video clubs on teachers' thinking and practice. *Journal of Mathematics Teacher Education* 13, 155–176.

Van Es, E. A. & Sherin, M. G. (2006). How Different Video Club Designs Support Teachers in "Learning to Notice", *Journal of Computing in Teacher Education,* 22 (4), 125–135.

Van Es, E. a. & Sherin, M. (2002). Learning to Notice: Scaffolding New Teachers' Interpretations of Classroom Interactions. *Journal of Technology and Teacher Education,* 10(4), 571–596.

Van Manen, M. (1991). Reflectivity and the pedagogical moment: the normativity of pedagogical thinking and acting, *Journal of Curriculum Studies,* 23 (6), 507–536

Van Manen, M. (1977). Linking ways of knowing with ways of being practical. *Curriculum Inquiry,* 6 (3), 205–228.

Vauras, M.; Iiskala, T.; Kajamies, A.; Kinnunen, R. & Lehtinen, E. (2003). Shared-regulation and motivation of collaborating peers: A case analysis. *Psychologia* 46, 19–37.

Veenman, M. V. J. (2011). Learning to self-monitor and self-regulate. In R. E. Mayer & P. A. Alexander (Hrsg.), *Handbook of Research on Learning and Instruction* (S. 197–218). Abingdon: Routledge.

Veenman, M. V. J.; Van Hout-Wolters, B. H. A. M.; Afflerbach, P. (2006). Metacognition and learning: conceptual and methodological considerations. *Metacognition Learning* 1, 3–14.

Verschaffel, L. (1999). Realistic mathematical modelling and problem solving in the upper elementary school: Analysis and improvement. In J. H. M. Hamers, J. E. H. Van Luit & B. Csapo (Hrsg.), *Teaching and learning thinking skills* (S. 215–239). Lisse, The Netherlands: Swets & Zeitlinger Publishers.

Volet, S.; Vauras, M. & Salonen, P. (2009). Self- and Social Regulation in Learning Contexts: An Integrative Perspective. *Educational Psychologist,* 44 (4), 215–226.

Vorhölter, K. (2019a). Enhancing metacognitive group strategies for modelling. ZDM – *The International Journal on Mathematics Education,* 51, 703–716.

Vorhölter, K. (2019b). Förderung metakognitiver Modellierungskompetenzen. In I. Grafenhofer, J. Maaß (Hrsg.), *Neue Materialien für einen realitätsbezogenen Mathematikunterricht 6.* ISTRON-Schriftenreihe (S. 175–184). Wiesbaden: Springer Spektrum.

Vorhölter, K. (2018). Conceptualization and measuring of metacognitive modelling competencies: empirical verification of theoretical assumptions. *ZDM – The International Journal on Mathematics Education,* 50, 343–354.

Vorhölter, K. (unveröffentlicht). Metakognitive Gruppenstrategien beim mathematischen Modellieren – Konzeptualisierung, Messung und Förderung. Habilitation. Universität Hamburg, Hamburg.

Vorhölter, K. & Kaiser, G. (2019). Eine Idee – viele Fragen. Überlegungen zur Aufgabenvariation beim mathematischen Modellieren. In K. Pamperien & A. Pöhls (Hrsg.), *Alle Talente wertschätzen - Grenz- und Beziehungsgebiete der Mathematikdidaktik ausschöpfen.* Festschrift für Marianne Nolte (S. 296–305). Münster: WTM.

Vorhölter, K. & Kaiser, G. (2016). Theoretical and Pedagogical Considerations in Promoting Students' Metacognitive Modeling Competencies. In C. R. Hirsch (Hrsg.), *Annual Perspectives in Mathematics Education 2016: Mathematical Modeling and Modeling Mathematics* (S. 273–280). Reston: NCTM.

Vorhölter, K. & Kaiser, G. (2014). Metakognitive Kompetenzen in Modellierungsprozessen. In I. Bausch, G. Pinkernell & O. Schmitt (Hrsg.), *Unterrichtsentwicklung und Kompetenzorientierung. Festschrift für Regina Bruder* (S. 195–205). Münster: WTM-Verlag.

Vygotsky, L. S. (1978). Mind in society: The development of higher psychological processes. Edited by M. Cole, V. John-Steiner, S. Scribner & E. Souberman. Cambridge, MA: Harvard University Press.

Weidle, R. & Wagner A. C. (1982). Die Methode des Lauten Denkens. In G. L. Huber, H. Mandl, (Hrsg.), *Verbale Daten – Eine Einführung in die Grundlagen und Methoden der Erhebung und Auswertung* (S. 81–103). Weinheim und Basel: Beltz.

Weinert. F. E. (2001). Leistungsmessungen in Schulen. Weinheim, Basel: Beltz

Weinert, F. E. (1994). Lernen lernen und das eigene Lernen verstehen. In K. Reusser & M. Reusser-Weyeneth (Hrsg.), *Verstehen: Psychologischer Prozess und didaktische Aufgabe* (S. 183–205). Bern: Huber.

Weinert, F. E. (1984). Metakognition und Motivation als Determinanten der Lerneffektivität: Einführung und Überblick. In F. E. Weinert & R. H. Kluwe (Hrsg.), *Metakognition. Motivation und Lernen* (S. 9–21). Stuttgart, Berlin, Köln, Mainz: Verlag W. Kohlhammer.

Weinstein, C. F. & Mayer, R. E. (1986). The teaching of learning strategies. In M. C. Wittrock (Hrsg.), *Handbook of research on teaching* (S. 315–327). New York u. a.: Macmillan.

Wolters, M. (2014). Wie kompetent sind (angehende) Lehrkräfte in der professionellen Wahrnehmung kognitiv anregender Situationen im naturwissenschaftlichen Grundschulunterricht? *Inaugural-Dissertation zur Erlangung des akademischen Grades des Doktors in den Erziehungswissenschaften an der Westfälischen Wilhelms-Universität Münster.*

Wood, D.; Bruner, J. S. & Ross, G. (1976). The Role of Tutoring in Problem Solving. *Journal of Child Psychology and Psychiatry*, (17), 89–100.

Wyss, C. (2013). Unterricht und Reflexion. Eine mehrperspektivische Untersuchung der Unterrichts- und Reflexionskompetenz von Lehrkräften. Münster: Waxmann.

Zech, F. (2002). Grundkurs Mathematikdidaktik. Theoretische und praktische Anleitungen für das Lehren und Lernen von Mathematik. Weinheim u.a.: Beltz.

Zeichner, K. M. & Liston, D. P. (2014). Reflective Teaching. An Introduction. Routledge: Taylor & Francis.

Zohar, A. & David, A. B. (2008). Explicit teaching of meta-strategic knowledge in authentic classroom situations. *Metacognition and Learning*, 3, 59–82.

Zöttl, L.; Ufer, S. & Reiss, K. (2010). Modelling with Heuristic Worked Examples in the KOMMA Learning Environment. JMD, 31, 143–165.

Zöttl, L. & Reiss, K. (2008). Modellierungskompetenz fördern mit heuristischen Lösungsbeispielen. *Beiträge zum Mathematikunterricht 2008* (S. 189–192). Münster: WTM.

Printed in the United States
by Baker & Taylor Publisher Services

Printed in the United States
by Baker & Taylor Publisher Services